普通高等学校基础课程类应用型规划教材

大学物理实验

北京邮电大学世纪学院数理教研室　编

徐润君　汪　成　主编

U0282331

北京邮电大学出版社

·北京·

内 容 简 介

本书是按照教育部高等学校非物理类专业物理基础课程教学指导委员会制定的《非物理类理工科大学物理实验课程教学基本要求》,结合北京邮电大学世纪学院物理实验教学实践编写而成。

全书共分 6 章,包括物理实验基础知识和以层次划分的基础性实验、综合与提高性实验、研究与设计性实验等内容。

本书可作为高等院校工科类各专业的基础物理实验教学用书或参考书。

图书在版编目(CIP)数据

大学物理实验/徐润君,汪成主编.--北京:北京邮电大学出版社,2010.1(2023.7 重印)
ISBN 978-7-5635-2173-9

Ⅰ.①大… Ⅱ.①徐…②汪… Ⅲ.①物理学—实验—高等学校—教材 Ⅳ.①O4-33

中国版本图书馆 CIP 数据核字(2010)第 006298 号

书　　名:大学物理实验
主　　编:徐润君　汪成
责任编辑:王丹丹
出版发行:北京邮电大学出版社
社　　址:北京市海淀区西土城路 10 号(邮编:100876)
发 行 部:电话:010-62282185　传真:010-62283578
E-mail: publish@bupt.edu.cn
经　　销:各地新华书店
印　　刷:北京虎彩文化传播有限公司
开　　本:787 mm×1 092 mm　1/16
印　　张:13
字　　数:317 千字
版　　次:2010 年 1 月第 1 版　2023 年 7 月第 10 次印刷

ISBN 978-7-5635-2173-9　　　　　　　　　　　　　　　　定　价:25.00 元

· 如有印装质量问题,请与北京邮电大学出版社发行部联系 ·

前　　言

　　大学物理实验是高等工科院校学生进行科学实验基本训练的一门必修课程,是学生学习实验知识、实验方法、实验技能和进行实验数据处理与分析的开端。

　　本书是按照教育部高等学校非物理类专业物理基础课程教学指导委员会制定的《非物理类理工科大学物理实验课程教学基本要求》,结合北京邮电大学世纪学院物理实验教学实践编写而成。

　　本书共分6章,第1章介绍大学物理实验教学的作用、地位和要求;第2章介绍实验数据的主要处理方法,并以由国际权威组织制定的《不确定度表示指南》为依据,适当引入不确定度的概念;第3章介绍物理实验的基本仪器和操作规则;第4章通过力学、电磁学和光学的基础性实验让学生初步了解长度、电流、电压等物理量的测量方法和电表、示波器、分光计等基本仪器的操作方法;第5章为综合与提高性实验;第6章为研究与设计性实验。

　　为了使学生在实验知识、实验方法、实验技能各方面能够得到由浅入深、由易到难、由简到繁、循序渐进的系统训练,达到培养学生进行科学实验的能力、提高科学实验素养的目的,基础性实验力求做到实验原理讲解完整、仪器介绍明了扼要、实验步骤叙述清晰、技术指导尽量具体;而在综合与提高性实验中,让学生在复习和熟练掌握已使用过的基本测量仪器和方法的基础上,重点突出原理和思路,并将一些细节问题留给学生去思考和观察;对于研究性实验,只给出研究对象和方法,留下让学生发挥的空间,并尽量与学生今后的信息专业课知识联系;对于设计性实验,主要着眼于培养学生的独立思考能力、应用物理知识的能力和创新能力。

　　大学物理实验课程是一项集体的事业,是所有物理实验工作者长期不懈努力、日积月累、与时俱进、不断改革的成果。每台仪器的设计、每个实验的安排,都凝聚着众多物理实验工作者的智慧。在本教材编写过程中,参考了兄弟院校的有关教材,汲取了他们大学物理实验教学改革的经验。更重要的是,大学物理实验教材的编写离不开本单位实验室的建设与发展,北京邮电大学物理实验室的老师们为世纪学院物理实验室的建设和实验讲义的编写作了大量工作,本书就是在世纪学院原《大学物理实验讲义》的基础上,进一步结合世纪学院学生的特点进行调整、更新、充实编写而成的。

　　本书由徐润君、汪成编写。由于作者水平有限,不足之处或错误在所难免,恳请读者和同仁指正。

编　　者

目　　录

第1章 绪 论

1.1 大学物理实验教学的地位、作用和要求

1.1.1 大学物理实验教学的地位

大学物理实验课是高等理工科院校对学生进行基本训练的必修课程,与大学物理理论课一起构成基础物理学知识统一的整体。由于大学物理实验具有完整的、科学的实验教学课程体系,因此也是一门独立的课程,是学生进入大学后接受系统实验技能训练的开端,也是后续实验课的基础。

1.1.2 大学物理实验教学的作用

物理学是一门以实验为基础的科学。物理规律的发现、物理理论的建立均来自于严格的科学实验,并得到实验的检验。例如,光的干涉实验使光的波动学说得以确立;赫兹的电磁波实验使麦克斯韦提出的电磁理论获得普遍承认;在 α 粒子散射实验的基础上,卢瑟福提出原子核型结构;杨振宁、李政道于 1956 年提出了基本粒子在"弱相互作用下的宇称不守恒"理论,经过实验物理学家吴健雄用实验验证后才被同行学者承认并因此获得了诺贝尔奖。实践证明,物理实验是物理学发展的动力。在物理学的发展进程中,物理实验和物理理论始终是相互促进、相互制约、共同发展的。

大学物理实验不是简单地重复前人已经做过的实验,更重要的是汲取其中的物理思想、卓越的实验设计、巧妙的物理构思、高超的测量技术、精心的数据处理、精辟的分析判断为人们展示了极其丰富的物理思想和科学方法,这已成为人类伟大思想宝库中的重要组成部分。实践也证明,实验是人们认识自然和改造客观世界的基本手段。科学技术越进步,科学实验就显得越重要,任何一种新技术、新材料、新工艺、新产品都必须通过实验才能获得。因此,对于理工科的学生来说,物理实验的知识技能是必不可少的。

1.1.3 大学物理实验教学的目的和任务

按照国家教育部颁布的《高等学校工科本科物理实验课程教学基本要求》,本课程的教学任务是:使学生在中学物理实验的基础上,按照循序渐进的原则,学习物理实验知识和方法,得到实验技能的训练,从而初步了解科学实验的主要过程和基本方法,为今后的学习和工作奠定良好的实验基础。具体来说,表现在以下几方面。

(1) 通过对实验现象的观察、测量和分析,学习物理实验知识,加深对物理学原理的理

解和记忆。

（2）培养学生独立进行科学实验的能力，如通过课前阅读教材或资料准备实验可以培养学生的自学能力，通过实验操作可以培养学生理论联系实际的动手能力，通过观察、分析现象可以培养学生的思维判断能力，通过正确处理实验数据、撰写合格实验报告可以培养学生的科研总结能力，通过灵活运用已有知识进行实验设计可以培养学生的创新能力等。

（3）培养学生严肃认真的工作作风、实事求是的科学态度、良好的实验习惯和遵纪守法、爱护公共财物的优良品德。

1.1.4　大学物理实验教学内容的基本要求

（1）了解常用的实验仪器（如千分尺、游标卡尺、温度计、电表、示波器、常用电源与光源、分光计等）的构造原理，掌握操作方法。

（2）学会测量基本物理量（如长度、时间、角度、温度、电流、电压、电阻、电磁场等）。

（3）掌握基本的实验方法（如比较法、放大法、模拟法、补偿法、转换法等）和操作技术（如按照电路图正确接线、仪器的零位调整、光路的共轴调整等）。

（4）掌握测量误差的基本知识与数据处理的基本方法（如列表法、作图法、逐差法、最小二乘法等）。

1.2　大学物理实验课程教学环节及实验规则

1.2.1　课程进行的 3 个教学环节

对每一个实验，从准备工作开始，经过在实验室进行实验，直到提交实验报告，才算最后完成。要取得良好的效果，就必须遵循一定的程序，按照一定的要求，认真做好每一个步骤的工作。

1. 实验课前预习，写出本次实验的预习报告

实验能否顺利进行并取得预期的结果，很大程度上取决于预习是否充分。在预习时，要仔细阅读实验教材，复习相关的物理学理论，明确实验目的和要求，了解实验步骤、实验过程中应观察的现象和须记录的数据，在"实验报告纸"上写出合格的预习报告。

（1）预习报告内容

① 实验名称。

② 实验目的。

③ 实验原理。阐明实验的理论要点，写出待测量的主要计算公式，画出有关装置图（如电路图、光路图等）。

④ 实验仪器。列出主要仪器的名称、型号、规格、精度等级等。

⑤ 实验内容及步骤。写出主要实验内容、关键步骤和注意事项。

⑥ 数据表格。按照实验内容画出有关表格，以便实验时记录数据。

⑦ 阅读思考题。

（2）预习报告的要求

① 在认真阅读实验教材的基础上写预习报告，不得抄袭别人的预习报告。

② 写预习报告要用专用的"实验报告纸",不得用不合要求的纸。

③ 字迹要工整,画图要用直尺、圆规和曲线板。

注:每次上课前将预习报告交给任课教师检查,不合格者不能做实验。

2. 实验课操作

(1) 实验的准备工作

对照实验教材,检查并熟悉仪器的种类、数量、规格、操作规则和注意事项。对预习时不理解或理解不深的内容,重新阅读实验教材的有关部分,并对预习报告作必要的修改。

在实验正式开始前,应按照操作方便、安全可靠的原则,将仪器摆放在实验桌上,连接线路,并把仪器置于初始状态。例如,把仪器调水平、电表指针调零、选择适当的量程、仪器的输出调到最小等。一切准备就绪后方可实验。

(2) 观察和测量

完成仪器装置的检查后,可以试运行一下,检查各种仪器能否正常工作,定性地观察实验结果是否合理。如发现意外,应及时排除。若电学仪器冒烟,发出焦糊气味,仪表超出量程,温度上升过快等,应立即切断电源,检查原因或报告教师加以排除。确认所有仪器工作均正常后,再进行观察和测量,记下观察到的现象和测量所得的原始数据。

记录原始数据的有效数字应正确反映仪器的精密度。除测量数据外,还应记录与实验结果有关的环境条件,如温度、湿度、大气压强等。在实验中出现的现象是分析实验结果的重要依据之一,应该如实、认真地记录。要对现象和原始数据及时进行分析和思考。如果发现有出乎意料或不合理的现象和数据,要重复观察和测量,并请教指导教师。

(3) 课上实验的要求

① 学生要在上课前到达实验室,不得迟到。因病、因事不能上课的学生,要有医务室或所在院系出具的假条,才予准假,并及时在实验室开放时补做。

② 课上认真听教师讲解,按照实验步骤操作仪器,未经教师同意不得随意拿取别组仪器,认真记录数据,完成实验后,由教师检查签字。

③ 教师签完字后,学生要拆线路、整理仪器,将仪器恢复课前原样,捡拾桌面和地面的遗弃物,经教师同意后,方可离开实验室。

注:无任课教师签字的数据无效。

3. 撰写实验报告

如何写好一份合格的实验报告,是实验课的一项重要基本功训练。学习实验报告的写作将为今后科学论文的撰写打下基础。

(1) 实验报告的内容

① 本次实验的预习报告。

② 有教师签字的数据表。

③ 数据处理过程和结果(包含计算公式、简单计算过程、作图、不确定度计算、结果表示等)。实验数据一般采用表格记录,发生的现象用文字记录,所作图表应符合规范。实验结果应按标准格式书写,实验结果中有效数字的位数应正确反映实验结果的精密度或不确定度。

④对实验结果进行必要的讨论,分析误差来源,回答思考题,总结实验体会。

(2) 实验报告的要求

① 实验报告要求独立完成,认真进行数据处理,不得抄袭别人的结果。

② 纸面要整洁,字迹工整,用作图法处理数据时,要用坐标纸。

③ 按时交实验报告。每次实验课时交上次实验报告,未经教师同意,过期再交者实验报告无效。

1.2.2 实验室规则与学生实验守则

(1) 做好课前预习,按时、按组上实验课,要独立完成实验和实验报告。

(2) 遵守实验室制度,注意用电安全。

(3) 保持实验室安静、清洁,不得将饮料、食物带入实验室。实验完毕后整理好仪器,做好值日。

(4) 爱护学校财产,因个人原因损坏仪器设备,要按学校规定予以赔偿。

(5) 严禁弄虚作假,如发现私自涂改数据或抄袭他人报告者,本次实验按零分计。

(6) 未写预习报告或迟到 20 分钟以上者,不准进入实验室。

(7) 无故旷课者按零分处理。

第2章 测量误差与实验数据处理基础知识

　　物理实验包括在实验室人为再现自然界的物理现象、寻找物理规律、对物理量进行测量及数据处理3个方面。本章主要介绍测量与误差的概念、随机误差的估算、不确定度的概念与计算、有效数字的概念与计算、常用的数据处理方法等内容。通过本章的学习可以使学生掌握对测量所得数据进行处理的方法,包括实验数据的记录、运算和整理归纳,以及找出各数值之间的相互联系;对测量所得结果能够进行分析和解释,评估结果的可靠程度,并用正确的方式表达实验结果。这是进行大学物理实验前必备的知识,也是今后从事科学实验所必须学习和掌握的。

　　应当说明的是,有关误差处理的深入讨论涉及计量学和数理统计等理论,本章只引用其中的某些结论和计算公式,更详细的探讨有待于后续课程进行。

2.1　测量与误差

2.1.1　测量

　　测量是进行科学实验必不可少的环节。所谓测量是指借助仪器将待测量与选作计量单位的同类量进行比较,从而估计待测量是该计量单位的多少倍的过程。完整的测量结果应给出被测量的最佳估计值、单位以及测量的不确定度。

1. 直接测量和间接测量

　　(1)直接测量　是将待测量与标准量具进行比较,直接得到待测量大小的过程。比如用米尺测量长度,用天平称质量,用伏特表测量电压等都是直接测量。

　　(2)间接测量　是指由若干直接测量的物理量经过一定函数运算后获得待测量大小的过程。例如通过测量物体的质量 m 和体积 V,由公式 $\rho = \dfrac{m}{V}$ 计算得到的密度 ρ 就属于间接测量。物理实验中大多数测量是间接测量。

　　一个物理量的测量是直接测量还是间接测量并不是绝对的,而是与测量方法有关。如果通过测量电流和电压算出某元件的电功率,这时电功率的测量就是间接测量;如果用功率表来测量电功率就变成了直接测量。无可置疑的是,随着科学技术的发展,越来越多的物理量将有可能进行直接测量。

2. 等精度测量与不等精度测量

(1) 等精度测量　在完全相同的条件下,对同一个待测量进行多次重复的测量。物理实验中进行的多次测量一般都采用等精度测量。

(2) 不等精度测量　是在不完全相同的条件下,对同一个待测量进行多次重复的测量。例如:测量条件不同、测量仪器改变、测量方法改变等。

2.1.2　误差的基本概念

1. 真值

被测物理量所具有的客观真实数值(简称真值)。

由于受测量方法、测量仪器、测量条件以及观测者水平等多种因素的限制,我们只能获得该物理量的近似值。因而真值是一个理想的概念,一般是无法得到的,但在某些特定的情况下,真值又是可知的。例如,三角形的三个内角和为 180°;一个圆周角为 360°等。所以在计算误差时,一般用约定真值来代替。

约定真值是一个接近真值的值,它与真值之差可忽略不计。实际测量中以在没有系统误差的情况下,足够多次的测量值之平均值,或理论值、国际计量大会通过的公认值,或高一级别的“标准”仪器的测量值来作为约定真值。

2. 绝对误差和相对误差

测量结果与被观测量的客观真实值(真值)之间存在着一定的偏离,测量值与客观真实值(真值)之差称为测量误差。误差自始至终存在于一切科学实验过程之中,这是测量中普遍存在的规律,所以测量结果都带有误差。

(1) 绝对误差

$$绝对误差 = 测量误差 - 真值 \qquad (2\text{-}1\text{-}1)$$

注意:绝对误差不同于误差的绝对值,它可正、可负。当它为正时,称为正误差;反之则为负误差。因此,由式(2-1-1)定义的误差,不仅反映了测量值偏离真值的大小,也反映了偏离的方向。

(2) 相对误差

$$相对误差 = \frac{绝对误差}{真值} \times 100\% \qquad (2\text{-}1\text{-}2)$$

实验中还经常需要计算测量结果的百分误差

$$百分误差 = \frac{测量值 - 近真值(平均值)}{近真值(平均值)} \times 100\% \qquad (2\text{-}1\text{-}3)$$

2.1.3　误差分类

为了便于对误差作出估算并研究减小误差的方法,有必要对误差进行适当分类。根据误差的性质和来源不同,一般将测量误差分为 3 类。

1. 系统误差

在相同条件下对同一物理量进行多次测量,误差的符号始终保持恒定或按一定规律发生变化,这种误差称为系统误差。系统误差具有确定性。

2. 随机误差

若系统误差已经消除或减小到可忽略时,在等精度条件下对同一物理量进行多次重复测量,其误差的数值和符号以不可预知、无法控制的方式变化着,这种误差称为随机误差。随机误差的特点是单个测量值具有随机性,数值大小杂乱无章,而当测量次数足够多时,总体服从统计分布规律。常见的统计分布有正态分布、t 分布和均匀分布。

3. 粗大误差

根据测量的客观条件无法给出合理解释的个别过大的误差称为粗大误差。粗大误差的出现与实验者的技术水平、精神状态等有关,如看错刻度、读错数字、计算错误等已不属于正常误差范畴。粗大误差也可能与客观条件的一次性突然变化有关。粗大误差会明显地歪曲实验结果,一旦发现并确认,必须予以剔除,但要慎重处理,舍弃的数据在实验报告中必须注明原因。

2.1.4 准确度、精密度和精确度

评价测量结果的好坏,常用到准确度、精密度和精确度 3 个概念。

准确度反映系统误差大小的程度。准确度高是指测量数据的算术平均值偏离真值较小,测量的系统误差小。但是准确度不能反映随机误差的大小。

精密度反映随机误差大小的程度。它是对测量结果的重复性的评价。精密度高是指测量的重复性好,各次测量值的分布密集,随机误差小。但是精密度不能反映系统误差的大小。

精确度反映系统误差与随机误差综合大小的程度。精确度高是指测量结果既精密又正确,即随机误差与系统误差均小。

现以射击打靶的结果为例说明以上 3 个术语的意义,如图 2-1-1 所示。图 2-1-1 (a)准确度高而精密度低,即系统误差小而随机误差大。图 2-1-1(b) 精密度高而准确度低,即系统误差大而随机误差小。图 2-1-1(c) 精确度高,系统误差和随机误差都小。

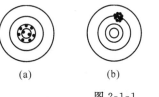

(a)　　　　(b)　　　　(c)

图 2-1-1

2.2 误差处理

2.2.1 系统误差

在许多情况下,系统误差是影响测量结果准确度的主要因素,然而它又常常不明显地表现出来。当它被忽略时,有时会给实验结果带来严重影响。因此,应分析系统误差的来源,并设法修正、减小或消除系统误差。

1. 系统误差的来源

系统误差一般来源于以下几个方面:

(1) 仪器误差　由于仪器本身的固有缺陷或没有按照条件使用而引起的误差。如仪器的刻度不准,仪器零点没有校准,仪器该水平放置而没有放水平等。

（2）理论或方法误差　由于理论公式本身的近似性,或测量方法、实验条件与理论的要求不完全符合而引起的误差。如用伏安法测量电阻时忽略电表内阻会引起测量误差。

（3）环境误差　由于外界环境因素(主要指温度、压力、湿度、电磁场等)引起的误差。如在20℃下标定的标准电阻、标准电池在温度较高或较低的场合使用会引起误差。

（4）个人误差　由于实验者个人有不良习惯而引起的误差。如有的人在读取指针式仪表的读数时习惯性地将头偏向左侧或偏向右侧,致使读数偏大或偏小;按秒表时,习惯早按或迟按等。

2. 系统误差的发现

要发现系统误差,需要对整个实验原理、实验方法、测量步骤、所用仪器等可能引起系统误差的因素进行分析。

查找系统误差的几种常用方法如下。

（1）实验对比法

① 实验方法对比:用不同方法测同一个量,看结果是否一致。

② 实验仪器对比:用型号相同的仪器替代实验中所用仪器,如结果不一致,则说明至少有一台仪器存在系统误差。

③ 测量方法对比:如用天平称衡时,分别将待测物放在天平的左盘和右盘(即复称法)。对比测量结果,可以发现天平是否存在两臂不等长而引起误差。

④ 实验条件对比:在不同的温度、压力、湿度、电磁场等环境下做对比实验,看结果是否一致。

（2）理论分析法

分析实验依据的理论公式所要求的条件是否与实际情况相符,分析仪器所要求的条件是否得到满足。

（3）数据分析法

当测量数据明显不服从统计分布规律时,说明存在系统误差。此时可将测量数据依次排列,如偏差(即测量值与平均值之差)的大小有规则地向一个方向变化,则测量中存在线性系统误差,如偏差的符号有规律地交替变化,则测量中存在周期性系统误差。

3. 系统误差的消除或修正

消除和修正系统误差是一件复杂而困难的事情,一般没有固定不变的方法,需要具体问题具体分析。常用的方法有以下几种。

（1）对测量结果引入修正值

这通常包括两方面内容,一是对仪器或仪表引入修正值,这可通过与更准确(级别更高)的仪器或仪表作比较而获得;二是根据理论分析,导出修正公式。

（2）选择适当的测量方法

选择适当测量方法使系统误差能够被抵消,从而不将其带入测量结果之中。

常用的方法有以下几种。

① 对换法:就是将测量中的某些条件(如被测物的位置)相互交换,使产生系统误差的原因对测量的结果起相反的作用,从而抵消了系统误差。如用直流电桥测量电阻时把被测电阻与标准电阻交换位置进行测量(见实验4)。

② 补偿法(示零法):在测量过程中,使被测量的作用效果与已知量的作用效果互相抵

消,总的效应为零。如利用电位差计测电阻、测电动势时的电压补偿法(见实验6)。

③ 替代法:即在一定的条件下,用某一已知量替换被测量以达到消除系统误差目的的方法。例如,测量电表内电阻时,为了消除仪器误差对测量结果的影响,就可以采用替代法。

④ 半周期偶数测量法:按正弦曲线变化的周期性系统误差(如测角仪的偏心差)可用半周期偶数测量法予以消除。这种误差在 0°、180°、360°处为零,而在任何差半个周期的两个对应点处误差的绝对值相等而符号相反,因此,若每次都在相差半个周期处测两个值,并以平均值作为测量结果就可以消除这种系统误差。在测角仪器(如分光计等)上广泛使用此种方法(见实验12)。

总之,要减小或消除系统误差的影响,首先是设法不让它产生,如果做不到,就应修正它,或者通过采取合适的测量方法,设法抵消它的影响。

2.2.2 随机误差

下面的讨论中,均认为系统误差已被消除或者系统误差已减小到可以忽略的程度。

随机误差是由实验中各种因素的微小变动性引起的。例如实验装置和测量机构在各次测量调整操作上的变动性,测量仪器指示数值上的变动性,以及观测者本人在判断和估计读数上的变动性等。这些因素的共同影响就使测量值围绕着测量的平均值发生涨落变化,这种变化量就是各次测量的随机误差。

随机误差的出现,就某一次测量值来说是没有规律的,其大小和方向都是不可预知的,但进行足够多次的测量,就会发现随机误差是按一定的统计规律分布的。

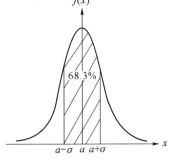

图 2-2-1

1. 随机误差的统计分布

随机误差的分布服从统计规律。物理实验中大多数测量的随机误差满足正态分布。假设对某一物理量 x 在同样条件下进行多次重复测量,当测量次数 $n \to \infty$ 时,测量值(包括随机误差)的出现服从正态分布,如图 2-2-1 所示。正态分布又称高斯(Gauss)分布。下面讨论正态分布的一些特性。

正态分布的概率密度函数为

$$f(x) = \frac{1}{\sqrt{2\pi}\sigma} e^{-\frac{(x-a)^2}{2\sigma^2}} \tag{2-2-1}$$

其中

$$a = \lim_{n \to \infty} \frac{\sum x_i}{n} \tag{2-2-2}$$

$$\sigma = \lim_{n \to \infty} \sqrt{\frac{\sum (x_i - a)^2}{n}} \tag{2-2-3}$$

其中,a 和 σ 是反映测量值 x 这个随机变量分布特性的重要参数。a 表示 x 出现几率最大的值,是测量次数趋向无穷时被观测量的算术平均值,在消除了系统误差后,a 为真值。σ 称为标准差,是测量次数趋向无穷时被观测量的误差的方均根,它是反映测量值离散程度的参数,σ 小,测量值精密度高,随机误差小;σ 大,测量值精密度低,随机误差大。

概率密度函数 $f(x)$ 的意义是:测量值在 x 附近的单位区间内出现的几率。测量值出现在

$(-\infty, +\infty)$ 范围内的几率是 100%，所以图 $2\text{-}2\text{-}1$ 中曲线与横轴间所包围的面积恒等于 1，即

$$\int_{-\infty}^{+\infty} f(x)\mathrm{d}x = 1 \qquad (2\text{-}2\text{-}4)$$

由概率密度函数的定义可知，测量值 x 在区间 $[x_1, x_2]$ 内出现的概率为

$$P = \int_{x_1}^{x_2} f(x)\mathrm{d}x \qquad (2\text{-}2\text{-}5)$$

其中，P 称为置信概率，与之对应的区间 $[x_1, x_2]$ 称为置信区间。

将概率密度函数代入式 $(2\text{-}2\text{-}5)$ 可计算得出测量值 x 出现在区间 $[a-\sigma, a+\sigma]$ 内的概率

$$P_1 = \int_{a-\sigma}^{a+\sigma} f(x)\mathrm{d}x = 0.683 \qquad (2\text{-}2\text{-}6)$$

式 $(2\text{-}2\text{-}6)$ 的结果说明，对满足正态分布的物理量作任何一次测量，其结果有 68.3% 的可能性落在区间 $[a-\sigma, a+\sigma]$ 内。由此可见，标准差 σ 是一个具有统计意义的参数。

如果扩大置信区间，对应的置信概率也将提高。将置信区间扩大到 $[a-2\sigma, a+2\sigma]$ 和 $[a-3\sigma, a+3\sigma]$，可分别得到与之对应的置信概率为

$$P_2 = \frac{1}{\sqrt{2\pi}\sigma} \int_{a-2\sigma}^{a+2\sigma} \mathrm{e}^{-\frac{(x-a)^2}{2\sigma^2}} \mathrm{d}x = 0.954$$

$$P_3 = \frac{1}{\sqrt{2\pi}\sigma} \int_{a-3\sigma}^{a+3\sigma} \mathrm{e}^{-\frac{(x-a)^2}{2\sigma^2}} \mathrm{d}x = 0.997 \qquad (2\text{-}2\text{-}7)$$

物理实验中常将 3σ 作为判定数据异常的标准，3σ 称为极限误差。可以认为在测量次数 n 有限的情况下，对物理量的任一次测量值，其误差大于 3σ 的可能性几乎不存在。如果某测量值 $|x-a| \geqslant 3\sigma$，则需要考虑测量过程是否存在异常，并将该数据从实验结果中剔除。

服从正态分布的随机误差具有下列特点。

(1) 单峰性——绝对值小的误差比绝对值大的误差出现的概率大；

(2) 对称性——大小相等而符号相反的误差出现的概率相同；

(3) 有界性——在一定的测量条件下，误差的绝对值不超过一定的限度；

(4) 抵偿性——误差的算术平均值随测量次数 n 增加而趋于零。

2. 多次测量的算术平均值

如前所述，尽管一个物理量的真值是客观存在的，但想要通过实验得到真值是不现实的。由随机误差的统计分析可以证明，当测量次数 n 趋近于无穷大时，测量值的算术平均值 $\bar{x}$ 就是真值，见式 $(2\text{-}2\text{-}2)$。但是在任何实验中，测量次数 n 总是有限的。

假设对物理量 x 进行一系列等精度测量，所得结果为 $x_1, x_2, \cdots, x_n$，则 x 的算术平均值为

$$\bar{x} = \sum_{i=1}^{n} x_i / n \qquad (2\text{-}2\text{-}8)$$

由于每次测量的误差为 $\Delta x_i = x_i - a$，因此误差和可以表示为

$$\sum_{i=1}^{n} \Delta x_i = \sum_{i=1}^{n} x_i - na \qquad (2\text{-}2\text{-}9)$$

若将式 $(2\text{-}2\text{-}9)$ 的两边同除以 n，则当 $n \to \infty$ 时，根据正态分布的特点 (4) 可知，式 $(2\text{-}2\text{-}9)$ 等号的左边将趋近于零，因此有

$$\lim_{n \to \infty} \overline{x} = \lim_{n \to \infty} \frac{1}{n} \sum_{i=1}^{n} x_i = a \tag{2-2-10}$$

式(2-2-10)表明,当测量次数无穷多时,测量结果可以不受随机误差的影响,或所受影响很小可以忽略不计。这就是测量结果的算术平均值可以认为是最接近于真值的最佳值的理论依据。在实际测量中,由于只能进行有限次的测量,因此将算术平均值看作是测量结果的最佳估计值,是最接近于真值的近真值。

3. 多次测量随机误差的估算——标准偏差

由于实际测量次数总是有限的,而且真值 a 也不可知,因此不能利用式(2-2-3)计算出标准差 σ,而只能用其他方法对 σ 的大小进行估算。

假设实验测量总共进行了 n 次,所得一组测量值 $x_1, x_2, \cdots, x_n$,称为一个测量列,每一个测量值与平均值之差称为残差,用 V_i 表示,则有

$$V_i = x_i - \overline{x}, \quad i = 1, 2, 3, \cdots, n \tag{2-2-11}$$

显然,这些残差有正有负,有大有小。常用"方均根"法对它们进行统计,得到的结果叫做该测量列的标准偏差,并用 $s(x)$ 表示:

$$s(x) = \sqrt{\frac{\sum_{i=1}^{n} V_i^2}{n-1}} = \sqrt{\frac{\sum_{i=1}^{n} (x_i - \overline{x})^2}{n-1}} \tag{2-2-12}$$

这个公式称为贝塞尔公式。

标准偏差 $s(x)$ 是反映测量列离散性的参数,可以用它表示测量值的精密度。$s(x)$ 小,表示精密度高,测量值的分布密集,随机误差小。必须注意,$s(x)$ 并不是严格意义下的标准差 σ,而是它的估计值。其统计意义:被测量真值落在区间 $[x - s(x), x + s(x)]$ 的概率应小于 68.3%,只有测量次数较多时,这一概率才接近 68.3%。

如果在完全相同的条件下,多次多组进行重复测量,可以得到许多个测量列,每个测量列的算术平均值不尽相同,于是就可以得到一组平均值 $(\overline{x})_1, (\overline{x})_2, \cdots, (\overline{x})_j$,这表明算术平均值也是一个随机变量,算术平均值本身也具有离散性,且仍然服从正态分布。由式(2-2-8)及误差传递公式可以证明:平均值 $\overline{x}$ 的标准偏差 $s(\overline{x})$ 是该测量列 n 次测量中任意一次测量的标准偏差 $s(x)$ 的 $1/\sqrt{n}$ 倍,即

$$s(\overline{x}) = \frac{s(x)}{\sqrt{n}} = \sqrt{\frac{\sum_{i=1}^{n} (x_i - \overline{x})^2}{n(n-1)}} \tag{2-2-13}$$

由此可见,平均值的标准偏差 $s(\overline{x})$ 可以通过测量列 n 次测量中任意一次测量的标准偏差 $s(x)$ 计算得出。显然 $s(\overline{x})$ 小于 $s(x)$,说明平均值的离散程度要小于单个测量值的离散程度,而且增加测量次数,可以减少平均值的标准偏差 $s(\overline{x})$,即提高测量的精密度,减少随机误差。但是单纯凭增加测量次数来提高精密度的作用是有限的。平均值的标准偏差 $s(\overline{x})$ 的统计意义为:被测量的真值落在区间 $[\overline{x} - s(\overline{x}), \overline{x} + s(\overline{x})]$ 的概率约为 68.3%。

当测量次数无穷多或足够多时,测量值与误差的分布才接近于正态分布,但是当测量次数较少时(例如少于 10 次),测量值与误差的分布将明显偏离正态分布,而将遵从 t 分布,又称为学生分布。t 分布曲线与正态分布曲线的形状类似,但是 t 分布曲线的峰值低于正态分布,而且 t 分布曲线上部较窄、下部较宽,如图 2-2-2 所示。

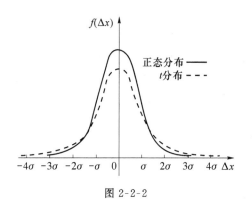

图 2-2-2

当测量值与误差的分布是 t 分布时，置信区间 $[\overline{x}-s(\overline{x}),\overline{x}+s(\overline{x})]$ 对应的置信概率达不到 0.683，若保持置信概率不变，则应当扩大置信区间。在这种情况下，如果置信概率为 P，其对应的置信区间一般可以写为

$$[\overline{x}-t_{PS}(\overline{x}),\overline{x}+t_{PS}(\overline{x})]$$

其中系数 t_P 称为 t 因子，其数值大于 1，它既与测量次数 n 有关，又与置信概率 P 有关。

物理实验中，在多次测量时一般重复 6～10 次（一味地增加次数不仅误差没有明显地减小，而且延长工作时间，实验条件也可能改变）。为了方便起见，统一取置信概率为 0.95。表 2-2-1 给出了 $t_{0.95}$ 和 $t_{0.95}/\sqrt{n}$ 的值。因此根据一个测量列中的各个数据，可以计算出与 0.95 置信概率对应的置信区间，被测量的真值以 0.95 的概率落在此置信区间内，从此区间的大小可以判断该测量列随机误差的大小。

表 2-2-1 t 参数

n	3	4	5	6	7	8	9	10	15	20	$\geqslant100$
$t_{0.95}$	4.30	3.18	2.78	2.57	2.45	2.36	2.31	2.26	2.14	2.09	$\leqslant1.97$
$t_{0.95}/\sqrt{n}$	2.48	1.59	1.243	1.05	0.926	0.834	0.770	0.715	0.553	0.467	$\leqslant0.139$

2.3   测量不确定度与测量结果表示

在科学、工业、农业生产和商业贸易等各个领域都需要提供测量结果及置信度的数据。以往人们习惯于用误差来表示测量结果。由于误差是测量值与被测量真值之差，而真值在大多数情况下是未知的，从而使这种表示方法受到质疑。1993 年，由国际标准化组织（ISO）等 7 个国际组织联名共同发表了《测量不确定度表示指南》（简称《指南》），后来 ISO 的各成员国广泛执行和应用了该指南，以测量不确定度来评价测量结果的质量。我国也于 1999 年制订并实施了《测量不确定度评定与表示》。因此，以《指南》为基础，结合大学物理实验教学的实际情况，介绍测量不确定度的基本原理和具体应用。

2.3.1   不确定度概念及分类

测量不确定度是测量结果带有的一个参数，用以表征合理赋予被测量量的分散性，它是被测量客观值在某一量值范围内的一个评定。不确定度理论按照测量数据的性质将不确定度分为两类：符合统计规律的不确定度称为 A 类标准不确定度，用 u_A 表示；不符合统计规律的不确定度统称为 B 类标准不确定度，用 u_B 表示。两类不确定度分量的方和根为总不确定度 u。

1. A 类不确定度

不确定度的 A 类分量是用统计方法对一系列重复测量数据 $x_1,x_2,\cdots,x_n$ 进行分析而计算得出的，通常用 $u_A(x)$ 表示，物理实验中 $u_A(x)$ 一般以多次测量平均值的标准偏差 $s(\overline{x})$

与 t 因子 t_p 的乘积来做估算。即

$$u_A(x) = t_p s(\bar{x}) \tag{2-3-1}$$

其中 t 因子 t_p 的数值(如表2-2-1所示)既与测量次数 n 有关,又与对应的置信概率 P 有关。

当置信概率 $P=0.95$,测量次数 $n=6$ 时,从表2-2-1中可查到 $t_{0.95}/\sqrt{n} \approx 1$,则有

$$u_A(x) = s(x) \tag{2-3-2}$$

也就是说,在置信概率为0.95的前提下,测量次数 $n=6$,那么A类不确定度可以直接用测量值的标准偏差 $s(x)$ 估算。

2. B类不确定度

B类不确定度的评定不是用统计分析法进行的,因它可以来自多方面的因素,正确的评定B类不确定度常用估计的方法,这就需要估计者的经验和学识水平。但是,在物理实验中B类不确定度主要由仪器误差引起,因此B类不确定度常采用仪器的最大误差限 $\Delta_\text{仪}$ 来估算,计算过程相当简单。$\Delta_\text{仪}$ 是指在正确使用仪器的条件下,测量值和被测量的真值之间可能产生的最大误差。某些实验室常用仪器的最大误差限 $\Delta_\text{仪}$ 由表2-3-1给出。有些测量中,由于条件限制,实际误差远大于铭牌给出的仪器最大误差限,这时应由实验室根据经验给出 $\Delta_\text{仪}$。不确定度的B类分量通常用 $u_B(x)$ 表示,即

$$u_B(x) = \Delta_\text{仪} \tag{2-3-3}$$

表 2-3-1 某些常用仪器的最大误差限

仪器名称	量程	最小分度值	最大误差限
螺旋测微仪	25 mm	0.01 mm	±0.004 mm
钢卷尺	1 m	1 mm	±0.8 mm
	2 m	1 mm	±1.2 mm
游标卡尺	125 mm	0.02 mm	±0.02 mm
	300 mm	0.05 mm	±0.05 mm
电表(0.5)级			0.5%×量程
电表(0.2)级			0.2%×量程

3. 合成不确定度与测量结果的表达

合成不确定度用 $u(x)$ 表示,$u(x)$ 由A类不确定度 $u_A(x)$ 和B类不确定度 $u_B(x)$ 采用方和根合成方式得到:

$$u(x) = \sqrt{u_A^2(x) + u_B^2(x)} \tag{2-3-4}$$

完整的测量结果应给出被测量的最佳估计值,同时还要给出测量的合成不确定度,测量结果应写成如下标准形式:

$$\begin{cases} x = \bar{x} \pm u(x) \\ u_r = \dfrac{u(x)}{x} \times 100\% \end{cases} \tag{2-3-5}$$

其中,$\bar{x}$ 为多次测量的平均值,$u(x)$ 为合成不确定度,u_r 是两者的比值,称为测量结果的相对不确定度。上述结果表示被测量的真值落在区间 $[\bar{x}-u(x), \bar{x}+u(x)]$ 范围内的概率应在0.95以上,也就是说真值落在上述区间范围以外的概率极小。

2.3.2 直接测量的不确定度

1. 单次直接测量的不确定度

实验中,如果实验条件符合下列 3 种情况可以考虑进行单次测量。

(1) 仪器精度较低,偶然误差很小;

(2) 对测量准确度要求不高;

(3) 因测量条件限制,不可能进行多次测量。

当用式(2-3-4)和式(2-3-5)表示单次测量的结果时,不考虑对 A 类不确定度 $u_A(x)$ 的估算,只需计算 B 类不确定度 $u_B(x)$ 这一项。如前所述,$u_B(x)$ 的取法或者是仪器标定的最大误差限,或者是由实验室给出的最大允许误差。因此有

$$u(x) = u_B(x) = \Delta_仪$$

2. 多次直接测量的不确定度

对同一物理量进行多次等精度测量时,A 类不确定度分量主要由测量列的算术平均值的标准偏差决定,B 类不确定度分量主要讨论仪器的不确定度,合成不确定度由两类不确定度分量的方和根求得。

多次测量时,不确定度一般按照下列过程进行计算。

(1) 求多次测量数据的平均值

$$\bar{x} = \sum_{i=1}^{n} x_i / n$$

(2) 修正已知系统误差,得到测量值。例如,已知螺旋测微仪的零点误差为 d_0,修正后的测量结果为

$$d = d_测 - d_0$$

(3) 用贝塞尔公式计算标准偏差

$$s(x) = \sqrt{\frac{\sum_{i=1}^{n} (x_i - \bar{x})^2}{n-1}}$$

(4) 评估 A 类不确定度,用标准偏差乘以置信参数 $t_{0.95}/\sqrt{n}$,若测量次数 $n = 6$,$t_{0.95}/\sqrt{n} \approx 1$,则

$$u_A(x) = t_{0.95} s(\bar{x}) = s(x)$$

(5) 根据仪器标定的最大误差限,或实验室给出的最大允差,确定 B 类不确定度

$$u_B(x) = \Delta_仪$$

(6) 根据 $u_A(x)$ 和 $u_B(x)$ 计算合成不确定度

$$u(x) = \sqrt{u_A^2(x) + u_B^2(x)}$$

(7) 计算相对不确定度

$$u_r = \frac{u(x)}{x} \times 100\%$$

(8) 给出测量结果

$$\begin{cases} x = \bar{x} \pm u(x) \\ u_r = \dfrac{u(x)}{x} \times 100\% \end{cases}$$

【例1】 用量程为 0~25 mm 的螺旋测微计($\Delta_{仪}=0.004$ mm,且无零点误差)对一铁板的厚度进行了 6 次重复测量,以 mm 为单位,测量数据为 3.782,3.779,3.786,3.781,3.778,3.780,给出测量结果。

【解】 测量结果的算术平均值

$$\bar{x} = \frac{1}{6}\sum_{i=1}^{6} x_i = 3.781 \text{ mm}$$

将该值作为厚度的最佳估计值,则测量的标准偏差

$$s(x) = \sqrt{\frac{1}{n-1}\sum_{i=1}^{n}(x_i - \bar{x})^2} = 0.003 \text{ mm}$$

由于测量次数为 6 次,$t_{0.95}/\sqrt{n} \approx 1$,因此,$u_A(x) = s(x) = 0.003$ mm。

B 类的不确定度为

$$u_B(x) = \Delta_{仪} = 0.004 \text{ mm}$$

合成不确定度为

$$u(x) = \sqrt{u_A^2(x) + u_B^2(x)} = 0.005 \text{ mm}$$

相对不确定度为

$$u_r = \frac{0.005}{3.781} \times 100\% = 0.132\% \approx 0.13\%$$

最后将测量结果表示为

$$\begin{cases} x = \bar{x} \pm u(x) = (3.781 \pm 0.005) \text{ mm} \\ u_r = \dfrac{u(x)}{x} \times 100\% = 0.13\% \end{cases}$$

2.3.3 间接测量的不确定度

在实际测量中,我们遇到的大多是间接测量,间接测量的物理量是各个直接测量的物理量的函数,各个直接测量结果的不确定度必然会影响到间接测量结果,而且这种影响可以由不确定度传递公式定量计算出来。假设间接测量的物理量 F 是 n 个互相独立的直接观测量 $x, y, z, \cdots$ 的函数,即

$$F = f(x, y, z, \cdots) \tag{2-3-6}$$

其中的 $u(x), u(y), u(z)$ 为各个直接观测量 $x, y, z, \cdots$ 的不确定度。

若各个直接观测量相互独立,对式(2-3-6)全微分,即

$$dF = \frac{\partial f}{\partial x}dx + \frac{\partial f}{\partial y}dy + \frac{\partial f}{\partial z}dz + \cdots \tag{2-3-7}$$

由于不确定度与被观测量相比是微小的,它们相当于数学中的"增量"或"微分",因此可以用不确定度 $u(F)$、$u(x)$、$u(y)$、$u(z)$ 分别代替全微分公式中的 dF、dx、dy、dz,并且在考虑不确定度的传递时,采用方和根的方式进行合成,就可得到不确定度的传递公式。则间接测量的物理量 F 的不确定度可以由各个直接观测量的不确定度合成得到,即

$$u(F) = \sqrt{\left(\frac{\partial f}{\partial x}\right)^2 u^2(x) + \left(\frac{\partial f}{\partial y}\right)^2 u^2(y) + \left(\frac{\partial f}{\partial z}\right)^2 u^2(z) + \cdots} \tag{2-3-8}$$

当 $F = f(x, y, z, \cdots)$ 中各直接观测量之间的关系是乘、除或方幂时,由相对不确定度求

合成不确定度可使运算过程大大简化。方法是先对式（2-3-6）取自然对数，得

$$\ln F = \ln f(x, y, z, \cdots)$$

再求全微分
$$\frac{\mathrm{d}F}{F} = \frac{\partial(\ln f)}{\partial x}\mathrm{d}x + \frac{\partial(\ln f)}{\partial y}\mathrm{d}y + \frac{\partial(\ln f)}{\partial z}\mathrm{d}z + \cdots$$

同样，用不确定度 $u(F)$、$u(x)$、$u(y)$、$u(z)$ 分别代替全微分公式中的 $\mathrm{d}F$、$\mathrm{d}x$、$\mathrm{d}y$、$\mathrm{d}z$，最后进行不确定度的合成，即可得到

$$\frac{u(F)}{F} = \sqrt{\left(\frac{\partial \ln f}{\partial x}\right)^2 u^2(x) + \left(\frac{\partial \ln f}{\partial y}\right)^2 u^2(y) + \left(\frac{\partial \ln f}{\partial z}\right)^2 u^2(z) + \cdots} \qquad (2\text{-}3\text{-}9)$$

显然，由式（2-3-8）等号两边同时除以 F 即可得到式（2-3-9），因此两式实质是一样的。

表 2-3-2 列出常用函数的不确定度传递公式。

表 2-3-2　常用函数的不确定度传递公式

函数表达式	不确定度传递公式	函数表达式	不确定度传递公式
$N = ax \pm by$	$u_N = \sqrt{a^2 u_x^2 + b^2 u_y^2}$	$N = \dfrac{x^a y^b}{z^c}$	$\dfrac{u_N}{N} = \sqrt{\left(\dfrac{au_x}{x}\right)^2 + \left(\dfrac{bu_y}{y}\right)^2 + \left(\dfrac{cu_z}{z}\right)^2}$
$N = axy$	$\dfrac{u_N}{N} = \sqrt{\left(\dfrac{u_x}{x}\right)^2 + \left(\dfrac{u_y}{y}\right)^2}$	$N = a\ln x$	$u_N = \dfrac{a}{x}u_x$
$N = \dfrac{ax}{y}$	$\dfrac{u_N}{N} = \sqrt{\left(\dfrac{u_x}{x}\right)^2 + \left(\dfrac{u_y}{y}\right)^2}$	$N = a\sin x$	$u_N = a\|\cos x\|u_x$

下面是间接测量不确定度的计算过程：

（1）先求出各直接测量量的不确定度。

（2）依据 $F = f(x, y, z, \cdots)$ 的关系，求出 $\dfrac{\partial f}{\partial x}, \dfrac{\partial f}{\partial y}, \dfrac{\partial f}{\partial z}, \cdots$ 或 $\dfrac{\partial \ln f}{\partial x}, \dfrac{\partial \ln f}{\partial y}, \dfrac{\partial \ln f}{\partial z}, \cdots$。

（3）依据式（2-3-8）或式（2-3-9）求出 $u(F)$ 或 $u_r = \dfrac{u(F)}{F}$。

（4）最后给出测量结果 $\begin{cases} F = \overline{F} \pm u(F) \\ u_r = \dfrac{u(F)}{F} \times 100\% \end{cases}$。

当间接测量量的函数式为加减形式时，其不确定度由式（2-3-8）求算比较方便；当间接测量量的函数式为积商形式时，可先由式（2-3-9）求相对不确定度，再求标准不确定度。

【例2】　测小钢球的密度。设通过多次直接测量并经计算得小球的质量 $m = (18.75 \pm 0.02)$ g，小球直径 $d = (1.6578 \pm 0.0006)$ cm，求小球的密度 ρ 及其不确定度。

【解】　小球的体积公式 $\qquad\qquad V = \dfrac{1}{6}\pi d^3$

小球的密度公式 $\qquad\qquad \rho = \dfrac{m}{V} = \dfrac{6m}{\pi d^3}$

密度的最佳估计值

$$\overline{\rho} = \frac{6\overline{m}}{\pi \overline{d}^3} = \frac{6 \times 18.75}{3.1416 \times 1.6578^3} \approx 7.8597 \quad \text{g/cm}^3$$

小球密度的函数公式为商积关系，先计算相对不确定度较方便：

$$\ln \rho = \ln 6 + \ln m - \ln \pi - 3\ln d$$

上式两边对 m 和 d 求偏导数

$$\frac{\partial \ln \rho}{\partial m} = \frac{1}{m} \qquad \frac{\partial \ln \rho}{\partial d} = -\frac{3}{d}$$

所以,由式(2-3-9)得相对不确定度

$$u_r = \frac{u(\rho)}{\rho} = \sqrt{\left(\frac{\partial \ln \rho}{\partial m}\right)^2 u^2(\overline{m}) + \left(\frac{\partial \ln \rho}{\partial d}\right)^2 u^2(\overline{d})}$$

$$= \sqrt{\left[\frac{u(m)}{m}\right]^2 + 9\left[\frac{u(d)}{d}\right]^2} = \sqrt{\left(\frac{0.02}{18.75}\right)^2 + 9\left(\frac{0.000\,6}{1.657\,8}\right)^2} = 0.001\,58$$

因相对不确定度取两位数,且采用进位法,故相对不确定度取为 0.16%。

密度的标准不确定度

$$u_\rho = 7.859\,7 \times 0.001\,6\ \text{g/cm}^3 = 0.012\ \text{g/cm}^3$$

标准不确定度只取一位,且采用进位法。

密度的测量结果为

$$\rho = (7.86 \pm 0.02)\ \text{g/cm}^3$$
$$u_r = 0.16\%$$

本题亦可先求标准不确定度,再求相对不确定度,但较复杂。

【例3】 伏安法测量未知电阻实验数据的处理。已知本实验采用的是内接法,电流表内接的修正公式为: $R = \frac{U}{I} - r_A$,所用仪器的参数为:1 级安培表,量程 10 mA,内阻为 $r_A = (2.50 \pm 0.02)\ \Omega$;1 级的伏特表,量程为 10 V。测量的结果为: $U = 9.00$ V; $I = 8.86$ mA。要求给出待测电阻 R 的测量结果和正确表述。

【解】 本实验对电压和电流值仅进行了单次测量,因此不考虑 A 类不确定度的估算,即 $u_A(R) = 0$。测量不确定度的 B 类分量来源较多,主要有仪器的误差、读数的误差、接线的误差等。在本实验的条件下,可以由相应仪器的允许误差限综合评定,即

$$\Delta U = 10\ \text{V} \times 1\% = 0.1\ \text{V}$$
$$\Delta I = 10\ \text{mA} \times 1\% = 0.1\ \text{mA}$$
$$\Delta r_A = 0.02\ \Omega$$

由式(2-3-3)得

$$u(U) = \Delta U, \quad u(I) = \Delta I, \quad u(r_A) = \Delta r_A$$

由于本实验是间接测量,因此需要先使用不确定度的传递公式求偏导:

$$\frac{\partial R}{\partial U} = \frac{1}{I} \quad \frac{\partial R}{\partial I} = \frac{U}{I^2} \quad \frac{\partial R}{\partial r_A} = 1$$

再利用式(2-3-8),可以得出

$$u(R) = \sqrt{\left[\frac{1}{I}u(U)\right]^2 + \left[\frac{U}{I^2}u(I)\right]^2 + [u(r_A)]^2}$$

$$= \frac{U}{I}\sqrt{\left[\frac{u(U)}{U}\right]^2 + \left[\frac{u(I)}{I}\right]^2 + \left[\frac{I}{U}u(r_A)\right]^2}$$

其中的 U 与 I 均为测量值(在有些书中将 r_A 作为常量,因此式中的最后一项不存在)。将测量数据代入,求出 $u(R) \approx 16.05\ \Omega$。由 $R = \frac{U}{I} - r_A$ 得 $R = 1\,013.3\ \Omega$,所以测量结果为 $R \pm u(R) = (1\,013 \pm 16)\ \Omega$。

2.3.4 误差的等分配原则和仪器精度的选择

在实验的设计和安排中,当间接测量量的精度提出一定要求后,如何根据精度要求,合理分配误差、确定各直接测量量的精度和选择合适的仪器,是实验设计的重要一环。

假设间接测量量 $F=f(x_1,x_2\cdots)=x_1^a \cdot x_2^b \cdot \cdots \cdot x_n^p$,它的不确定度为

$$\left[\frac{u(F)}{F}\right]^2 = \left[a\frac{u(x_1)}{x_1}\right]^2 + \left[b\frac{u(x_2)}{x_2}\right]^2 + \cdots + \left[p\frac{u(x_n)}{x_n}\right]^2 \qquad (2\text{-}3\text{-}10)$$

如果要求 $\frac{u(F)}{F}\leqslant E$,希望将 E 平均分配给各项直接观测量,即

$$\left|a\frac{u(x_1)}{x_1}\right| = \left|b\frac{u(x_2)}{x_2}\right| = \cdots = \left|p\frac{u(x_n)}{x_n}\right| \leqslant \frac{1}{\sqrt{n}}E \qquad (2\text{-}3\text{-}11)$$

当 $x_1,x_2,\cdots,x_n$ 各值已知时,就可以确定仪器的精度。

【例4】 测圆柱体密度可用公式 $\rho=\frac{4m}{\pi d^2 h}$,如要求 ρ 的相对不确定度 $\frac{u(\rho)}{\rho}\leqslant 0.5\%$,如何选择各测量仪器的准确度?

【解】 由于 $\rho=\frac{4m}{\pi d^2 h}$ 包含了乘除运算,因此先对此式两边求自然对数,再对两边求偏导,并由式(2-3-9)可得相对不确定度:

$$\frac{u(\rho)}{\rho} = \sqrt{\left[\frac{u(m)}{m}\right]^2 + \left[2\frac{u(d)}{d}\right]^2 + \left[\frac{u(h)}{h}\right]^2}$$

利用误差等分配原则有

$$\left|\frac{u(m)}{m}\right| = \left|2\frac{u(d)}{d}\right| = \left|\frac{u(h)}{h}\right| \leqslant \frac{0.5\%}{\sqrt{3}}$$

若已知 m、d、h 的数值和仪器的误差限 $\Delta_{仪}$,就可确定满足实验所需准确度的仪器。

2.4 有效数字及其运算法则

2.4.1 有效数字

测量结果都是有一定误差的,因此表示测量结果的数字位数不能随意取舍。例如,当我们用最小分度为 1 mm 的直尺测量长度时,得到的结果为 73.6 mm,这里的 73 是从直尺上直接数刻度线的个数读出来的数字,称为可靠数字,而 0.6 是从直尺上最小刻度之间估计出来的,叫做可疑数字。我们把测量结果中的可靠数字和一位可疑数字的全体统称为有效数字。测量结果有效数字位数的多少是由测量工具和被测量的大小决定的,有效数字位数的多少直接反映了测量结果的准确程度。在有效数字中,一般仅取一位可疑数字。

关于有效数字的几点说明:

(1) 有效数字位数多少的计算是从测量结果的第一位(最高位)非零数字开始,到最后一位数。如 0.007 是 1 位有效数字,0.007 036 是 4 位有效数字。

(2) 在非零数字之间或之后的"0"都是有效数字。例如 103.0 mm 是 4 位有效数字,其中的两个"0"均为有效数字。不能记为 103 mm(这样只有 3 位有效数字)。

（3）常用数学常数，如 e、π 等，其有效位数可根据需要进行取舍，一般取位应比参加运算各数中有效位数最多的数再多一位。

（4）遇到某些很大或很小的数，而它们的有效位数又不多时，应当使用科学记数法，即用 10 的方幂来表示。如 165 万，有效位数为 3 位，应写成 1.65×10^6，而不能写成 1 650 000。

（5）有效数字与测量仪器有关。测量结果的有效数字不仅反映被测物理量的大小，而且也反映测量仪器的测量精度。例如用普通毫米尺测得某物体直径为 25.8 mm，有 3 位有效数字。要想提高测量精度，改用游标卡尺测量可得 25.82 mm，有 4 位有效数字；用螺旋测微计测量同一直径可得 25.819 mm，有 5 位有效数字。因此在仪器上直接读取测量结果时，有效数字的多少是由被测量的大小及仪器的精度决定的。正确的读数，应是在仪器最小分度以下再估读一位，除非有特殊说明该仪器不需要估读。

（6）单位换算不改变有效数字的位数。例如，把 73.0 mm 换算成 7.30 cm 或 0.073 0 m，仍是 3 位有效数字。

2.4.2　有效数字的近似运算法则

在物理实验中，间接测量的物理量是将各个直接测量的物理量通过一系列的函数运算得到最终的实验结果。函数运算结果的不确定度是由参加运算的各个观测量的不确定度合成得出的，函数运算结果的有效数字位数的多少应由其不确定度决定。

当两个或两个以上的有效数字在一起进行数学运算时，由于可疑数字无论跟可靠数字还是跟可疑数字一起运算，其结果均为可疑数字。只有可靠数字与可靠数字运算，其结果才为可靠数字。因此，可以给出以下运算规则。

1. 加减法运算

在加减法运算中，结果有效数字的位数取决于参与运算的数字中末位位数最高的那个数。例如：

$$\underline{34.4} + 21.283 = 55.7$$
$$\underline{328} - 24.7 = 303$$
$$71.3 - 0.8 + \underline{271} = 342$$

上列各式中有下画线的数据为有效位数最高的一项，故结果的有效数字位数均与其相同。

2. 乘除法运算

乘除法运算结果的有效位数取决于参与运算数字中有效位数最少的那个数，如果两个乘数的第一位数相乘大于 10，其乘积可多取一位。例如下列两式中的取位不同：

$$3.21 \times 1.2 = 3.8$$
$$3.21 \times 6.5 = 20.9$$

3. 四则运算

四则运算的基本原则与加、减、乘、除运算一致。

例如 $N = (A+B) \cdot C/D$，其中 $A = 15.6$、$B = 4.412$、$C = 100.0$、$D = 221.0$。首先进行括号内加法运算，$(A+B)$ 结果有 3 位有效数字；在接下来进行的乘除法运算中，由于 3 位有效数字是参与运算的数字中有效数字最少的，因此最后的运算结果为 3 位有效数字，即 $N = 9.06$。

4. 特殊函数的运算

在进行实验数据处理时经常要遇到一些特殊函数，如三角函数、对数、乘方、开方等运算,我们可以先将函数微分求出它的最小不确定度,再由最小不确定度确定它的有效位数。

【例 5】 已知角度为 $x=15°21'$,求 $\sin x$。

【解】 先在 x 的最后一位数上取 1 个单位作为它的最小不确定度,并将它化为弧度有

$$u_{\min}=\Delta x=1'=0.000\ 29\ \text{rad}$$

设 $y=\sin x$,对其求全微分可得

$$\Delta y=\cos x\Delta x\approx0.000\ 28$$

可见 $y=\sin x$ 的不准确位是小数点后的第 4 位,因此 $\sin x$ 应取到小数点后的第 4 位,即

$$\sin x=0.264\ 7$$

如果上述角度是 $x=15°21'10''$,则 $u_{\min}=\Delta x=1''=0.000\ 004\ 85\ \text{rad}$,可算出

$$\Delta y=\cos x\Delta x\approx0.000\ 004\ 7$$

不准确位是小数点后的第 6 位,因此 $\sin x$ 应取到小数点后的第 6 位,即

$$\sin x=0.264\ 761$$

【例 6】 已知 $x=57.8$,求 $\lg x$。

【解】 设 $y=\lg x$,由于 $u_{\min}=\Delta x=0.1$,有

$$\Delta y=\Delta\left(\frac{\ln x}{\ln 10}\right)=0.434\ 3\Delta x/x\approx0.000\ 75$$

因此 $\lg x$ 应取到小数点后第 4 位,即 $\lg x=1.761\ 9$。

综上所述,可以将有效数字的简化运算法则总结如下:

(1)加减法运算,以参加运算各量中有效数字末位最高的为准,并与之对齐。

(2)乘除法运算,以参加运算各量中有效数字最少的为准,必要时可多取一位。

(3)混合四则运算,按以上原则进行。

(4)特殊函数运算,通过微分关系处理。

2.4.3 数据的修约和测量结果的表达

实验完成后,如何以正确的形式给出最终的测量结果是十分重要的,应特别注意测量结果和不确定度的有效数字位数的取舍问题,原则是测量结果的有效位数最终应给出多少位,必须与其不确定度的结果相一致。

关于不确定度本身的有效数字位数,遵循这样的规定:

(1)最后结果的不确定度的有效位数,一般情况下只保留一位,当不确定度有效数字的第一位数小于或等于 3 时,允许保留两位,如果不确定度有效数字的第一位数大于 3,则只能保留一位有效数字。

(2)相对不确定度一律取两位数,并以百分数形式给出。

(3)最终结果的有效数字的位数必须与它的不确定度的最后一位数对齐。

在实际中,经常会遇到测量结果与不确定度的有效位数发生矛盾的情况,这时就需要对测量结果及其不确定度的有效位数进行修约。进行实验数据修约的原则是:以不确定度的有效位数确定最终结果的有效位数,或测量结果的有效数字的位数必须与它的不确定度的最后一位数对齐。

在进行数据修约时,截取尾数的做法与通常的"四舍五入"不同。其结果尾数的取舍采用"四舍六入,逢五凑偶"的法则,即小于5舍弃,大于5进位,等于5凑偶。其中"等于5凑偶"的意思是,当尾数等于5且5后面没有其他不为零的数字时,如果它前面的数是奇数,则加1(将5进位)将其凑成偶数,如果是偶数,则不变(将5舍弃)。

例如,将下列数据保留3位有效数字的取舍结果是:

6.582 5→6.58(第4位小于5,舍去)。

6.586 3→6.59(第4位大于5,进位)。

6.585 0→6.58(第4位等于5,第3位为偶数,舍去)。

6.575 1→6.58(第4位等于5,第3位为奇数,进位)。

2.5 数据处理的基本方法

科学实验的目的是为了找出事物的内在规律性或者检验某种理论的正确性。由实验测得的一系列数据,往往是零乱的,必须经过科学的数据处理,才能找到各物理量之间的变化关系及其服从的物理规律。

数据处理是指从获得数据起到得到结果为止的加工过程,它包括记录、整理、计算、分析等步骤。用简明而严格的方法把实验数据所代表的事物内在规律性提练出来就是数据处理。常用的数据处理方法有:列表法、作图法、图解法、逐差法以及最小二乘法等。

2.5.1 列表法

列表法是记录和处理数据的基本方法。将数据列成表格,可以简单而清楚地反映出有关物理量之间的对应关系,有助于检查测量结果是否合理,及时发现问题,找出各物理量之间存在的规律性,进而建立经验公式。

设计表格和记录数据的要求:

(1)表格设计应利于记录、运算和检查,便于一目了然地看出有关量之间的关系。列表中的数据除原始数据外,计算过程中的一些中间结果或最后结果也可列入表中。

(2)表格内标题栏中应标明各物理量的名称和单位,尽量用符号表示。单位写在标题栏中,一般不要重复地写在各数据后。

(3)表格一般应有序号和表格名称。表格中各数据应正确地使用有效数字,反映所用仪器的精度。

(4)数据记录应真实,严禁抄袭和编造实验数据。

2.5.2 作图法

作图法是实验数据处理的一种常用方法。通过作图能较直观地显示出物理量之间的变化规律,便于找出物理量间的函数关系或经验公式。除手工绘图外,也可以用计算机软件绘图,并利用软件的拟合功能求解物理量。

作图法的步骤和注意事项:

1. 选坐标纸

手工绘图必须用坐标纸。坐标纸的种类较多,可根据具体情况选用直角坐标纸、对数坐标纸、半对数坐标纸、极坐标纸等。

2. 定轴和定标

通常以自变量为横坐标、以因变量为纵坐标,在坐标纸上用粗实线画出坐标轴,在轴的末端近旁注明所代表的物理量及单位,此为定轴。

定标就是根据测量值的范围和有效数字,合理选择坐标分度值。定标应注意以下几点:

(1) 所定标度应能反映出由实验所得数据的有效位数。一般采用"等精度作图"原则,即将坐标纸上的最小格对应于有效数字最后一位准确数,测量结果的估读位在坐标纸上仍为估读位。

(2) 标度的划分要得当。以不用计算就能直接读出图线上每一点的坐标为宜。凡主线间分为十等分的直角坐标纸,各标度线间的距离以1、2、4、5等几种最为方便,而3、6、7、9应避免。

(3) 标度值的零点不一定在坐标轴的原点,以便于调整图线的大小和位置,使曲线居中,并布满图纸的 70%～80%。如果数据特别大或特别小时,可以提出乘积因子,如$\times 10^6$、$\times 10^{-6}$放在坐标轴最大值的一端。

3. 描点和连线

用削尖的铅笔将实验数据画到坐标纸上的相应点。描点时,常以该点为中心,用＋、×、○、△、□等符号中的一种符号标明。同一曲线上各点用同一符号,不同的曲线则用不同的符号。连线时要用直尺或曲线板等作图工具,根据不同情况将数据点连成直线或光滑曲线,如图 2-5-1 所示。曲线并不一定要通过所有的点,应使曲线两侧的实验点数近于相等,画校正曲线时应将数据点连成折线,如图 2-5-2 所示。

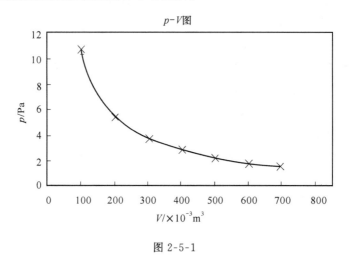

图 2-5-1

4. 写图名

图名应写在图纸的明显位置,如图纸顶部附近空旷的位置。图名中,一般将纵轴代表的物理量写在前面,将横轴代表的物理量写在后面,中间用"-"连接。如图 2-5-3 所示的伏安法测电阻的 I-U 曲线。必要时,在图名下方写上实验条件或图注。

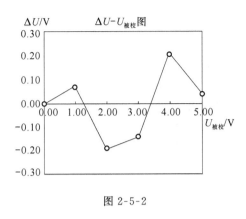

图 2-5-2

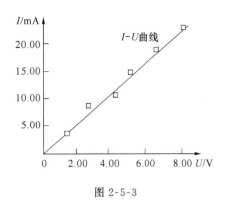

图 2-5-3

2.5.3 图解法

图解法在数据处理中占有相当重要的地位。所谓图解法,是由图形所表示的函数关系来求出所含的参数。其中最简单的例子是通过图示的直线关系确定该直线的参数——截距和斜率。在许多情况下,曲线能改成直线,因此不少经验方程的参数是通过曲线改直后,再由图解法求得的。

1. 确定直线图形的斜率和截距求测量结果

图线 $y=kx+b$,可在图线(直线)上选取两点 $P_1(x_1,y_1)$ 和 $P_2(x_2,y_2)$(不要用原来测量的点)计算其斜率 k 值,即

$$k=\frac{y_2-y_1}{x_2-x_1} \tag{2-5-1}$$

P_1 和 P_2 不要相距太近,以减小误差。其截距 b 为 $x=0$ 时的 y 值;或选图上任一点 $P_3(x_3,y_3)$,代入 $y=kx+b$ 中,并利用斜率公式得

$$b=y_3-\frac{y_2-y_1}{x_2-x_1}x_3 \tag{2-5-2}$$

确定直线图形的斜率和截距以后,再根据斜率或截距求出所含的参量,从而得出测量结果。

2. 根据图线求出经验公式

如果实验中物理量之间的函数关系不是简单的直线关系,则可由解析几何知识来判断图形是哪种图线,然后尝试着将复杂的图形曲线改成直线,如果尝试成功(改成直线),求出斜率和截距,便可得出图线所对应的物理量间的函数关系。重要的一步是将函数的形式经过适当变换,成为线性关系,即把曲线变成直线。举例如下:

(1) $y=ax^b$,a、b 均为常量。两边取自然对数得

$$\ln y=b\ln x+\ln a \tag{2-5-3}$$

则 $\ln y$ 为 $\ln x$ 的线性函数,b 为斜率,$\ln a$ 为截距。

(2) $y=ae^{-bx}$,a、b 为常量。

两边取自然对数后得

$$\ln y=-bx+\ln a \tag{2-5-4}$$

则 $\ln y$ 与 x 为线性函数,斜率为 $-b$,截距为 $\ln a$。选用单对数坐标纸作图可得一条直线。如在直角坐标纸上作图,则需将 y 值取对数后再作图。

2.5.4 逐差法

如果两个物理量之间满足线性关系 $y=ax+b$，自变量 x 等间距变化时，则可以采用逐差法处理实验数据。逐差法的特点是物理内涵明确、方法简单，充分利用多次测量的实验数据，起到减小测量误差的作用。逐差法是物理实验数据处理的一种有效方法。

用逐差法处理数据的程序：

（1）将一组等间隔连续测量数据（共 $2n$ 次）按次序先后分成两组（两组次数应相同）。一组为 $x_1, x_2, \cdots, x_n$，另一组为 $x_{n+1}, x_{n+2}, \cdots, x_{2n}$。

（2）求两组数对应项相减的差值

$$\delta_1 = x_{n+1} - x_1$$
$$\delta_2 = x_{n+2} - x_2$$
$$\vdots$$
$$\delta_n = x_{2n} - x_n$$

（3）对差值求平均

$$\overline{\delta} = \frac{1}{n} \sum_{i=0}^{n-1} (x_{n+i} - x_i) \tag{2-5-5}$$

（4）对应项差值 δ_i 的标准偏差为

$$s(\delta) = \sqrt{\frac{\sum_{i=1}^{n} [(x_{n+i} - x_i) - \overline{\delta}]^2}{(n-1)}} \tag{2-5-6}$$

例如，有一长为 L 的弹簧，逐次在其下端加 m 千克的砝码，测出长度分别为

$$x_1, x_2, x_3, x_4, x_5, x_6, x_7, x_8, x_9, x_{10}, x_{11}, x_{12}$$

如果不用逐差法而简单地去求每加 m 千克砝码时弹簧的平均伸长量，有

$$\begin{aligned}\overline{\Delta x} &= \frac{1}{11}[(x_2-x_1)+(x_3-x_2)+(x_4-x_3)+(x_5-x_4)+(x_6-x_5)+(x_7-x_6) \\ &\quad +(x_8-x_7)+(x_9-x_8)+(x_{10}-x_9)+(x_{11}-x_{10})+(x_{12}-x_{11})] \\ &= \frac{1}{11}(x_{12}-x_1)\end{aligned}$$

可见，中间测量值全部抵消，只有始末两次测量值起作用，这样处理数据与一次性加 11 个 m 千克砝码的单次测量等效。

而用逐差法处理，则有

$$\overline{\delta} = \frac{1}{6}[(x_7-x_1)+(x_8-x_2)+(x_9-x_3)+(x_{10}-x_4)+(x_{11}-x_5)+(x_{12}-x_6)]$$

其中，$\overline{\delta}$ 表示加 6 个 m 千克砝码时弹簧的平均伸长量，由 $\overline{\delta}$ 可求出每加 m 千克砝码时弹簧的伸长量：$\Delta x = \overline{\delta}/6$。由此可见，使用逐差法可以充分利用数据、减小测量误差和扩大测量范围。

2.5.5 最小二乘法

作图法虽然可以很直观地将实验中各物理量间的关系、变化规律表示出来，但同一组实验数据画出来的实验曲线会因人而异。要由实验数据较精确地求出拟合曲线的参数，通常采用最小二乘法。这里主要介绍直线拟合问题（或称一次线性回归），对于某些曲线函数可

以通过数学变换将其改写为直线。

设物理量 x 和 y 间是线性关系，以 x 为自变量，y 为因变量，可写成如下函数形式：

$$y = bx + a \qquad (2\text{-}5\text{-}7)$$

其中，a 和 b 为两个待定常数，称为回归系数；由于只有 x 一个变量（y 是 x 的函数），且没有 x 的高阶项，因此称为一元线性回归，将式(2-5-7)称为回归方程。

1. 回归系数的确定

实验中得到的一组数据为

$$x = x_1, x_2, \cdots, x_i, \cdots, x_n$$
$$y = y_1, y_2, \cdots, y_i, \cdots, y_n$$

如果实验没有误差，则把数据代入相应的函数式(2-5-7)时，方程左、右两边应该相等。由于实验中，总有误差存在，为简化问题，假定 x，y 这两个直接观测量中，只有 y 存在明显的随机误差，x 的误差小到可以忽略。把这些测量归结为 y 的测量偏差，以 $v_1, v_2, \cdots, v_i$ 表示。这样，把实验数据(x_1, y_1)，(x_2, y_2)，$\cdots$，(x_i, y_i)代入式(2-5-7)后得

$$a + bx_i - y_i = v_i \qquad (2\text{-}5\text{-}8)$$

式(2-5-8)共有 n 个方程，称为误差方程组。

最小二乘法的原理是，当 $\sum\limits_{i=1}^{n} v_i^2$ 为最小时，解出的常数 a、b 为最佳值。要使

$$\sum_{i=1}^{n} v_i^2 = \sum_{i=1}^{n} [y_i - (a + bx_i)]^2 = \text{最小} \qquad (2\text{-}5\text{-}9)$$

必须满足下列条件：

$$\frac{\partial}{\partial a}\left[\sum_{i=1}^{n} v_i^2\right] = 0 \qquad \frac{\partial^2}{\partial a^2}\left[\sum_{i=1}^{n} v_i^2\right] > 0$$

$$\frac{\partial}{\partial b}\left[\sum_{i=1}^{n} v_i^2\right] = 0 \qquad \frac{\partial^2}{\partial b^2}\left[\sum_{i=1}^{n} v_i^2\right] > 0 \qquad (2\text{-}5\text{-}10)$$

由式(2-5-10)可以得到回归系数 a 和 b 为

$$b = \frac{\overline{xy} - \overline{x} \cdot \overline{y}}{\overline{x^2} - \overline{x}^2} \qquad (2\text{-}5\text{-}11)$$

$$a = \overline{y} - b\overline{x} \qquad (2\text{-}5\text{-}12)$$

2. 各参量的标准偏差

测量值 y 的标准偏差

$$s(y) = \sqrt{\frac{\sum\limits_{i=1}^{n} v_i^2}{n - m}} \qquad (2\text{-}5\text{-}13)$$

其中，$n-m$ 是自由度，其中 n 为测量的次数，m 为未知量的个数，回归方程(2-5-7)中有 a、b 两个待定常数，因此 $m=2$，即在这里自由度为 $n-2$，其意义是根据式(2-5-11)和式(2-5-12)可以由 n 组独立数据计算得出 a 和 b，也就是说式(2-5-11)和式(2-5-12)是 n 组独立数据必须满足的两个约束条件，所以自由度变为 $n-2$。

如前所述，在假设只有 y 存在明显的随机误差，x 的误差小到可以忽略的条件下，a 和 b 的标准偏差可以由式(2-5-11)和式(2-5-12)及传递公式得出：

b 的标准偏差 $$s(b)=\frac{s(y)}{\sqrt{n(\overline{x^2}-\overline{x}^2)}}$$ (2-5-14)

a 的标准偏差 $$s(a)=\sqrt{\overline{x^2}}\,s(b)$$ (2-5-15)

3. 相关系数的确定

对任何一组测量值 (x_i,y_i),不管 x 与 y 之间是否为线性关系,代入式(2-5-11)和式(2-5-12)都可以求出 a 和 b,为了判定所做线性回归结果是否合理,需要引入线性回归相关系数的概念,相关系数以 r 表示,定义公式为

$$r=\frac{\overline{xy}-\overline{x}\cdot\overline{y}}{\sqrt{(\overline{x^2}-\overline{x}^2)(\overline{y^2}-\overline{y}^2)}}$$ (2-5-16)

相关系数 r 的取值范围为 $-1<r<+1$,当 $r>0$ 回归直线的斜率为正,称为正相关;当 $r<0$ 时,回归直线的斜率为负,称为负相关。$|r|$ 越接近 1,说明数据点越靠近拟和曲线,即设定的回归方程合理。$|r|$ 接近零时,说明数据点分散、杂乱无章,所设定的回归方程不合理,必须改用其他函数方程重新进行回归分析。

练 习 题

1. 指出下列情况使测量结果主要产生随机误差还是系统误差?

① 米尺刻度不均匀;   ② 仪器零点不准;

③ 测量时对最小分度后一位的估计;   ④ 电表的接入误差;

⑤ 天平的左、右臂臂长不等。

2. 下列测量记录中,正确取法的数据是哪些?

① 用分度值为 1 mm 的直钢尺测物体长度,得

3.2 cm;   40 cm;   78.86 cm;   80.00 cm。

② 用分度值为 0.01 mm 的千分尺测物体长度,得

0.45 cm;   0.6 cm;   0.327 cm;   0.023 6 cm。

③ 用分度值为 0.02 mm 的游标卡尺测物体长度,得

40 mm;   312.05 mm;   50.6 mm;   40.06 mm。

④ 用分度值为 0.05 A、量程为 5 A 的 1.0 级电流表测电流,得

2.0 A;   1.45 A;   1.785 A;   0.610 A。

3. 以 mm 为单位表示下列各值:

3.48 m;   0.01 m;   5 cm;   30 μm;   4.32 cm。

4. 指出下列各量有几位有效数字:

① 0.003 cm;   ② 10.000 1 s;   ③ 2.60×10^6 J;   ④ 0.283 0 cm。

5. 把下列各数取三位有效数字:

① $\pi=3.141\,592\,65$;   ② $1°=0.017\,453\,29$ rad;

③ 27.051;   ④ 8.971×10^{-6};

⑤ 3.145 01;   ⑥ 52.65;

⑦ 10.850;   ⑧ 0.463 50。

6. 依据误差理论和有效数字运算规则,改正以下错误:

① $L=(12.830\pm0.35)$ cm； ② $m=(1\,500\pm100)$ kg；

③ 0.50 m$=50$ cm$=500$ mm； ④ $g=(980.125\,0\pm0.004\,5)$ cm/s^2；

⑤ $R=6\,371$ km$=6\,371\,000$ m。

7. 计算下列结果(应写出具体步骤)：

① $N=A+5B-3C-4D$，其中 $A=382.02$，$B=1.037\,54$，$C=56$，$D=0.001\,036$；

② $x=6.377\times10^8$，求 $\lg x$； ③ $x=3.02\times10^{-5}$，求 e^x；

④ $x=0.783\,6\,\mathrm{rad}$，求 $\sin x$； ⑤ $\dfrac{100.0\times(5.6+4.412)}{(79.00-78.00)\times10.000}+210.00$；

⑥ $\dfrac{(142.2+0.008)\times4.03}{5\,964-4\,720.0}$； ⑦ $x=265.3$，求 $\lg x$。

8. 有甲、乙、丙、丁 4 个人，用千分尺测量同一个铜球的直径，各人所测得的结果分别如下，问哪个人表示得正确？其他人错在哪？

甲：$(1.283\,2\pm0.000\,4)$cm； 乙：$(1.283\pm0.000\,4)$ cm；

丙：$(1.28\pm0.000\,4)$ cm； 丁：$(1.3\pm0.000\,4)$ cm。

9. 某样品的温度重复测量 6 次，得到如下数据，利用 3σ 原则判断其中有无过失误差。

$t(℃)=20.43,20.40,20.42,20.41,19.10,20.43$。

10. 推导出下列函数的合成不确定度表达式：

① $f=x+y-2z$； ② $f=\dfrac{x-y}{x+y}$；

③ $f=\dfrac{xy}{x-y}(x\neq y)$； ④ $n=\dfrac{\sin\theta_i}{\sin\theta_r}$；

⑤ $I=I_0\,e^{-\beta x}$； ⑥ $R_x=\dfrac{R_1}{R_2}R$；

⑦ $E=\dfrac{Mgl}{\pi r^2 L}$； ⑧ $y=Ax^B+xz$。

11. 完成下列填空：

① $m=(201.750\pm0.001)$ kg$=($ ⬚ $\pm$ ⬚ $)$ g；

② $\rho=(1.293\pm0.005)$ mg/cm$^3=($ ⬚ $\pm$ ⬚ $)$ kg/m$^3=($ ⬚ $\pm$ ⬚ $)$ g/L；

③ $t=(12.9\pm0.1)$ s$=($ ⬚ $\pm$ ⬚ $)$ min。

12. 用天平称一物体的质量 m，测量结果为：35.63 g，35.57 g，35.58 g，35.42 g，35.36 g，35.72 g，35.11 g，35.80 g。试求其平均值 $\overline{m}$ 和标准偏差 $s(m)$。

13. 一个铅圆柱体，测得其直径 $d=(2.04\pm0.01)$ cm，高度为 $h=(4.12\pm0.01)$ cm，质量为 $m=(149.18\pm0.05)$ g。计算：

① 铅的密度 ρ ② 铅的密度的不确定度 $u(\rho)$ ③ 写出结果的正确表达。

14. 用最小二乘法对下列数据进行直线拟合，求出 a 和 g，以及相关系数 r。

$x=61.5,\quad 71.2,\quad 81.0,\quad 89.5,\quad 95.5,\quad 101.6$

$y=2.468,\quad 2.877,\quad 3.262,\quad 3.618,\quad 3.861,\quad 4.241$

$y=a+\left(\dfrac{4\pi^2}{g}\right)\cdot x$

第3章　物理实验基本仪器和基本操作规则

　　仪器是物理实验的物质基础,仪器的设计蕴含着许多设计者的巧妙构思,是科学原理和方法的体现。要做好物理实验必须掌握所用仪器设备的结构、原理、性能和使用方法,这是大学物理实验的要求之一,也是熟悉实验原理与测量方法的前提。

3.1　力学测量基本仪器

3.1.1　长度的测量仪器

　　长度测量是最基本的测量,测量长度最基本的仪器有米尺、游标卡尺和千分尺。

1. 米尺

　　实验中常用的米尺有钢直尺和钢卷尺。米尺的分度值为 1 mm,读数时应估读到十分之一毫米(0.1 mm)。仪器误差一般取最小分度的一半(0.5 mm)。将尺子紧贴对准被测物和眼睛正视是测量的要领和关键。

2. 游标卡尺

　　为了提高米尺的测量精度可以使用游标卡尺。

　　(1)结构

　　游标卡尺的外型如图 3-1-1 所示,它由一个主尺 A 和一个套在主尺上且可沿主尺滑动的附尺 B 组成,附尺也称为游标。在主尺和附尺的上下各有一个钳口,钳口 C、D 用于测量物体的长度或外径,钳口 C′、D′用来测量内径,尾尺 G 可用来测量深度,K 为锁紧螺钉。

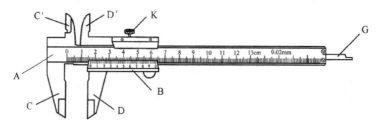

图 3-1-1

（2）原理

设游标上 N 个分度格的长度与主尺上 $(N-1)$ 个分度格的总长度相等，若 a 表示主尺上最小分度格的长度，b 表示游标上的最小分度格的长度，即

$$Nb = (N-1)a \qquad\qquad (3\text{-}1\text{-}1)$$

则主尺最小分度格与游标最小分度格的长度之差为游标的最小分度值，即

$$a - b = a - \frac{(N-1)a}{N} = \frac{a}{N} \qquad\qquad (3\text{-}1\text{-}2)$$

游标的分度值一般都标注在游标卡尺上。实验室常用的游标卡尺游标分度值有 0.1 mm、0.05 mm、0.02 mm 等几种规格。

测量时，如果游标"0"刻度线左侧的主尺上整毫米刻线的读数值是 L，游标上第 n 条刻线与主尺上的某一刻线对齐，则游标"0"刻度线与主尺"0"刻度线的间距为被测物的长度，即

$$L + n(a-b) = L + n\frac{a}{N} = L + \Delta L \qquad\qquad (3\text{-}1\text{-}3)$$

（3）读数

游标卡尺测量读数的方法分两步：先从游标卡尺的主尺上读出游标"0"刻度线左侧的整毫米刻线的读数值（整数值），再加上游标上读出的毫米以下部分的数值。毫米以下的读数值由与主尺某一刻线对齐的游标上的刻线确定。

例如用分度值为 0.1 mm 的游标卡尺测量某一物体，如图 3-1-2 所示。游标零点左侧的主尺整毫米刻线的数值 L 为 52.0 mm，游标上第 8 条线与主尺的一条刻线对得最齐，即毫米以下的小数值 ΔL 为 0.8 mm，则测量结果为

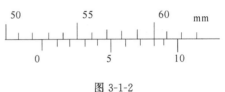

图 3-1-2

$$L + \Delta L = 52.0 + 0.8 = 52.8 \text{ mm}$$

测量长度的游标卡尺上的游标是直游标，其原理可拓展为弯游标用到一些光学仪器中，详见实验 12。

（4）注意事项

① 测量前记录零点读数误差并在测量结果中予以修正。

② 推动游标卡尺勿用力过猛，应当保护卡口。

3．千分尺（又称螺旋测微计）

千分尺是比游标卡尺更精密的测量长度的仪器，它是利用螺旋进退来测量长度的仪器。通常实验室使用的千分尺，量程为 25 mm，分度值为 0.01 mm，仪器误差为 0.004 mm，可估读到千分之一毫米（0.001 mm）。

（1）结构

千分尺的外形如图 3-1-3 所示。它的主要结构是螺旋套管中套有一根螺距为 0.5 mm 的精密螺杆 A；固定的套管 F 上有两排刻线作为标尺，毫米刻度线和 0.5 毫米刻度线分别刻在水平基准线的上下两侧；螺杆后端带有一个圆周刻成 50 个分度的套筒 C，称为鼓轮（或微分筒）。

（2）原理

每当套筒旋转一周，螺杆便延其轴线方向前进或后退一个螺距的距离。因此，套筒转过一个分度时，螺杆沿轴线方向移动的距离为

$$\frac{0.5 \text{ mm}}{50} = 0.01 \text{ mm}$$

此值即为千分尺的分度值。可见，千分尺应用了机械放大的原理，它将一个 0.5 mm 螺距的小刻度转换成较大的 50 分度的圆周刻度尺的周长，从而提高了测量精度。

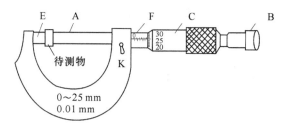

图 3-1-3

（3）读数

把待测物体夹在钳口 EA 内，轻轻转动其尾部棘轮 B 推动螺杆，当发出"咯、咯、咯"摩擦声时表示测量面已经与物体接触紧密，即可读数。读数时，由固定套管 F 上读出半毫米以上的数值，由鼓轮上读出半毫米以下的数值，并估读到千分之一毫米（0.001 mm）的一位上，两者相加即为该物体的长度值。如图 3-1-4（a）中的读数为 5.500 mm ＋ 0.250 mm ＝ 5.750 mm；图 3-1-4（b）中的读数为 5.000 mm ＋ 0.250 mm ＝ 5.250 mm。

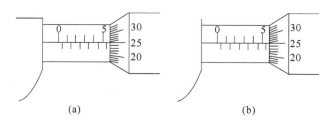

（a）   （b）

图 3-1-4

（4）注意事项

① 测量前后要检查千分尺的零位，并记录"0"点读数，以便对测量值进行零点修正，即从测量读数中减去"0"点的读数才是被测物的实际尺寸。鼓轮（C 尺）上 0 刻线在固定套管水平基准线以下，"0"点的读数取正值，如图 3-1-5（a）所示，$x_0 = 0.010$ mm；在固定套管水平基准线以上，"0"点的读数取负值，如图 3-1-5（b）所示，$x_0 = -0.006$ mm。

② 由于千分尺的螺纹非常精密，旋转时不能用力过猛。旋转时必须旋转棘轮，当听到摩擦声时，立即停止旋转。

③ 千分尺用毕，钳口间要留一定的空隙，防止热膨胀损坏螺纹。

4. 电子数显尺

电子数显尺是利用数字测量显示技术进行长度测量的器具，主要由传感器、控制运算部

分和数字显示部分组成,通过传感器将位移量的变化转换成电信号的变化输入控制部分进行运算,再由数字显示部分将测量结果显示出来,具有读数直观、显示清晰、使用方便等优点。

实验室使用的一种电子数显尺,如图 3-1-6 所示,可以在任意位置按动 OFF/ON 按键开关电源,在任意位置用 ZERO 按键清零作为相对零点。利用 inch /mm 转换键选取测量单位英寸或毫米并显示在液晶屏上(详见实验 8)。

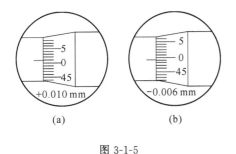

图 3-1-5

图 3-1-6

3.1.2 质量和时间的测量

质量和时间都是最基本的物理量。

实验室常用物理天平测量物体质量,它是利用杠杆平衡原理设计的。有些情况下,利用电子秤(又可称为电子天平)测量物体质量,即利用压力传感器进行电子放大并用数字显示待测物的质量。

目前,物理实验室常用的时间测量仪器为电子计时器。电子计时器是由石英晶体振荡器提供时间基准,通过传感器及一系列电子元件组成的各个功能电路控制时基信号进行计时并由显示屏显示出测量值。由于利用石英晶体振荡器的振荡频率作为时间标准,故可大大提高测量时间参数的稳定性和准确度。因此,石英晶体振荡器被广泛地用于计时器、计数器及频率计等与时间相关的测量仪器中。

3.2 电学实验基本仪器

3.2.1 常用电源简介

1. 干电池

干电池是通过其内部化学反应来产生电能的。由于电极物质在化学反应中不断消耗,干电池内阻增大,故长时间使用电动势会降低。在短时间内可以认为电动势不变。

2. 直流稳定电源

当电网电压在一定范围内波动时,直流稳定电源可以为仪器设备提供一定功率的稳定的直流电压或直流电流。

实验室使用的 SS2323 数字显示双路可跟踪直流稳定电源的前面板如图 3-2-1 所示。

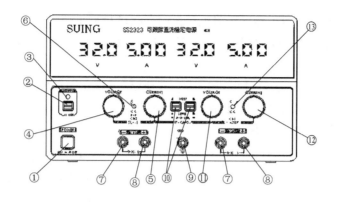

图 3-2-1

SS2323 数字显示双路可跟踪直流稳定电源的前面板图及操作说明:

（1）POWER:电源开关。置 ON 电源接通可正常工作,置 OFF 电源关断。

（2）OUTPUT 开关:打开或关闭输出。

（3）OUTPUT 指示灯:输出状态下指示灯亮。

（4）VOLTAGE(SLAVE)独立模式时,调整 CH2 输出电压。

（5）CURRENT(SLAVE)独立模式时,调整 CH2 输出电流。

（6）C. V. /C. C.(SLAVE):当 CH2 输出在稳压状态时,C. V. 灯(绿灯)亮;在并联跟踪方式或 CH2 输出在恒流状态时,C. C. 灯(红灯)亮。

（7）"－"输出端子(黑色):CH2 或 CH1 的负极输出端子。

（8）"＋"输出端子(红色):CH2 或 CH1 的正极输出端子。

（9）GND 端子(绿色):大地和电源接地端子。

（10）TRACKING(两个键):可选择独立(INDEP)、串联(SERIES)或并联(PARAL-LEL)跟踪模式。右路 CH1 为主路(MASTER),左路 CH2 为从路(SLAVE)。

① 两键都未按下时,电源工作在独立(INDEP)模式。CH1 和 CH2 两路输出完全独立。

② 只按下左键,不按下右键时,电源工作在串联(SERIES)跟踪模式。CH1 输出端子的负端与 CH2 的输出端子的正端自动连接,此时 CH1 和 CH2 的输出电压和输出电流完全由主路 CH1 调节旋钮控制,电源输出电压为 CH1 和 CH2 两路输出电压之和。显示电压即为 CH1 和 CH2 两路的输出电压读数之和。

③ 两键同时按下时,电源工作在并联(PARALLEL)跟踪模式。CH1 输出端子与 CH2 输出端子自动并接,输出电压与输出电流完全由主路 CH1 控制,电源输出电流为 CH1 与 CH2 两路之和。显示电流即为 CH1 和 CH2 两路的输出电流读数之和。

（11）V0LTAGE(MASTER):调整 CH1 输出电压,并在并联或串联输出时调整电源的输出电压。

（12）CURRENT(MASTER):调整 CH1 输出电流。并在并联模式时调整整体输出电流。

（13）C. V. /C. C.(MASTER):当 CH1 输出在稳压状态或在并联或串联跟踪模式,CH1 或 CH2 输出在稳压状态时,C. V. 灯(绿灯)亮;当 CH1 输出在稳流状态,C. C. 灯(红灯)亮。

当设定在独立模式时,CH1 和 CH2 两路为完全独立的两个电源,可分别单独或两路同时使用;当右路 CH1 输出负端和左路 CH2 输出正端用一导线连接,输出电压值为 $-U\sim0$

~+U,可作为运算放大器的电源使用。

3. 交流电源

实验室提供的交流电源的电压和频率是 220 V、50 Hz,通过可调变压器可以得到不同幅值的、连续可调的交流输出电压。使用可调变压器时应注意以下安全事项:

(1) 极性不可接错,两极不可短路。

(2) 连线时火线和地线(零线)绝不能接错。

(3) 使用前要将电压输出调到最小,然后才能接通电源。

(4) 使用时要注意电压的输出范围;使用完毕后也要将电压输出调到最小,然后关闭电源。

3.2.2 变阻器

实验中常用旋转式电阻箱和滑线变阻器来改变电路中的电阻。

1. 电阻箱

电阻箱是由若干精密的固定电阻元件按一定的组合方式装在箱内,用特殊的转换开关来调节电阻的大小。实验室所用的电阻箱为 ZX21 型旋转式电阻箱,图 3-2-2(a)为电阻箱的面板图,3-2-2(b)为内部线路图。

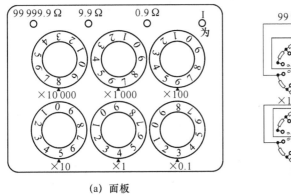
(a) 面板

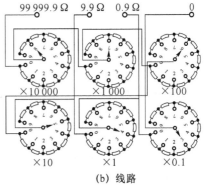
(b) 线路

图 3-2-2

电阻箱有 4 个接线柱,根据所需阻值范围,选用适当的接线柱。旋转电阻箱上的旋钮,使之处于不同的位置,可使电阻值分别在 $0\sim0.9\ \Omega$、$0\sim9.9\ \Omega$、$0\sim99\,999.9\ \Omega$ 范围内变化。根据各旋钮的数字乘以相应的倍率,可直观地进行读数,如图 3-2-2(a)所示电阻箱的阻值为

$$(8\times10\,000+7\times1\,000+6\times100+5\times10+4\times1+3\times0.1)\ \Omega=87\,654.3\ \Omega$$

使用电阻箱时应注意相应的规格:

(1) 最大电阻。实验室中所用的 ZX21 型电阻箱的最大电阻为 $99\,999.9\ \Omega$;

(2) 额定功率和额定电流。一般电阻箱的额定功率为 0.25 W,由 $I=\sqrt{\dfrac{W}{R}}$ 可算出额定电流即允许电流,过大电流会使电阻箱烧毁。

(3) 电阻箱等级。电阻箱根据误差大小可分为若干准确度等级:0.02、0.05、0.1、0.2 等。电阻箱的仪器相对误差通常由下式计算:

$$\frac{\Delta R}{R} = \left(a + b\frac{m}{R}\right)\% \tag{3-2-1}$$

其中,a 为电阻箱的准确度等级,R 为电阻箱所指示的值,b 为与等级有关的系数,m 为使用电阻箱的旋钮数。实验室所用电阻箱 $a=0.1$,$b=0.2$。

2. 滑线变阻器

电阻箱只能分挡改变电阻值。滑线变阻器可连续改变电阻值,其外形如图 3-2-3 所示,电阻丝均匀密绕在绝缘磁管上,两端分别与固定在磁管上的接线柱 A、B 相连。磁管上方有一和磁管平行的金属棒,一端装有接线柱 C,棒上套有滑动接触器 C',可与电阻丝紧密接触,当接触器沿金属棒滑动时,可改变 AC 或 BC 之间的电阻值。

滑线变阻器在电路中主要起两种作用:一种是起限流作用,接法如图 3-2-4 所示,改变滑动头 C 的位置,就改变了串联于电路部分的电阻 R_{AC},达到了改变电路中电流的作用。另一种是起分压作用,接法如图 3-2-5 所示,负载 R_L 接在滑动头 C 和固定端 B 之间,改变滑动头 C 的位置,即可改变输出至负载上的电压。连接实验线路时应注意,实验开始前限流法的变阻器滑动端放在电阻最大位置,分压法的电阻器滑动端应放在所取分压的最小位置。

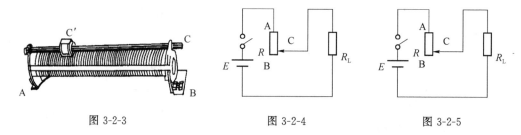

图 3-2-3 　　　　　　　　　 图 3-2-4 　　　　　　　　 图 3-2-5

电阻器的额定指标主要有额定电流(允许通过的最大电流)、全电阻(AB 间的电阻值)。

图 3-2-6

小型的滑线变阻器通常称为电位器(图 3-2-6),它的额定功率只有零点几瓦到数瓦,视体积大小而定,电阻值小的电位器用电阻丝绕成,称为绕线电阻器。绕线电阻器中有一种多圈精密电阻器可对电阻作精细调节(如实验 4 中的电位差器就有多圈电位器),电阻值较大的电位器(约从千欧到兆欧)用碳质薄膜作电阻,故称碳膜电位器。

3.2.3 电表

电表按测量机构工作原理的不同可分为磁电式、电磁式、电动式、热电式、感应式等多种类型,根据不同的用途可采用不同的电表。

1. 指针式电表

(1)电表构造和工作原理

实验室常用的指针式电表是磁电式电表,其内部结构如图 3-2-7 所示。磁电式电表的测量原理是利用通电线圈在磁场中受到力偶矩作用而发生偏转并带动指针偏转,通过线圈的电流大小与指针偏转示数成正比,因此用指针偏转示数就可以直接测定电流大小。

指针零点在中央的磁电式电表被称为检流计,可以

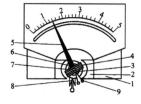

1—永久磁铁;2—极掌;3—圆柱形铁芯;

4—线圈;5—指针;6—游丝;

7—半轴;8—调零螺杆;9—平衡锤

图 3-2-7

检测出不同方向的微小的直流电流,并可以作为零电流指示器。允许电流一般为 $10^{-6}A$,故不可任意接在电路中测量较大的电流,在电路中常用符号 G 表示,使用前应注意调节零点。

由于磁电式电表线圈只能允许通过较小的电流,所以常作为表头使用,将其并联或串联上适当的电阻即可改装成直流指针式电表。表头与不同的高值电阻串联就可以组成多量程直流电压表,表头与不同的低值电阻并联就可以组成多量程直流电流表。如图 3-2-8 所示为实验室所用的多量程电表,用插塞可以选择所需量程。

图 3-2-8

如果在磁电式电表上增加整流器,可对交流信号进行测量。如果在磁电式电表上增加换能器,还可对非电量进行测量。

（2）电表的主要参数

量程:量程表示电表的测量范围。测量时应根据需要选择合适的量程,量程选择太小,会烧坏电表;量程选择得太大,则增大测量误差。一般来说,应使指针偏转在满刻度的 $\frac{1}{2} \sim \frac{2}{3}$。

准确度等级:准确度等级是电表准确度的定量描述。在规定的条件下使用电表进行测量时,根据准确度等级可知测量的仪器误差为

$$\Delta_{仪} = \frac{等级}{100} \times 量程 \tag{3-2-2}$$

我国国家标准规定电表准确度等级为 0.05、0.1、0.2、0.3、0.5、1.0、1.5、2.0、2.5、3.0、5.0 共 11 个级别。

内阻:电表都有一定的内阻存在,利用电表进行测量时,其内阻会对测量结果造成影响,产生系统误差,需要根据测量实际情况决定是否进行修正或忽略。

（3）电表表盘上常用的标识符号

电表表盘上常用的标识符号如表 3-2-1 所示。

表 3-2-1   电表表盘上的常用标识符号

符号	A	mA	μA	G	0.5	⌓	⌐
意义	安培表	毫安表	微安表	检流计	准确度等级	磁电式	水平放置
符号	V	mV	—	~	≃	↻	⊥
意义	伏特表	毫伏表	直流	交流	交直流两用	零调节器	竖直放置

（4）电表使用的注意事项

① 正确连接电表。使用直流电表时正负极性不能接错。电压表应与待测电压的电路并联;电流表则应串联在待测电路中。

② 合理选择量程和电表的准确度等级,并适当考虑电表内阻对测量电路的影响。

③ 正确读出有效数字。可根据式（3-2-2）确定仪器的基本误差,读出正确的测量数值。

④ 避免读数视差。为了减少视差,读数时必须使视线垂直于刻度面,精密的电表刻度槽下装有反光镜,读数时应使指针与它镜中的像重合。

2. 数字万用表

数字万用表是物理实验中最常用的数字电表。数字万用表具有操作方便,显示直观,读数准,功能全的特点,一般可测量交直流电流、交直流电压、电阻、电容、频率、二极管正向压降、三极管参数等电学量以及判断电路断通等多项功能。

数字万用表的型号很多,我们以图 3-2-9 所示的一种数字万用表的面板示意图为例,介绍其使用常识。

(1) 根据待测量的性质和大小选择功能及量程。若事先不知数值大小,可先选用最大量程,根据测量情况逐渐减小量程。

(2) 黑表笔插在常用输入插孔"COM"孔,红表笔根据待测量的性质和大小选择插孔。

① 测电压、电阻或频率时,红表笔插在"VΩHz"插孔。测量电阻时,先将两个表笔相接,得到两个表笔引线间电阻,实际测量值要减去表笔引线电阻。

② 测量小于 200 mA 的电流时,红表笔插在"mA"孔内;测量大于 200 mA 的电流时,红表笔插在"20 A"插孔。

③ 在输入插口旁的"△"符号是用来警告输入电压或电流不可超过表上指定极限,否则会造成仪表损坏。

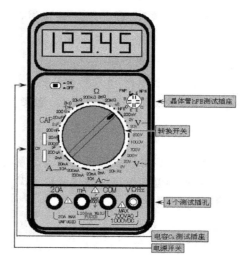

图 3-2-9

(3) 其他插座

测量电容时,将电容管脚插入"Cx"插座。注意不要对已充电的电容进行测量。测量三极管放大倍数时,将三极管管脚根据其型号插入相应的插座。

3.2.4 标准电池

标准电池的名称常给人以错觉,被误认为是一个好的可提供能量的电池。其实,标准电池是直流电动势的标准器,它的特点是当温度一定时,具有稳定而准确的电动势。标准电池是一种汞镉电池,从结构上看是化学电池,从功能上看是一个电压单位的标准器,可以提供6 位有效数字的标准电压值,不是(也不允许)提供能量的装置。

标准电池依其电解液的浓度可分为饱和标准电池与不饱和标准电池两种。普通物理实验室常采用饱和标准电池,其内部结构与外形如图 3-2-10 所示,用汞作电池的正极,镉汞合金作负极,电解液是含有微量硫酸的硫酸镉和硫酸亚汞的饱和溶液,两极均保留适量的硫酸镉晶体。标准电池能在长时间内保持一定的电动势,0.01 级的标准电池在 20 ℃时的电动势为

$$E_{20} = 1.018\ 55 \sim 1.018\ 68\ \text{V}$$

当温度变化时,电动势 E_t 也随之变化。当使用温度在 0~40 ℃时,E_t 的温度修正公式为

$$E_t = E_{20} - [39.9(t-20) + 0.94(t-20)^2 + 0.009(t-20)^3] \times 10^{-6} \qquad (3\text{-}2\text{-}3)$$

其中，E_{20} 为 20 ℃时的电动势值，E_t 为 t 时的电动势值。

与干电池、蓄电池比较，标准电池内阻很大，而且随着时间的延长，内阻会明显上升，0.01级饱和标准电池的内阻约为 $700\sim1\ 000\ \Omega$。

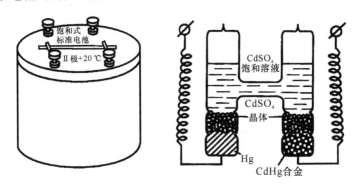

图 3-2-10

使用标准电池必须注意以下 3 点：

（1）标准电池不能作为供电电源使用。若放电的电流超出允许值，标准电池电极上发生的化学反应将明显地导致电动势发生显著变化而失去标准性质。

（2）绝不能使标准电池短路，也不允许用电压表去测量其两端的电压值。在任何时候标准电池不能振动摇晃、倒置或倾斜。

（3）使用前必须根据环境温度，利用温度修正公式对其电动势值进行修正。使用温度范围为 0～40 ℃。

3.2.5 示波器

见实验 6 示波器的使用。

3.2.6 常用电器元件符号

常用电器符号如表 3-2-2 所示。

表 3-2-2 常用电器符号

名　称	符　号	名　称	符　号
直流电源（干电池、蓄电池、直流稳压电源）		单刀开关	
220 V 交流电源	220 V	双刀双掷开关	
可变电阻		双刀换向开关	
固定电阻		按钮开关	
滑线式变阻器		二极管	

名　　称	符　　号	名　　称	符　　号
电容器	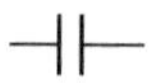 —‖—	稳压管	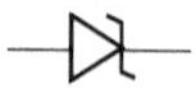
电解电容器	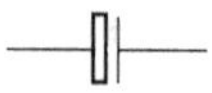 —‖—	导线交叉连接	
可变电容器		导线交叉不连接	
电感线圈		变压器	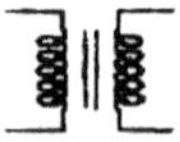
直流电源(干电)	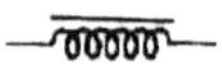	调压变压器	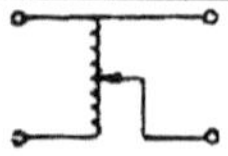

3.2.7　电学实验基本规则

1. 注意安全

电学实验使用的电源常常是 220 V 的交流电和 34 V 的直流电,有的实验电压更高,一般人体接触 36 V 电压时就有危险,因此实验中要注意人身安全,谨防触电事故的发生。为此,无论电路中有无高压电都要养成避免用手或身体接触电路中导体的习惯。

2. 保护仪器

(1)操作前应先了解仪器和仪表的使用方法,了解各开关、插口、按钮、旋钮和接线柱的位置、功能,切不可抱着试试看的心态随意操作。

(2)操作前应根据可能出现的电流和电压最大值初步估计电表和实验器材的规格是否符合需要。若判断不准应先用大量程。

(3)接线正确,尤其是电源的正负极、电表的正负极不能接错。一张电路图若可分为若干个闭合回路,可依次连接各回路,当一个回路完成后再连接另一个回路。在连接每个回路时往往按从高电势点向低电势点顺序连接,以便减少错误概率。同时要注意实验桌面上的仪器放置要方便操作和读数,开关要放在最易操纵的地方,尽可能使连线距离短捷。

(4)接好线路应检查线路是否正确、电表量程是否合适后方可接通电源,若出现异常立即拉闸断电报告教师。实验中如需暂停(或改变线路等)都必须断开电源。

(5)实验完毕先切断电源,实验结果经教师认可后方可拆除线路,并把各器件放置整齐。

3.3　光学实验基本仪器

光学实验所使用的仪器和元件一般比较精密和贵重,光学元件大多为玻璃制品,易损坏;光学实验在基本技能的训练上着重于光学仪器的调节技术和光路的调整技术;实验中的各种现象和操作步骤都需要经过理论分析和周密的思考才能得到好的结果,盲目操作只会事倍功半。因此,了解有关知识有利于光学实验的进行。

3.3.1　光学元件和仪器的维护

光学仪器一般由光学系统和机械系统两部分组成,有些仪器还包括电气系统。其光学系统主要由各种透镜、棱镜、球面镜及平面镜等光学元件组成,机械系统主要由基座、导轨、轴系、齿轮、螺旋、凸轮机构、限动器及密封器等组成。通过这些机械装置可以达到固定、移动或转动光学零件的目的。

光学元件大多用光学玻璃制成,对光学性能的要求较高,而玻璃制品的机械性能和化学性能较差,怕碰,怕震,怕压;其表面在一定条件下容易生霉,生雾,怕潮湿,怕玷污,怕灰尘,怕腐蚀性气体。机械部件的特点是薄壁、细牙,精密零件多。为了安全使用光学元件和仪器,必须注意以下几点:

(1)必须在了解仪器的操作和使用方法后方可使用,切不可随意调整和拆卸光学元件。

(2)轻拿轻放,勿使光学仪器或光学元件受到冲击或振动,特别要防止摔落。

(3)不许用手触摸光学元件的光学面,须用手拿光学元件时,只能接触其磨砂面或边缘,如图 3-3-1 所示。

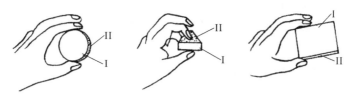

Ⅰ—光学面;Ⅱ—磨砂面

图 3-3-1

(4)光学元件表面上如有灰尘,应该用专用的干燥脱脂软毛笔轻轻掸去,或用橡皮吹球吹掉,不可加压擦拭,更不准用手、卫生纸和衣角擦拭。所有镀膜面均不能触碰或擦拭。

(5)除实验规定外,不允许任何溶液接触光学元件表面,不要对着光学元件表面说话,更不能对着它咳嗽,打喷嚏。

(6)光学仪器的机械结构一般都比较精密,操作时动作要轻而缓慢地进行,用力要平稳均匀,并注意不能超出其行程范围。所有锁紧螺钉、锁紧螺母不能拧得过紧。微动手轮在使用到头后,不要强行转动,应让粗动部位退回一点,才能继续使用微动手轮。

(7)实验完毕,光学元件不得随意乱放,应放回原箱(盒)内,注意防尘、防湿和防腐蚀。

3.3.2　光学实验中的消视差

光学实验中经常碰到测量像的位置和大小的问题。如果标尺远离被测物体,读数将随眼睛的位置不同而有所改变,难以测准,如图 3-3-2 所示。所以要准确测量必须将量度标尺与被测物体紧贴在一起。但在实验中被测物体往往是一个看得见摸不着的像。为了能确定标尺和待测像是否紧贴在一起,我们可以利用消除视差的方法来进行。

为了理解视差现象,我们不妨做一个简单的实验:双手各伸出一个手指,使一指在前,一指在后,相隔一定距离,且两指相互平行,当用一只眼睛观察,并左右或上下移动眼睛时(眼睛移动方向应与被观察手指垂直)，就会发现两手指间有相对位移，这种现象称为"视差"，而且还会看到离眼近的手指移动方向与眼睛移动方向相反；离眼远的手指移动方向与眼睛移动方向相同；若将两指紧贴在一起，则无上述现象，即无"视差"。同理，我们可利用视差现象来判断待测像与标尺(实验中的分划板或叉丝)是否紧贴。

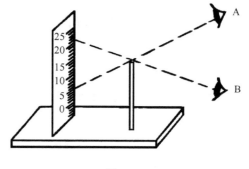

图 3-3-2

在实验中用一只眼睛观察时，左右或上下移动眼睛，若发现待测像和标尺间有相对位移则说明它们之间有视差，没有紧贴在一起，则应该稍稍调节像或标尺位置，直到它们之间无视差为止。这一调节步骤常称为"消视差"。在光学实验中"消视差"常常是测量前必不可少的操作步骤。

3.3.3　光具座与共轴调整

光具座(图 3-3-3)是一种多用途的通用光学设备，许多光学实验(如本书中实验 11、16、25、26 等)都要在光具座上进行。实验室的光具座通常由导轨、滑动座、光源和各种光学元件夹持器组成。不同的光学实验需要配置不同的光学元件，如狭缝、透镜、反射镜、像屏、光电转换器件等。常用的导轨上附有米尺，由滑动座上的定位线可读出各光学元件的位置。

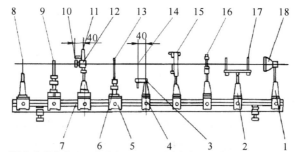

1、2—不同高度的支座；3—弯头架；4、5—不同宽度的滑动座；6—垂直微调支架；
7—横向微调组件；8—像屏；9—测微目镜架；10—可调狭缝；11—可转圆盘；
12—偏振片圈；13、14—大小弹簧夹片屏；15、16—透镜夹；17—激光管架；18—光源

图 3-3-3

在光学实验中，经常要用到多个光学元件，为了获得质量好的像或好的实验条件，必须使它们的光轴重合，即进行共轴调整，这是做好光学实验的必要前提。光具座上光学元件的共轴调整可分两步进行。

1. 粗调

把光源、物屏、透镜和像屏装到光具座的导轨上，先将它们靠拢，凭目测调节它们的高低、左右，使各光学元件的中心大致在一条与导轨平行的直线上，并使物屏、透镜、像屏的平面相互平行且与导轨垂直，此过程因单凭眼睛判断，故称为粗调。

2. 细调

使物屏和像屏之间的距离大于 4 倍焦距，缓缓地将凸透镜从物屏移向像屏，在此过程

中,像屏上将先后获得一次放大的和一次缩小的清晰实像,若两次成像的中心重合,则表明该光学系统达到共轴要求;若大像中心在小像中心的上方,说明透镜位置偏高,应将透镜调低;反之,应将透镜调高,调节中可采用"大像追小像"的办法,并注意保持透镜、物屏和像屏的相互平行且与导轨垂直,反复调节,逐步逼近。

在光学系统中若有两个(或两个以上)透镜时,必须逐个进行调整,先将第一个透镜调节好,记下像中心在屏上的位置,然后加上另一透镜(凹透镜),再次观察成像情况,对后一透镜作上下、左右位置调整,使像中心仍落在第一次成像记下的中心位置上,切不可对两透镜(或多透镜)同时进行调整。

3.3.4　常用光源

光学实验中离不开光源,光源的正确选择对实验的成败和结果准确性至关重要,现简要介绍一些实验室常用光源。

1.热辐射光源

热辐射光源是利用电能将钨丝加热至白炽而发光的光源。一般照明用的钨丝白炽灯,当灯丝通电加热至白炽状态时发出可见光。白炽灯的光谱是连续的,可作为白光光源和一般照明用,实验室用的白炽灯电源电压一般为 220 V 和 6.3 V 两种。

当白炽灯泡内充入卤族元素后,灯丝温度可提高到 3 000～3 200 K,不但抑制了钨的蒸发,而且大大提高了光效,也延长了使用寿命。这种灯具有光色较好、泡壳不发黑、体积小等优点。常见的碘钨灯、溴钨灯被当成强光源,作为摄影照明灯、电影放映机、投影仪、幻灯机的光源等。

白炽灯工作时温度高,不得用手触摸,以免烫伤;也不要随意移动光源,避免灯丝因震动而断裂。

2.热电极弧光放电型光源

这种光源使用时的电路与普通日光灯基本相同,必须通过镇流器与 220 V 电源相接。实验室常用钠灯和汞灯(又称水银灯)作为单色光源,其外形如图 3-3-4 所示。它们的工作原理是以金属钠或汞蒸气在强电场中发生游离放电现象为基础的弧光发光灯。

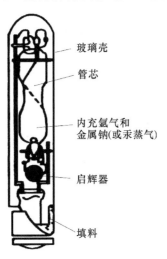

图 3-3-4

玻璃壳

管芯

内充氩气和金属钠(或汞蒸气)

启辉器

填料

汞灯是利用汞蒸气放电发光而制成的一种光源。按汞蒸气压及用途的不同,可分为低压汞灯、低压水银荧光灯、高压汞灯、高压水银荧光灯和超高压汞灯几种类型。汞蒸气压在一个大气压以内的汞灯,称为低压汞灯。可用它产生汞元素的几条特征光谱线,在可见光范围内,谱线波长为 435.9 nm、546.1 nm、577.0 nm 以及 579.1 nm。低压汞灯从启动到正常工作需要一段预热、点燃时间,通常为 5～10 min,而灯熄灭后也需冷却 3～4 min 才可重新启动。

钠光灯在额定电压(如 220 V)下,管壁温度升至约 260 ℃时发出波长为 589.0 nm 和 589.6 nm 两种最强单色黄光,比例可达 85%,而其他波长的光(如818.0 nm 和 819.0 nm)仅占 15%。因此,在一般应用时,可以 589.0 nm 和 589.6 nm 的平均值 589.3 nm 作为钠光灯的波长值。

3. 激光光源

激光是 20 世纪 60 年代出现的新光源,激光器的发光原理是受激辐射而发光,它具有发光强度大、方向性好、单色性强和相干性好等优点。

激光器的种类很多。实验室中常用的激光器是氦氖(He-Ne)激光器,它由激光工作物质(激光管中的氦氖混合气体)、激励装置和光学谐振腔 3 部分组成。氦氖激光器发出的光波波长为 632.8 nm,输出功率在几毫瓦到十几毫瓦之间。氦氖激光管的结构如图 3-3-5 所示,两端加有高压(约 1 500～8 000 V),操作时应严防触及,以免造成触电事故。由于激光束的能量高度集中,应注意防护,切勿迎着激光束直接观看。

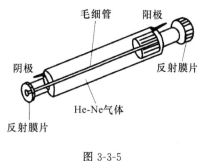

图 3-3-5

3.3.5 分光计

分光计是一种能精确测量平行光线偏转角度的光学仪器。它由底座、平行光管、载物台、望远镜和读数装置 5 部分组成(详见实验 12)。在光学测量中,常用分光计来测量反射角、衍射角、折射角等,用途十分广泛。掌握分光计的调整及使用是实验中必不可少的基本技能。

3.3.6 滤光片

滤光片是能够从白光或其他复色光中分选出一定波长范围或某一准单色辐射成分(光谱线)的光学元件,各种滤光片可以按所利用的不同物理现象分类,其中以选择吸收和多光束干涉两种类型最为常见。

1. 吸收滤光片

这是利用化合物基体本身对辐射具有的选择吸收作用制成的滤光片。常用的材料是无机盐做成的有色玻璃或者有机物质做成的明胶和塑料。

有色玻璃滤光片使用广泛,优点是稳定、均匀,有良好的光学质量,但其通带较宽(很少低于 30 nm)。有机物质滤光片制作容易,便于切割,而机械强度和热稳定性较差。

选用两片(或三片)不同型号的有色玻璃组合起来,可以获得较窄的通带。

2. 干涉滤光片

干涉滤光片的显著优点是既有窄通带,同时又有较高的透射率。

常见的透射干涉滤光片利用多光束干涉原理制成。例如,一种最简单的结构是在一块平面玻璃板上先镀一层反射率较高的金属膜,然后镀一层介质膜,在这层膜上再镀一层金属反射膜,最后盖封一块平面玻璃板。

3.4 常用实验方法

任何物理实验都离不开物理量的测量。物理量的测量是一个以物理原理为依据,以实验装置和实验技术为手段找出待测量大小的过程。待测物理量可包括力学量、热学量、电磁学量和光学量等。物理量的测量方法繁多,这里仅介绍几种具有共性的基本测量方法。

3.4.1 物理量的基本测量方法

1. 比较法

比较法是物理量测量中最普遍、最基本的测量方法,它通过将被测量与标准量进行比较而得到被测量的量值。比较法可以分为直接比较法和间接比较法两类。

（1）直接比较法

直接比较法是将待测量与同类物理量的标准量具或标准仪器直接进行比较测出其量值的方法。例如,用米尺测量物体的长度就是直接比较测量。

直接比较法所用的测量量具称为直读式量具,例如测量长度用的米尺、游标卡尺和千分尺;测量时间用的秒表和数字毫秒计;测量电流用的安培表;测量电压用的伏特表等。这些量具必须是预先经过标定的,测量结果可以由仪器的指示值直接读出。

（2）间接比较法

对于有些难于应用直接比较法测量的物理量,可以利用物理量之间的函数关系将待测量与某种标准量进行间接比较,求出其大小,这种方法称为间接比较法。例如本书实验 8 中用李萨如图形测量电信号频率,就是将待测频率的正弦信号与标准频率的正弦电信号分别输入示波器的两个偏转板,当两个信号的频率相同或成简单整数比时,利用形成的稳定的李萨如图形间接比较它们的频率。

实际上,所有测量都是将待测量与标准量进行比较的过程,只不过比较的形式不都是那么明显而已。

2. 放大法

实验中经常需要测量一些微小物理量,当待测量非常小,以至于无法被实验者或仪表直接感觉和反映时,可以设计相应的装置或采用适当的方法将被测量放大,然后再进行测量。放大的原理和方法有很多种,如螺旋放大法、累积放大法、光学放大法、电子学放大法等。

（1）螺旋放大法

千分尺就是利用螺旋放大法进行精密测量的。如图 3-1-3 所示。螺杆后端套筒 C 的圆周等分成 50 格,套筒每转一圈,恰使螺杆移动一个螺距 0.5 mm,相应地,套筒转动一小格时,螺杆就会移动 0.01 mm。显见,采用这种装置后可提高测量精度。

（2）光学放大法

光学放大法分为视角放大和微小变化量(微小长度、微小角度)放大两种。

放大镜、显微镜和望远镜等可以将被测物体放大成像的光学仪器都属于放大视角的仪器,它们只是在观察中放大视角,并非实际尺寸的变化,因此不会增加误差。许多精密仪器都在最后的读数装置上添加一个视角放大装置以提高测量精度。

例如,实验 1 中的光杠杆、实验 5 中灵敏电流计的多次反射等均是光学放大法的体现。

（3）电子学放大法

电学实验中,要对微弱电信号(电流、电压、功率等)进行有效的观察和测量,往往要对信号进行适当的放大处理。采用适当的微电子电路和电子器件(如三极管、运算放大器等)很容易实现电信号的放大。

总之,放大法提高了实验的可观察度和测量精度,是物理实验中常见的基本测量方法。

3. 转换法

在实验中,根据物理量之间的定量关系和各种效应把不易测量的物理量转化成可以(或易于)测量的物理量进行测量,之后再反求待测物理量的量值,这种方法就叫转换测量法(简称转换法)。转换法一般可分为参量换测法和能量换测法两大类。

(1)参量换测法

参量换测法就是利用物理量之间的相互关系,实现各参量之间的变换,以达到测量某一物理量的目的。例如实验1中为了测量金属丝弹性模量,可根据胡克定律转换成应力与应变量的测量。

(2)能量换测法

能量换测法是利用物理学中的能量守恒定律以及能量具体形式上的相互转换规律进行转换测量的方法。能量换测法的关键是利用传感器(或敏感器件)把一种形式的能量转换成另一种形式的易于测量的能量。由于电磁学测量方便、迅速,易于实现,所以最常见的能量换测法是将待测物理量的测量转换为电学量的测量(亦称电测法)。

① 热电换测是将热学量通过热电传感器转换为电学量的测量。例如利用材料的温差电动势,可将温度测量转换成对热电偶的温差电动势的测量。也可利用材料的电阻温度特性,将温度测量转换成对电阻的测量。

② 压电换测是一种压力和电势间的转换,这种转换通常是利用材料的压电效应制造的器件来实现的。例如话筒和扬声器是人们所熟悉的一种压电换能器。实验8声速的测量实验中,产生和接收超声波的传感器装置就分别利用了压电体的逆压电效应和压电效应。

③ 光电换测是利用光电元件将光信号的测量转换为电信号的测量。利用光电效应制造的光电管、光电倍增管、光电池、光敏二极管、光敏三极管等光电器件都可以实现光电转换。

④ 磁电换测是利用电磁感应器件将磁学量的测量转换成电学量的测量。用于磁电转换的元器件可分为半导体式和电磁感应式两类。例如实验9中利用霍尔元件测磁场。

4. 补偿法

若某测量系统受某种作用产生 A 效应,受另一种同类作用产生 B 效应,如果因 B 效应的存在而使 A 效应显示不出来,就叫做 B 对 A 进行了补偿。若 A 效应难于测量,可通过人为的方法制造出一个易于测量或已知的 B 效应与 A 补偿,通过对 B 效应的测量求出 A 效应的量值,这种测量方法叫做补偿法。例如实验6中用电位差计测电动势是一种典型的补偿测量。

补偿法除了用于补偿测量外,还常被用来校正系统误差。如光学实验中为防止由于光学器件的引入而影响光程差,在光程里常人为地配置光学补偿器来抵消这种影响,实验17中迈克尔逊干涉仪中设置的补偿板就是一种光学补偿器。

5. 模拟法

在探求物质的运动规律和自然奥秘或解决工程技术问题时,经常会碰到一些特殊的情况,如受到被研究对象过分庞大或微小、非常危险或者变化非常缓慢等限制,以至于难以对研究对象进行直接测量,这时可以依据相似理论,人为地制造一个类同于被研究对象的物理现象或过程的模型,通过对模型的测试代替对实际对象的测试来研究变化规律,这种方法称为模拟法。它可分为物理模拟和数学模拟两大类。

在具体的科学实验中,往往是把各种实验方法综合使用,只有深刻理解各种实验方法的基本思想,不断积累实验知识和经验,才能在实际工作中对其灵活应用。

3.4.2　物理实验中的基本调整与操作技术

实验时,对仪器设备预先按照正确的操作规程进行正确的调整,不仅可以将系统误差减小到最低限度,而且对提高实验结果的准确度有着直接的影响。仪器的调整和操作技术涉及的内容相当广泛,需要通过具体的实验训练逐渐积累起来。在大学物理实验中,应训练、掌握一些最基本的、具有一定普遍意义的调整和操作技术。

1. 零位调整

仪器或量具在出厂前就已经校正零点,但由于环境的变化、使用中的磨损、紧固螺钉的松动等原因,仪器或量具的零位可能发生了位移。因此在实验前必须对仪器进行零位检查和校正。对于设有零位校正器的测量仪器(如电流表、伏特表、万用表等),应调节校正器,使仪器在测量前处于零位,对于不能进行零位校正的测量仪器(如端点磨损的米尺或千分尺等),则应在测量前记录下零位误差,以便对测量值进行修正。

2. 水平垂直调整

许多仪器在使用前必须进行水平或垂直调整,几乎所有需要调整水平或垂直状态的仪器在底座上均装有 3 个成等边或等腰三角形排列的调节螺钉(或一个固定脚,两个可调脚),调节可调螺钉,借助于水准器或重锤进行判断,可将仪器调整到水平或垂直状态。

3. 同轴等高的调整

几乎所有的光学仪器都要求仪器内部各个光学元件的光轴与主光轴重合。为此,要对各个光学元件进行同轴等高的调整。一般可分为粗调和细调两个步骤来进行。如实验 12 中分光计的调整。

4. 逐次逼近法

对仪器进行任何调整几乎都不能一蹴而就,都要依据一定的原理反复多次地调节。逐次逼近法是一种快速有效的调整方法。如电桥调平衡、分光计调整等。

5. 先定性,后定量原则

为避免测量的盲目性,应采用"先定性,后定量"的原则进行测量,即在定量测量之前,先对实验变化的全过程进行定性的观察,对实验数据的变化规律有一定的初步了解之后,再着手进行定量测量。如实验 16 中先定性观察光线透过偏振片的光强,然后再定量测量。

6. 消除空转误差

有许多测量仪器是由齿轮通过螺杆推动测量准线的,如迈克尔逊干涉仪和声速测定仪中的手轮等。由于齿轮和螺纹间不可能是理想的紧密配合结构,当齿轮换向旋转之初,由于齿轮与螺纹间存在间隙,使得测量准线滞后移动引起的误差称为空转误差。

空转误差只发生在齿轮换向转动之初的一个较小的转角内。因此,使用这类仪器时,只需使齿轮沿所需方向转过一定角度后,重新确定标尺线的零点即可,并在测量距离时保持单向旋转即可。

第4章 基础性实验

本章分别选择力学、电磁学、光学中的 12 个实验作为基础性实验,通过这些实验使学生了解长度、电流、电压等物理量的基本测量方法和基本仪器(如示波器、分光计等)的操作方法和规则。

实验 1 用拉伸法测定钢丝的杨氏模量

弹性模量是描述固体材料抵抗形变能力的重要物理量,是工程技术设计中极为重要的参数。本实验测量钢丝的纵向弹性模量(也称杨氏模量)。在实验中,要求根据不同的测量对象选择不同的测量仪器,如钢卷尺、千分尺、光杠杆等,以达到减小误差的目的。

【实验目的】

(1) 了解和掌握测量杨氏模量的物理原理,掌握其测量方法。

(2) 了解光杠杆测量微小伸长量的原理,学会用光杠杆测量微小伸长量的方法。

(3) 学习用逐差法、作图法处理实验数据。

【实验原理】

在外力作用下,固体所发生的形状变化称为形变。形变可分为弹性形变和范性形变。外力撤除后,物体能完全恢复原状的形变称为弹性形变;如果外力较大,撤除后物体不能完全恢复原状,而留下剩余形变,称为范性形变。本实验研究金属丝的弹性形变。

设一根金属丝的原长为 L、横截面积为 S,当在长度方向上对物体施加外力 F 时,钢丝的伸长量为 ΔL(图 S1-1),比值 F/S 是钢丝单位横截面上的作用力,称为应力,比值 $\Delta L/L$ 是钢丝的相对伸长量,称为应变。根据胡克定律,物体在弹性限度内应力与应变成正比,即

$$\frac{F}{S} = E\frac{\Delta L}{L}$$

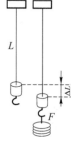

图 S1-1

比例系数
$$E = \frac{\frac{F}{S}}{\frac{\Delta L}{L}} \qquad (S1\text{-}1)$$

称为弹性模量,它是表征材料本身性质的物理量,在弹性限度内,它与外力 F、物体的原长 L 和横截面积 S 的大小无关,只决定于材料本身固有的性质。要发生同样的相对形变,E 越大的材料,所需要的单位横截面积上的作用力也越大。

设金属丝的直径为 D,则横截面积 $S = \frac{\pi D^2}{4}$,式(S1-1)可写为

$$E = \frac{F \cdot L}{S \cdot \Delta L} = \frac{4FL}{\pi D^2 \Delta L} \qquad (S1\text{-}2)$$

式(S1-2)中的金属丝长度 L、直径 D,可分别用钢卷尺和千分尺测量,而金属丝在外力 F 作用下的伸长量 ΔL 很小,难以测量,为此采用光杠杆方法来进行测量。

如图 S1-2 所示,被测金属丝上端被固定在弹性模量测量仪的顶部 A,下部被圆柱形卡头 B 夹住,圆柱形卡头 B 可在平台 W 中心圆孔内上下移动。金属丝下端悬挂的砝码起施加外力的作用。在平台上放置一个有三足尖的平面反射镜 M,它的后足尖 f_1 置于圆柱形卡头 B 上,两前足尖 f_2、f_3 置于平台的横沟槽内(见图 S1-3)。当加上砝码时,由于金属丝伸长,圆柱形卡头 B 下坠,平面反射镜 M 的后足尖也随之下降,使平面反射镜 M 的倾角发生变化。

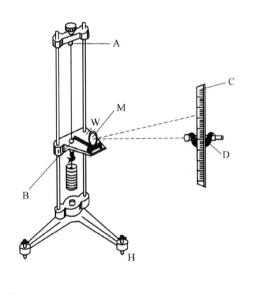

图 S1-2

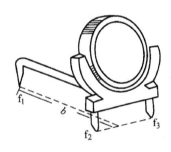

图 S1-3

在正对平面反射镜 M 约 1~2 m 处放置一直尺 C 和望远镜 D,直尺的刻度经平面镜反射回望远镜,从望远镜中可观察刻度读数,当平面反射镜 M 倾角发生变化时,观察到的刻度也相应变化。

在测量前,调节望远镜使其光轴沿水平方向,反射镜的镜面与望远镜光轴垂直(其镜面法线沿水平方向)。望远镜中观察到的相应刻度为 n_0。当钢丝因悬挂重物而伸长使平面反射镜 M 的后足尖下降 ΔL 时,它导致平面镜 M 的法线方向改变了 α 角(图 S1-4)。设平面

反射镜 M 后一个支点到前两个支点连线的垂直距离为 b，则有

$$\tan \alpha = \frac{\Delta L}{b}$$

此时从望远镜中看到标尺 n_1 处的反射像。根据几何光学的反射定理可知，反射线的旋转角为 2α，因此

$$\tan 2\alpha = \frac{\Delta n}{R} = \frac{n_1 - n_0}{R}$$

其中，R 为镜面到尺面的距离。因为 α 角很小，故有 $\tan \alpha \approx \alpha$；$\tan 2\alpha \approx 2\alpha$。所以得

$$\alpha = \frac{\Delta L}{b} \qquad 2\alpha = \frac{\Delta n}{R} = \frac{n_1 - n_0}{R}$$

消去 α 得

$$\Delta L = \frac{b}{2R} \Delta n = \frac{b}{2R}(n_1 - n_0) \tag{S1-3}$$

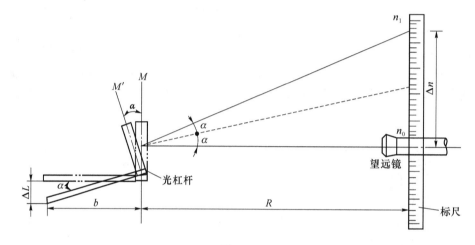

图 S1-4

虽然 ΔL 是一个难测的微小长度，但若 $R \gg b$，则 Δn 为一个较大的变化量，可从望远镜中直接读出。通常在实验中 b 为 5～8 cm，而 R 为 1～2 m，放大倍数可达到几十倍。

将式(S1-3)代入式(S1-2)，即可求得杨氏模量

$$E = \frac{8FLR}{\pi D^2 b(n_1 - n_0)} = \frac{8MgLR}{\pi D^2 b(n_1 - n_0)} \tag{S1-4}$$

其中，F 为用来拉伸钢丝的砝码重量，M 为砝码质量，L 为钢丝原始长度，D 为钢丝直径，R 为平面反射镜镜面到标尺的距离，b 为光杠杆后支点到两个前支点连线的垂直距离，$(n_1 - n_0)$ 为增减砝码时望远镜读数的差值。

【实验仪器】

杨氏模量实验仪、千分尺和钢卷尺等。

【实验内容】

1. 仪器调整

（1）调整杨氏弹性模量仪的支架底角螺旋 H，使支架铅直、平台水平；使小圆柱夹头 B

能在平台中间小孔中无摩擦地上下自由移动。然后加重 2 kg（不记入作用力 F 内）砝码使钢丝拉直。

（2）将光杠杆放在平台上，把两前足尖置于平台的横沟槽内，后足尖放在活动的圆柱夹头 B 上，但不可与金属丝相碰。

（3）对光杠杆装置进行粗调。

调节望远镜的高低，使望远镜和平面镜高度大致相等，并通过目测使望远镜光轴水平、平面镜铅直。移动底座使望远镜对准平面镜，眼睛贴着望远镜上方的准星望去，不仅能看到平面镜，而且还能够看到平面镜中直尺的像。

（4）对光杠杆装置进行细调。

调整望远镜的目镜，使望远镜视场内的十字叉丝清晰。

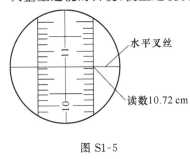
图 S1-5

调节物镜手轮，先看清平面镜，若平面镜和望远镜没对正，则可以移动底座，或适当调节望远镜的高低和倾角，使达到完全对正。继续调节物镜手轮，直到清晰地看到直尺的像并且无视差，即人眼上下移动时标尺像与叉丝无相对移动。如图 S1-5 所示为调节好的光杠杆望远镜中的标尺的像，这样以后每次测量就以叉丝横线所对准的直尺刻度进行读数。

2. 测量

（1）先记下开始（加至 2 kg 砝码使钢丝拉直）时望远镜中标尺的读数 n_0，然后在砝码盘上逐次增加 1 个砝码（1 kg 重的砝码），同时在望远镜中读出相应的读数 $n_1, n_2, \cdots, n_9$。

（2）依次减少砝码，每次取下 1 个砝码，分别记录各次所对应的标尺读数 $n'_9, n'_8, n'_7, \cdots, n'_0$。将数据记入表 S1-1（记录数据时注意标尺的正负号）。

（3）用千分尺在金属丝的上、中、下不同位置测量其直径 D，共测 6 次，将数据记入表 S1-2。

（4）用钢卷尺测量光杠杆镜面到标尺的距离 R 及金属丝的长度 L（量夹头之间的距离）。

（5）用印迹法测出光杠杆后足尖到两前足尖连线的垂直距离。方法是取下光杠杆，将其三足尖印在平整的纸上，然后根据纸上的印迹测量相应长度。

【注意事项】

（1）充分重视光杠杆的调整，仪器调好后，在实验过程中不可再移动。

（2）光杠杆的后足尖必须立于圆柱形夹头 B 上，否则，金属丝负荷增减时望远镜中看不到标尺指示值的变化。

（3）增减砝码时应注意轻放轻取，以防冲击和摆动，应等标尺稳定后再读数。标尺读数若在零点两侧，应区分正负。

（4）砝码的缺口应交叉放置，以保证金属丝上砝码串的稳定。

（5）实验完成后，应将砝码取下，防止金属丝疲劳。

【数据表格】

（1）利用光杠杆和镜尺组测量钢丝的伸长量。

表 S1-1　测量钢丝的伸长量

M_i/kg	望远镜读数		
	增砝码 n_i/cm	减砝码 n_i'/cm	平均值 $\overline{n_i}$/cm
0			
1			
2			
3			
4			
5			
6			
7			
8			
9			

（2）用千分尺测量钢丝直径。

表 S1-2　测量钢丝直径

i	1	2	3	4	5	6
D_i/（　）						

千分尺的零点误差 $\Delta D_0 = $ _____；千分尺的仪器误差 $\Delta D = $ _____。

（3）其他物理量的测量。

金属丝原长 $L = $ _____。

标尺到镜面的距离 $R = $ _____。

光杠杆后足尖到两前足尖连线的垂直距离 $b = $ _____。

【数据处理】

（1）列出数据表格，用逐差法处理伸长量的测量数据，求钢丝的弹性模量 E。

（2）计算弹性模量 E、不确定度 $u(E)$，及 $\dfrac{u(E)}{E}$，要求写出公式推导过程，并给出完整的结果表达式 $E = E \pm u(E)$（注意：在计算不确定度时，测量次数 $n = 5$，由表 2-2-1 知 $\dfrac{t_{0.95}}{\sqrt{n}} = 1.243$）。

（3）用作图法处理数据（在坐标纸上作图），求出弹性模量 E。

（1）实验中为什么不同长度的测量要用不同的仪器？实验中用了哪几种测量长度的仪器？

（2）用逐差法处理数据的优点是什么？

（3）实验中，如果钢丝直径加倍，其他条件保持不变，试问：

① 杨氏弹性模量将变为原来的几倍？

② 每块砝码所引起的伸长量将变为原来的几倍？

实验2　用玻尔共振仪研究受迫振动

物体在周期性外力的持续作用下产生的振动为受迫振动。当周期性外力的频率与物体的固有频率接近时，物体的振幅显著增加。受迫振动的振幅达到最大值的现象称为共振现象。共振现象既有破坏作用，也有许多实用价值。共振现象既可以引起建筑物的毁坏，也可以用于仪器的制造，例如地震仪、信息技术中的许多电声器件都是利用共振原理制造的；利用核磁共振和顺磁共振，还可以研究物质结构。在近代科学技术中，共振现象的研究既可作为探索宇宙威力的武器，也可作为打开物质微观世界的金钥匙。

在受迫振动的研究中，其振幅—频率特性（简称幅频特性）和相位—频率特性（简称相频特性）可用于表征受迫振动的性质。本实验中，采用玻尔共振仪定量测定机械受迫振动的幅频特性和相频特性，并利用频闪的方法来测定动态的物理量——相位差。

【实验目的】

（1）测定玻尔共振仪中摆轮受迫振动的幅频特性和相频特性。

（2）学习用频闪法测定受迫振动时摆轮振动与外力矩的相位差。

【实验原理】

物体在强迫力（周期外力）的持续作用下作受迫振动，如果强迫力按简谐振动规律变化，则稳定后的受迫振动也将为简谐振动。

本实验研究摆轮的运动。摆轮在弹性力矩的作用下，可在平衡位置附近自由摆动。若给摆轮加上电磁阻尼、强迫外力矩，则摆轮实际上是在弹性力矩、阻尼力矩、周期性强迫力矩三者共同作用下的受迫运动，其动力学方程为

$$J \frac{\mathrm{d}^2 \theta}{\mathrm{d}t^2} = -K\theta - B \frac{\mathrm{d}\theta}{\mathrm{d}t} + M_0 \cos \omega t \qquad (\text{S2-1})$$

其中，J 为摆轮的转动惯量，$K\theta$ 为弹性力矩，$B \frac{\mathrm{d}\theta}{\mathrm{d}t}$ 为阻尼力矩，M_0 为强迫力矩的幅值，ω 为强迫力的角频率。令

$$\omega_0^2 = \frac{K}{J} \quad 2\beta = \frac{B}{J} \quad M = \frac{M_0}{J}$$

式（S2-1）变为

$$\frac{\mathrm{d}^2\theta}{\mathrm{d}t^2}+2\beta\frac{\mathrm{d}\theta}{\mathrm{d}t}+\omega_0^2\theta=M\cos\omega t \tag{S2-2}$$

其中，ω_0 为系统的固有角频率。

当 $M=0$ 时，式(S2-2)为阻尼振动方程。当 $M=0$，且 $\beta=0$ 时，式(S2-2)为简谐振动方程，即摆轮作自由振动。

方程式(S2-2)的通解为

$$\theta=\theta_1\mathrm{e}^{-\beta t}\cos(\omega' t+\alpha)+\theta_2\cos(\omega t+\varphi) \tag{S2-3}$$

式(S2-3)中的第 1 项是在阻尼力矩作用下的减幅振动，经过一段时间系统达到稳定状态后，第 1 项将衰减消失。

式(S2-3)中的第 2 项说明强迫力矩对摆轮做功，向振动物体传递能量，最后达到一个稳定的振动状态，即

$$\theta=\theta_2\cos(\omega t+\varphi) \tag{S2-4}$$

由理论计算可得

$$\theta_2=\frac{M}{\sqrt{(\omega_0^2-\omega^2)^2+4\beta^2\omega^2}} \tag{S2-5}$$

$$\varphi=\arctan\frac{2\beta\omega}{\omega^2-\omega_0^2} \tag{S2-6}$$

其中，θ_2 为振幅，φ 为它与强迫力矩之间的相位差。从式(S2-5)、式(S2-6)可知系统的振幅、相位取决于强迫力矩 M、角频率 ω、阻尼系数 β、系统的固有角频率 ω_0 这 4 个因素，与振动起始状态无关。

由式(S2-5)可知，当强迫力矩的角频率 ω 变化时，振幅 θ_2 也随之变化，在一定条件下能够产生共振现象，振幅出现极大值。从式(S2-4)和取极值的条件 $\frac{\partial}{\partial\omega}[(\omega_0^2-\omega^2)^2+4\beta^2\omega^2]=0$ 可计算出共振角频率和振幅，以 ω_r 和 θ_r 分别代表共振角频率和振幅，则有

$$\omega_r=\sqrt{\omega_0^2-2\beta^2} \tag{S2-7}$$

$$\theta_r=\frac{M}{2\beta\sqrt{\omega_0^2-\beta^2}} \tag{S2-8}$$

从式(S2-7)、式(S2-8)可以看出阻尼系数 β 越小，共振时角频率越接近系统的固有角频率，振幅也越大。

图 S2-1 和图 S2-2 表示出在不同阻尼系数情况下受迫振动的幅频特性和相频特性。

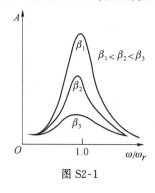

图 S2-1

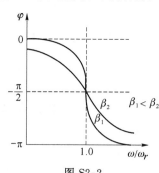

图 S2-2

【实验仪器】

玻尔共振仪及其电器控制箱。

玻尔共振仪由振动仪和电器控制箱两部分组成。振动仪部分如图 S2-3 所示。钢质圆形摆轮 A 安装在机架上,蜗卷弹簧 B 的一端与摆轮 A 的轴相连,另一端可固定在机架支柱上,在弹簧弹性力的作用下,摆轮可绕轴自由往复摆动。在摆轮的外围有一卷槽形缺口,其中一个长形凹槽 C 长出许多。在机架上对准长形缺口处有一个光电门 H,它与电气控制箱相联接,用来测量摆轮的振幅(角度值)和摆轮的振动周期。在机架下方有一对带有铁芯的线圈 K,摆轮 A 恰巧嵌在铁芯的空隙。按电磁感应原理,当线圈中通过直流电流后,摆轮受到一个电磁阻尼力的作用。改变电流的数值即可使阻尼大小相应变化。为使摆轮作受迫振动,电机轴上装有偏心轮,通过连杆机构 E 带动摆轮,在电动机轴上装有带刻线的有机玻璃转盘 F,它随电机一起转动。由它可以从角度读数盘 G 读出相位差。调节控制箱上的十圈电机转速调节旋钮,可以精确改变加于电机上的电压,使电机的转速在实验范围(30～45转/分)内连续可调,由于电路中采用特殊稳速装置、电动机采用惯性很小的带有测速发电机的特种电机,所以转速极为稳定。电机的有机玻璃转盘 F 上装有两个挡光片。在角度读数盘 G 中央上方 90°处也有光电门(强迫力矩信号),并与控制箱相连,以测量强迫力矩的周期。

受迫振动时摆轮与外力矩的相位差利用小型闪光灯来测量。闪光灯受摆轮信号光电门控制,每当摆轮上长形凹槽 C 通过平衡位置时,光电门 H 接受光,引起闪光。闪光灯放置位置如图 S2-3 所示搁置在底座上,切勿拿在手中直接照射刻度盘。在稳定情况时,闪光灯照射下可以看到角度盘指针 F 好像一直"停在"某一刻度处,这一现象称为频闪现象,所以此数值可方便地直接读出,误差不大于 2°。

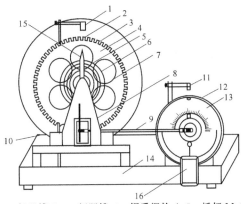

1—光电门 H;2—长凹槽 C;3—短凹槽;4—铜质摆轮 A;5—摇杆 M;6—蜗卷弹簧 B;
7—支撑架;8—阻尼线圈 K;9—连杆 E;10—摇杆螺钉;11—光电门 N;12—角度盘 G;
13—有机玻璃转盘 F;14—底座;15—弹簧夹持螺钉;16—闪光灯

图 S2-3

摆轮振幅是利用光电门 H 测出摆轮 A 上凹型缺口个数,并在液晶显示器上直接显示出此值,精度为 2°。

波尔共振仪电气控制箱的前面板如图 S2-4 所示。

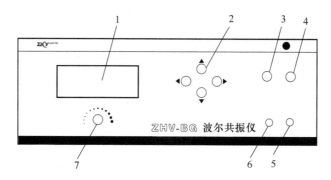

1—液晶显示屏；2—方向控制键；3—确认按键；4—复位按键；5—电源开关；
6—闪光灯开关；7—强迫力周期调节电位器

图 S2-4

实验时可根据不同情况进行选择，振幅在 160°左右。可先选择"阻尼 2"，若共振时振幅太小则可改用"阻尼 1"。

电机转速调节旋钮是带有刻度的十圈电位器，调节此旋钮，可以精确地改变电机转速，即改变强迫力矩的周期。刻度仅供实验时作参考，以便大致确定强迫力矩周期值在多圈电位器上的相应位置。

闪光灯开关用来控制闪光与否，当按住闪光按钮、摆轮长缺口通过平衡位置时便产生闪光，由于频闪现象，可从相位差读盘上看到刻度线似乎静止不动的读数（实际有机玻璃 F 上的刻度线一直在匀速转动），从而读出相位差数值，为使闪光灯管不易损坏，采用按钮开关，仅在测量相位差时才按下按钮。

【实验内容】

（1）在自由振动状态下测量摆轮振幅与系统固有周期 T_0 的关系。

（2）在阻尼振动状态下测量阻尼系数 β。

（3）在受迫振动状态下测量幅频特性和相频特性。

实验的具体操作步骤如下：

（1）开机

按下电源开关后，屏幕上出现欢迎界面，其中 No.0000X 为控制箱与主机相连的编号。过几秒钟后屏幕上显示如图 S2-5(a)"按键说明"字样。符号"◀"为向左移动；"▶"为向右移动；"▲"为向上移动；"▼"为向下移动。下文中的符号不再重新介绍。

（2）自由振荡

在如图 S2-5(a)所示状态按"确认"键，显示如图 S2-5(b)所示的实验类型，默认选中项为"自由振荡"，字体反白为选中。注意：做实验前必须先做自由振荡，其目的是测量摆轮的振幅和固有振动周期的关系。

再按"确认"键，显示如图 S2-5(c)所示。将角度盘指针 F 放在"0"位置，用手转动摆轮 160°左右，放开手后按"▲"或"▼"键，测量状态由"关"变为"开"，控制箱开始记录实验数据，振幅的有效数值范围为160°～50°(当振幅小于160°时测量自动开始,当振幅继续减小至50°时测量自动关闭)。测量显示"关"时,此时数据已保存并发送主机。

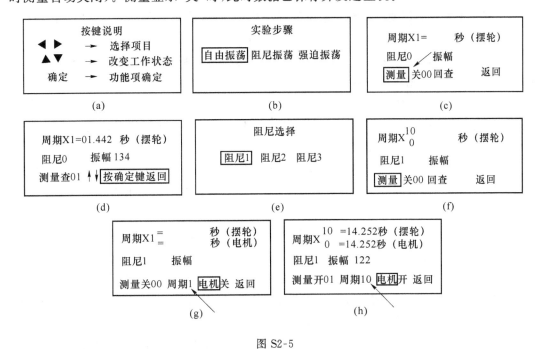

图 S2-5

查询实验数据,可按"◀"或"▶"键,选中"回查",再按"确认"键,如图 S2-5(d)所示,表示第一次记录的振幅为134,对应的周期为1.442 s,然后按"▲"或"▼"键查看所有记录的数据,该数据为每次测量振幅时相对应的周期数值,将数据记入表 S2-1。回查完毕,按"确认"键,返回到如图 S2-5(c)所示的状态,若进行多次测量可重复操作,自由振荡完成后,选中"返回",按"确认"键回到前面图 S2-5(b)所示的状态进行其他实验。

(3)阻尼振荡

在图 S2-5(b)所示的状态下,根据实验要求,按"▶"键,选中"阻尼振荡",按"确认"键显示阻尼,如图 S2-5(e)所示。阻尼分3个挡次,阻尼1最小,根据自己实验要求选择阻尼挡,例如选择"阻尼"1挡,按"确认"键,显示如图 S2-5(f)所示的状态。

将角度盘指针 F 放在"0"位置,用手转动摆轮160°左右,放开手后按"▲"或"▼"键,测量由"关"变为"开"并记录数据,仪器记录10组数据后,测量自动关闭,此时振幅大小还在变化,但仪器已经停止记数。

阻尼振荡的回查与自由振荡类似,请参照上面操作。将回查数据记入表 S2-2。若改变阻尼挡测量,重复阻尼1的操作步骤即可。

(4)强迫振荡

① 选择强迫振荡。仪器在图 S2-5(b)状态下,选中"强迫振荡",按"确认"键,显示如图 S2-5(g)所示(注意:在进行强迫振荡前必须选择阻尼挡,否则无法实验)。默认状态选中"电机"。

② 启动电机。按"▲"或"▼"键,电机状态由"关"变为"开"。但不能立即进行测量,因

为此时摆轮和电机的周期还不稳定,待稳定后即周期相同、振幅变化不大于 1 时,再开始测量。

③ 测强迫振动的周期和增幅。电机的周期稳定后(末位数差异不大于 2),先选中"周期",按"▲"或"▼"键把周期由 1[如图 S2-5(g)所示]改为 10[如图 S2-5(h)所示],目的是为了减少误差,若不改周期,测量无法打开。一次测量完成后,测量自动停止。再选中"测量",按下"▲"或"▼"键。测量打开并记录数据。

④ 测相位角。读取电机周期和摆轮振幅数值后,利用闪光灯测量受迫振动与强迫力矩之间的相位差。将闪光灯放在电动机转盘前下方底座上,按下闪光灯按钮,根据频闪现象仔细观察,记录角度盘指针指示的角度值。

⑤ 改变强迫力矩周期进行重复测量。调节电机转速调节旋钮,改变强迫力矩周期,摆轮达到新的稳定状态约需两分钟。重复步骤②、③、④,测量在不同强迫力矩作用下受迫振动的振幅、周期和相位差,填写表 S2-3。

电机转速调节时,其旋钮刻度的初值和终值及改变的幅度均以相位差 φ 的数值为准。使相位差 $|\varphi|$ 从 20°左右开始,当相位差 $|\varphi|$ 处于区间 20°~60°时,电动机转速调节旋钮每减小 0.5 刻度记录一次周期、振幅和相位差的数值;相位差 $|\varphi|$ 处于区间 60°~120°时,电动机转速调节旋钮每减小 0.1 刻度记录一次数据;相位差 $|\varphi|$ 处于区间 120°~160°时,电动机转速调节旋钮每减小 0.5 刻度记录一次数据。

强迫振荡测量完毕,按"◀"或"▶"键,选中"返回",按"确认"键,重新回到图 S2-5(b)状态。

(5)关机

在图 S2-5(b)所示状态下,按住复位按钮保持不动,几秒钟后仪器自动复位,此时所做实验数据全部清除,然后按下电源按钮,结束实验。

【注意事项】

(1)玻尔共振仪的各部分均是精细装配,不能随意乱动,应严格按实验内容和玻尔共振仪的操作规程进行实验。

(2)测量系统的固有频率和阻尼系数时,切不可启动电机,角度盘指针必须放在"0"处。

(3)在测量周期的过程中,若周期显示数字正在闪动,不能启动闪光灯开关进行相位测量,否则容易引起仪器系统的混乱。

(4)测量相位差时,闪光灯应放在玻尔振动仪底座上,切勿拿在手中照射刻度盘。

(5)在受迫振动中,必须待系统达到稳定状态时再测量数据,一般需要振幅显示数据不变 8 次以上(约 2 分钟)。

【数据表格】

(1)测量自由振动时摆轮振幅与系统固有周期 T_0 的关系。

表 S2-1　自由振动中的摆轮振幅与周期

振幅 $\theta/(°)$	周期 T_0/s	振幅 $\theta/(°)$	周期 T_0/s	振幅 $\theta/(°)$	周期 T_0/s

（2）由阻尼振动计算阻尼系数。

阻尼挡＿＿＿＿＿。

表 S2-2　由阻尼振动计算阻尼系数

振幅/(°)		振幅/(°)		$\ln\dfrac{\theta_i}{\theta_{i+5}}$	$\overline{\ln\dfrac{\theta_i}{\theta_{i+5}}}$
θ_1		θ_6			
θ_2		θ_7			
θ_3		θ_8			
θ_4		θ_9			
θ_5		θ_{10}			

（3）测量受迫振动的幅频特性和相频特性。

表 S2-3　受迫振动测量数据　　　　　　　　阻尼挡＿＿＿＿＿

电动机转速调节旋钮刻度	周期 $10T/s$	振幅 $\theta/(°)$	相位差 $|\varphi|/(°)$	ω/ω_0	电动机转速调节旋钮刻度	周期 $10T/s$	振幅 $\theta/(°)$	相位差 $|\varphi|/(°)$	ω/ω_0

电动机转速调节旋钮刻度	周期 $10T$/s	振幅 θ/(°)	相位差 $\vert\varphi\vert$/(°)	ω/ω_0	电动机转速调节旋钮刻度	周期 $10T$/s	振幅 θ/(°)	相位差 $\vert\varphi\vert$/(°)	ω/ω_0

【数据处理要求】

(1) 由表 S2-1 计算不同振幅对应的固有角频率。

(2) 列表并用逐差法计算阻尼系数 β 的值。

当摆轮作阻尼振动时,式(S2-2)中 $M=0$,其方程的解为式(S2-3)中的第 1 项,即

$$\theta=\theta_1 \mathrm{e}^{-\beta t}\cos(\omega' t+\alpha)$$

其振幅为 $\theta_1 \mathrm{e}^{-\beta t}$,即随时间的增加而减小。

设摆轮的振幅依次为 $\theta_1,\theta_2,\theta_3,\cdots,\theta_n$,阻尼振动周期的平均值为 T,则

$$\ln\frac{\theta_0 \mathrm{e}^{-\beta t}}{\theta_0 \mathrm{e}^{-\beta(t+nT)}}=n\beta T=\ln\frac{\theta_0}{\theta_n}$$

对于记录的 10 组数据常采用逐差法处理,即

$$5\beta T=\ln\frac{\theta_i}{\theta_{i+5}}$$

由此可计算出阻尼系数

$$\beta=\frac{1}{5T}\overline{\ln\frac{\theta_i}{\theta_{i+5}}} \tag{S2-9}$$

(3) 将受迫振动的测量数据(电机转速调节旋钮刻度、周期 T、振幅 θ 和相位 φ)和与之振幅相同的自由振动的测量数据(振幅 θ_0 和周期 T_0)及二者的角频率比值 $\left(\dfrac{\omega}{\omega_0}\right)$ 对应整理、列表,在坐标纸上作幅频特性 $\left(\theta-\dfrac{\omega}{\omega_0}$ 或 $\theta-\dfrac{\omega}{\omega_r}\right)$ 和相频特性 $\left(\varphi-\dfrac{\omega}{\omega_0}$ 或 $\varphi-\dfrac{\omega}{\omega_r}\right)$ 曲线。

【注意事项】

(1) 因为本实验采用石英晶体作为计时部件,所以测量周期(角频率)的误差可忽略不

计。本实验中误差的主要来源是阻尼系数 β 的测定和无阻尼振动时系统固有角频率 ω_0 的测定,且后者对实验结果影响较大。在前面实验原理中,假定弹簧的弹性系数 K 为常数,与扭转角度无关,但实际上由于制造工艺及材料性能的影响,K 值随扭转角度的改变而有微小的变化(约 3%),因而造成在不同振幅时系统的固有频率有变化。实验内容 1 测量出摆轮振幅与系统固有周期 T_0 的关系,将此数据表中固有周期 T_0(固有角频率 ω_0)代入式(S2-6),可以计算在不同振幅下受迫振动与强迫力之间的相位差 φ,这样可以使系统误差明显减小。

(2)当受迫振动达到稳定状态时,其相位总是滞后于驱动力矩的相位,所以作相频特性曲线时,φ 应取负值。

【思考与讨论】

(1)受迫振动的稳定状态与简谐振动有什么区别?
(2)实验中如何判断受迫振动达到稳定状态?
(3)实验中如何判断受迫振动达到共振状态?

实验 3 伏安法测电阻

电阻是描述导体导电特性的物理量。利用欧姆定律 $R = \dfrac{U}{I}$ 求导体电阻的方法称为伏安法,它是电磁学实验的一个重要的基本测量方法。

由于测量时电表被引入测量线路,电表内阻将会影响测量结果。为了减小系统误差,应考虑测量线路中电表的接入方法,并对测量结果进行必要的修正。

【实验目的】

(1)了解电学实验基本仪器的性能和使用方法,正确使用电压表、电流表、电阻箱和滑线变阻器。
(2)掌握用伏安法测量电阻时电流表内接、外接的条件。
(3)学习分析系统误差产生的原因和修正系统误差的方法。
(4)学习用作图法处理实验数据。

【实验原理】

根据欧姆定律 $R = U/I$,若用电表直接测出待测电阻 R_x 两端的电压 U 和流过电阻的电流 I,就可以计算出待测电阻 R_x 的大小,其测量电路的连接有两种方式。如图 S3-1 所示,当开关 K_2 拨向 1 时,称电流表内接;当开关 K_2 拨向 2 时,称电流表外接。由于电流表和电压表均有内阻,所以无论哪种接法都会产生接入误差。

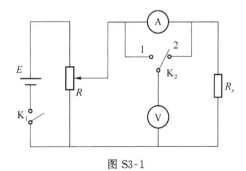

图 S3-1

1. 用伏安法测电阻时电表内阻对测量结果的影响

（1）电流表内接

当电流表内接时，电流表所测得的电流是流过 R_x 上的电流，但电压表所测得的电压是电阻 R_x 上的电压 U_x 和电流表上的电压 U_A 之和。

设电流表内阻为 R_A，由欧姆定律知，电阻的测量值

$$R_测 = \frac{U}{I} = \frac{U_x + U_A}{I} = \frac{U_x}{I} + \frac{U_A}{I} = R_x + R_A \tag{S3-1}$$

式（S3-1）说明，这种接法测得的电阻是被测电阻和电流表内阻串联以后的总电阻。因此，可对实验结果进行修正，即

$$R_x = R_测 - R_A = \frac{U}{I} - R_A \tag{S3-2}$$

可见，用电流表内接时测得的结果 $R_测$ 比实际值 R_x 偏大。只有当 $R_x \gg R_A$ 时，R_A 的影响才能忽略，所以测量比较大的电阻时用内接法产生的误差较小。

（2）电流表外接

当电流表外接时，电压表所测得的电压是待测电阻 R_x 两端的电压，但电流表所测得的电流是流过电压表的电流 I_V 与流过 R_x 的电流 I_x 之和。

设电压表的内阻为 R_V，则电阻的测量值为

$$R'_测 = \frac{U}{I} = \frac{U}{I_x + I_V} = \frac{1}{\dfrac{I_x}{U} + \dfrac{I_V}{U}} = \frac{1}{\dfrac{1}{R_x} + \dfrac{1}{R_V}} = \frac{R_x \cdot R_V}{R_x + R_V} \tag{S3-3}$$

式（S3-3）表示，测得的电阻 $R'_测$ 实际是待测电阻 R_x 和电压表内阻 R_V 并联以后的等效电阻。因此，可对实验结果进行修正，即

$$R_x = \frac{R_V \cdot R'_测}{R_V - R'_测} \tag{S3-4}$$

可见，用电流表外接时，测得的电阻 $R'_测$ 比实际值 R_x 偏小。只有当 $R_x \ll R_V$ 时，R_V 的影响才可忽略，所以测量比较小的电阻时用外接法产生的误差较小。

综上所述，由于电表内阻的存在，使得测量总存在一定的系统误差。实验中究竟采用哪种接法，必须事先对 R_x、R_A、R_V 三者的相对大小有个粗略的估计，才能使所选取的电路测得的结果有足够的准确度。即当 $R_x \gg R_A$ 时，宜采用内接法；当 $R_x \ll R_V$ 时，宜采用外接法。

2. 电表等级及量程的选择对测量结果的影响

由式（3-2-2）可知，由于电表的仪器误差＝等级％×量程，因此电表的等级和量程将直接影响测量结果。在等级一定时，量程越大，仪器误差越大。

例如，用一块 0.5 级的电压表测量 2 V 左右的电压，

采用 3 V 量程测量时，仪器误差 $\Delta_仪 = 0.5\% \times 3 = 0.015(\text{V})$；

采用 10 V 量程测量时，仪器误差 $\Delta_仪 = 0.5\% \times 10 = 0.05(\text{V})$。

所以为了减小误差，应选择合适的量程，一般应使测量值在满量程的 $\dfrac{1}{2} \sim \dfrac{2}{3}$ 之间。

3. 电学元件的伏安特性

在电阻元件两端加上直流电压，元件内部有电流通过，通过元件的电流与端电压之间的关系称为该元件的伏安特性。习惯上一般以电压为横坐标、电流为纵坐标，作出元件的电

压—电流关系曲线,称为该元件的伏安特性曲线。

由于导电机理,可将元件分为两类。元件两端电压与通过它的电流成正比,伏安特性曲线是一条过原点的直线(图 S3-2),这类元件称为线性元件,其电阻值是常数。一般金属导体的电阻是线性电阻(忽略电流热效应对电阻的影响)。反之,伏安特性曲线不是一条直线的元件称为非线性元件,其电阻值是变量,如常用的晶体三极管,其电阻值不仅与外加电压的大小有关,而且还与方向有关(图 S3-3)。

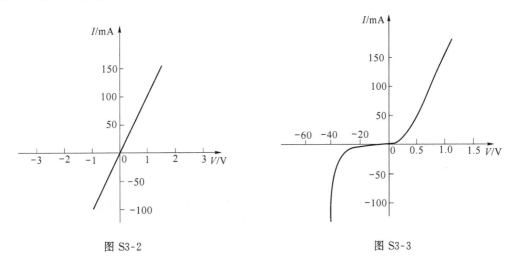

图 S3-2   图 S3-3

【实验仪器】

直流稳压电源(3 V);

直流电压表(量程 0~1.5 V~3.0 V~7.5 V,内阻 1 kΩ/V);

直流电流表(量程 0~1.5 mA~3.0 mA~7.5 mA,内阻 5.2 Ω~4.8 Ω~2.6 Ω);

滑线变阻器(500 Ω,0.4 A);

待测电阻(标称值为 200 Ω)。

【实验内容】

(1) 按电路图正确连接线路,其电源用直流稳压电源(使用方法参见第 3 章 3.2 节有关内容),输出电压调到 3 V 挡,选择电压表量程 3 V、电流表量程 15 mA。应注意首先按图 S3-1 所示将所用的仪器摆好,将电源以外的仪器用导线连接起来,对照电路图检查并确定无误后,方可接通电源。

(2) 对照实验仪器,记录所用仪器的性能(填表 S3-1)。

(3) 分别用内接法和外接法测出流经电阻的电压值和电流值(通过调节滑线变阻器使电流表和电压表的指针应同时大于半偏),记录实验数据并计算出修正后的电阻值(填表 S3-2)及不确定度。

(4) 在电流表内接条件下测绘该电阻的伏安特性曲线。分别记录电压表读数为 0 V、0.5 V、1.0 V、1.5 V、2.0 V、2.5 V 时对应的电流表读数(填表 S3-3)。根据所记录的实验数据作出电阻的伏安特性曲线,从图线上求出电阻值。

【注意事项】

(1) 不要使电源短路或超载,在接通电源前应先使滑线变阻器输出电压调至最小;

(2) 不要将电表的正、负极接反,防止损坏电表;

(3) 调节输出电压时必须轻缓并随时注意电表的指针不要超过量程,防止过载损坏仪器。

【数据表格】

表 S3-1　所用电表的性能

电 压 表		电 流 表	
量程 R_m/mV		量程 I_m/mA	
内阻 R_V/Ω		内阻 R_V/Ω	
等级		等级	
$\Delta U_{仪}$		$\Delta U_{仪}$	

表 S3-2　在电表指针大于半偏时,对标称值为 200 Ω 电阻进行测量

电流表接入方法	电流表内接	电流表外接
电压表示数 U/mV		
电流表示数 I/mA		
电阻测量值 $R_{测}=\dfrac{U}{I}$/Ω		
修正后的电阻值 R_x		

表 S3-3　在电流表内接时测量标称值为 200 Ω 电阻的伏安特性

U / mV	0	500	1 000	1 500	2 000	2 500
I / mA						

【数据处理要求】

(1) 分别计算电流表内接与外接时 R_x 的不确定度。

(2) 根据有效数字的运算法则及电表精度,正确表达计算的结果(注意有效位数)。

(3) 在坐标纸上画出伏安特性曲线。

【思考与讨论】

(1) 分析伏安法测电阻中电流表内接法和外接法时系统误差产生的原因和修正的方法,如何根据被测量的大小选择电表接法?

(2) 如何根据被测量的大小选择电表量程?改换量程对测量结果有无影响?为什么?

(3) 在伏安法测电阻的电路图中,滑线变阻器为什么要用分压控制法?能换成限流法吗?

实验 4 直流电桥测电阻

电桥法是一种用比较法测量物理量的电磁学基本测量方法,它不仅能测量多种电学量(如电阻、电感、电容、频率及电介质、磁介质的特性),而且配合适当的传感器还能用来测量某些非电学量(如温度、湿度、压强、微小形变等)。由于电桥法具有灵敏度高、测量准确、稳定性好、使用方便等特点,因而被广泛用于电工技术、非电量测量及自动控制等领域。

按工作状态电桥可分为平衡电桥和非平衡电桥。平衡电桥是通过调节电桥平衡得到待测电阻,适用于相对稳定状态的物理量的测量。如果物理量是连续变化的,可采用非平衡电桥测量。按工作电流电桥可分为直流电桥和交流电桥,按电路结构电桥可分为单臂电桥(又称惠斯登电桥)和双臂电桥(又称开尔文电桥)。直流单臂电桥测量的电阻为中值电阻,其数量级一般在 $10 \sim 10^6 \ \Omega$,可以忽略导线和接触电阻的影响。直流双臂电桥是为消除测量线路的附加电阻,在单臂电桥的基础上改进后用于测量 $10^{-6} \sim 10 \ \Omega$ 的低值电阻。本实验采用的惠斯登电桥是平衡电桥中的直流单臂电桥,是一种最基本、最简单的电桥。

【实验目的】

(1) 掌握用惠斯登电桥测量电阻的原理,了解桥式电路的特点。
(2) 自搭惠斯登电桥电路,学会调节电桥平衡的方法。
(3) 学习用交换法测量电阻,了解用交换法消除系统误差的原理。

【实验原理】

1. 直流单臂电桥工作原理

如图 S4-1 所示,直流单臂电桥电路是由测量臂(R_x)、比较臂(R_S)和比例臂(R_1、R_2)连成的四边形,在 A、C 之间接电源 E,B、D 间连接检流计 G,即电桥由 4 个臂、电源和检流计组成。当开关 K_B 和 K_G 接通后,各条支路中均有电流通过。检流计支路起了沟通 ABC 和 ADC 两条支路的作用,好像一座"桥"一样,故称为"电桥"。适当地调节 R_S 的大小,可以使"桥"上没有电流通过,即流过检流计的电流为零,此时电桥处于平衡状态,有

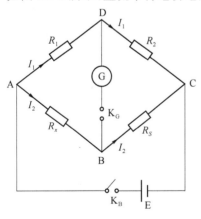

图 S4-1

$$U_{AD} = U_{AB} \quad U_{DC} = U_{BC}$$

由欧姆定律得

$$I_1 R_1 = I_2 R_x \quad I_1 R_2 = I_2 R_S$$

两式相除可得出电桥的平衡条件

$$\frac{R_1}{R_2} = \frac{R_x}{R_S} \tag{S4-1}$$

待测电阻·

$$R_x = \frac{R_1}{R_2} R_s \tag{S4-2}$$

其相对不确定度

$$\frac{u(R_x)}{R_x} = \sqrt{\frac{u^2(R_1)}{R_1^2} + \frac{u^2(R_2)}{R_2^2} + \frac{u^2(R_S)}{R_S^2}} \tag{S4-3}$$

2. 电桥的灵敏度

电桥是否平衡是根据检流计指针有无偏转来判断的,但检流计的灵敏度是有限的。当电桥平衡时,检流计中也会有微小的电流通过,只不过是小到检流计检测不出来,实际电桥的平衡是相对的。

若在电桥平衡时,将 R_s 的阻值调为 $R_s + \Delta R_s$,电桥就应失去平衡,从而应有一个微小的电流 I_g 通过检流计。但是,如果 I_g 小到检流计反映不出来,我们仍会认为电桥是平衡的。由式(S4-2)得出

$$R_x = \frac{R_1}{R_2}(R_S + \Delta R_S) = \frac{R_1}{R_2} R_S + \frac{R_1}{R_2} \Delta R_S$$

与电桥平衡的条件式(S4-2)比较可知,由于检流计灵敏度不够高会给测量带来 $\frac{R_1}{R_2}\Delta R_S$ 的误差,为此我们引入电桥灵敏度的概念。

若电桥平衡时桥臂电阻 R_s 的微小变化 ΔR_s 使检流计偏转 Δn 小格,则电桥的灵敏度为

$$S = \frac{\Delta n}{\dfrac{\Delta R_S}{R_S}} \tag{S4-4}$$

其中,$\dfrac{\Delta R_S}{R_S}$ 表示 R_s 的相对改变。故 S 可理解为电阻每改变百分之一可使检流计指针偏转的格数。S 越大,说明电桥的灵敏度越高。

式(S4-4)可以改写为

$$S = \frac{\Delta n}{\Delta I_g} \cdot \frac{\Delta I_g}{\dfrac{\Delta R_S}{R_S}} = S_i \cdot S_l \tag{S4-5}$$

其中,S_i 表示检流计的电流灵敏度,S_l 表示电桥的电路灵敏度,与电源的电压、检流计内阻、桥臂电阻的取值和比值等因素有关。

一般认为,人眼对检流计指针所能分辨的最小偏转格数为 0.2 格。

由式(S4-2)和式(S4-4)可得

$$\frac{\Delta R_x}{R_x} = \frac{\Delta R_S}{R_S} = \frac{\Delta n}{S}$$

由灵敏度引起的相对误差

$$\frac{\Delta R_x}{R_x} = \frac{\Delta n}{S} = \frac{0.2}{S} \tag{S4-6}$$

3. 用交换法减小测量误差的原理

由式(S4-3)可知,一般情况下用电桥法测量电阻时,被测电阻的误差由 R_1、R_2、R_3 的误差共同决定。如果在 $R_x = \dfrac{R_1}{R_2} R_s$ 的平衡条件下,保持 R_1 和 R_2 的阻值不变,对换 R_1 和 R_2

位置(或对换 R_S 和 R_x 的位置)后,电桥会失去平衡,调整 R_S 至 R'_S,使电桥重新平衡,则有

$$I_1 R_2 = I_2 R_x$$
$$I_1 R_1 = I_2 R'_S$$

从而得

$$R_x = \frac{R_2}{R_1} R'_S \qquad\qquad\qquad (S4-7)$$

由式(S4-2)和式(S4-7)可计算出待测电阻

$$R_x = \sqrt{R_S R'_S} \qquad\qquad\qquad (S4-8)$$

及相对不确定度

$$\frac{U(R_x)}{R_x} = \sqrt{\left(\frac{1}{2} \cdot \frac{U(R_S)}{R_S}\right)^2 + \left(\frac{1}{2} \cdot \frac{U(R'_S)}{R'_S}\right)^2} \qquad (S4-9)$$

即用交换法后,在式(S4-8)中没有 R_1、R_2,消除了 R_1、R_2 造成的误差,被测电阻的误差仅取决于 R_S、R'_S 的误差。R_S 和 R'_S 是电阻箱所示数值,我们选用高精度的标准电阻箱,系统误差可大大减小。显然用交换法测电阻可以减小误差。

【实验仪器】

(1) 直流稳压电源,直流指针式检流计,电阻箱,滑线变阻器,点触开关,插件方板及导线若干,限流电阻 1 个(标称值为 1 MΩ)。

(2) 待测电阻 2 个(标称值分别为 200 Ω、1 kΩ)。

【实验内容】

(1) 按图 S4-2 连接线路,自搭惠斯登电桥的电路,图中 R_x 为待测电阻,R_S 为电阻箱,R_m 为 1 MΩ 的限流电阻,用于保护检流计。K_g 为点触开关。

(2) 将标称值为 200 Ω 的电阻接入线路中 R_x 的位置,调节电阻箱电阻,直至按下点触开关时检流计指针不动,表示电桥达到平衡,记下电阻箱的阻值 R_S。

(3) 保持 R_1 和 R_2 的阻值不变,对换 R_1 和 R_2 的位置,或对换 R_S 和 R_x 的位置,调节电阻箱电阻,直至按下点触开关时检流计指针不动,表示交换电阻后电桥达到平衡,记下电阻箱的阻值 R'_S。

(4) 根据式(S4-8)计算待测电阻的数值及相对不确定度。

(5) 将标称值为 1 kΩ 的待测电阻接入线路中 R_x 的位置,重复上述(2)、(3)、(4)步骤。

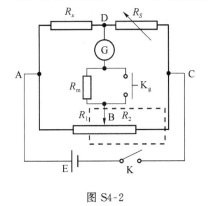

图 S4-2

将步骤(2)、(3)、(5)测得的数据填入表 S4-1。

【注意事项】

(1) 注意正确使用直流稳压电源,开机前应将调节旋钮逆时针转到最小处。

(2) 正确使用电阻箱上的接线柱,并读出相应旋钮的读数。

（3）正确使用检流计,避免冲击力太大而将指针打弯甚至毁坏检流计。

（4）用交换法测电阻时,要保持交换前后 R_1 和 R_2 的阻值不变。

【数据表格】

表 S4-1　采用电桥法测电阻原始数据记录表

用交换法进行测量	交换前 R_S/Ω	交换后 R'_S/Ω
标称值:200 Ω		
标称值:1 kΩ		

【数据处理要求】

计算所测电阻的阻值及相应的不确定度,并将结果表示成 $R_x \pm u(R_x)$ 和 $\dfrac{u(R_x)}{R_x}$ 的形式。

【思考与讨论】

（1）使用交换法测未知电阻时,桥臂 R_1、R_2 的阻值在交换前后是否可以改变? 为什么?

（2）哪些因素影响电桥的灵敏度?

（3）若测量结果要求有 4 位有效数字,桥臂电阻如何选取?

实验 5　灵敏电流计特性的研究

灵敏电流计是一种测量微小电流的直读式磁电系仪表。它是根据载流线圈在磁场中受力矩而偏转的原理制成,具有很高的灵敏度,可以检测 $10^{-6} \sim 10^{-11}$ A 的微小电流,或检测 $10^{-3} \sim 10^{-7}$ V 的微小电压,故也称为直流检流计,常用于光电流、生理电流、温差电动势的测量,或用作精密电桥及电位差计的指零仪器。

灵敏电流计在具有高灵敏度的同时,亦同时带来了如何控制电流计指示迅速稳定和迅速回零的问题。因此,了解灵敏电流计的构造原理及其线圈在磁场中的运动特性、最佳工作状态、内阻和灵敏度等,对于灵敏电流计的使用和调整具有实际意义。

【实验目的】

（1）了解灵敏电流计的结构和工作原理,学习其调节和使用方法。

（2）掌握测定灵敏电流计的内阻、灵敏度和临界外阻的方法。

（3）观察灵敏电流计处于过阻尼、欠阻尼及临界阻尼时光点的 3 种运动状态及控制方法。

（4）学习用标准差估计误差,练习用逐差法、作图法处理实验数据。

【实验原理】

1. 灵敏电流计的构造与工作原理

（1）灵敏电流计的构造

灵敏电流计结构主要由 3 部分组成,如图 S5-1 所示。

① 磁场部分

此部分有永久磁铁和圆形软铁心 F。永久磁铁产生磁场,磁极间固定着圆柱形软铁心,用来加强磁场,并使磁场呈均匀径向分布。

② 偏转部分

通电线圈的上、下两端 E 和 P 用金属悬丝绷紧,使线圈能在磁铁和软铁心间的气隙中以悬丝为轴转动,悬丝有良好的扭转弹性,其扭力矩很小,而且金属悬丝同时作为线圈的电流引线。

③ 读数部分

有光源、小镜 m 和标尺。小镜固定在悬丝上,随悬丝和线圈一起转动。它把光源射来的光反射到标尺上形成一个光标,以便读数。可见,灵敏电流计改变了机械指针式电流计结构和偏转显示系统,用悬丝代替了普通电表的转轴和轴承,避免了机械摩擦;同时采用一套光学放大系统来测量偏转角,用光标指示代替指针式电表中的指针。指针式电表中的指针长,线圈的转动惯量大,灵敏度低。而在灵敏电流计中采用光标偏转法,其光束相当于无重量的指针,故使检流计的灵敏度提高了几个数量级。有的灵敏电流计采用多次反射式,使标尺远离电流计的小镜,如图 S5-2 所示,光标经 3 个反射镜的反射后到达标尺,将电流的微小变化进行了放大,这是光放大原理在电流放大方面的具体应用。这种采用多次反射读数系统的灵敏电流计又称复射式灵敏电流计,本实验采用的 AC15 型检流计就属于此种类型。

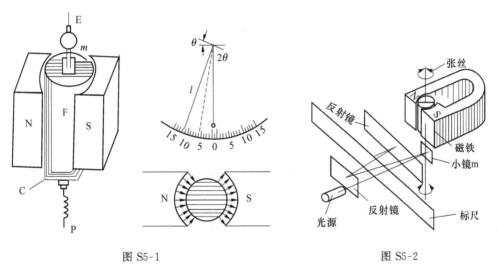

图 S5-1   图 S5-2

(2) 灵敏电流计的工作原理

当线圈中没有电流通过电流计时,反射光标位于弧形标尺的零点上。当某一稳定电流 I 通过线圈时,线圈受到电磁力矩的作用,电磁力矩

$$M_B = NBSI$$

其中,N 为线圈匝数;B 为磁感应强度;S 为线圈面积。

线圈在磁力矩作用下发生偏转,悬丝随线圈转动而产生反向扭转力矩,其大小为

$$M_D = -D\theta$$

其中,D 为扭转系数;θ 为线圈转过的角度。

当 M_B 和 M_D 大小相等时,光标停止在新的平衡位置,有

$$NBSI = D\theta$$

则有

$$\theta = \frac{NBSI}{D}$$

显然,线圈转过的角度 θ 与通过电流 I 成正比。由图 S5-1 可知,线圈转过 θ 角时,小镜 m 也转过 θ 角,因而反射光线相对平衡位置就转过了 2θ 角。设小镜 m 离弧形标尺的距离为 l,此时,光点在标尺上移动的距离为 n 毫米,其值

$$n = l \cdot 2\theta = l \cdot \frac{2NBSI}{D}$$

所以

$$I = \frac{nD}{2lNBS} = kn \tag{S5-1}$$

其中,$k = \frac{D}{2lNBS} = \frac{I}{n}$ 是比例常数,其大小决定于系统本身的构造,其物理意义表示光点移动一个毫米所对应的电流,也称为电流计常数,单位是 A/mm,即光点移动一个毫米所对应的电流。k 的倒数 $\frac{1}{k} = S_i$ 称为电流计的电流灵敏度,表示单位电流所引起的偏转。k 越小,S_i 越大,电流计灵敏度越高。

电流计的 k 值,一般在出厂时就在铭牌上给出。但由于调整、检修或长期使用,这个值会有所改变,所以在作精密测量时,需重新测定。

2. 灵敏电流计线圈的运动状态及控制方法

(1)灵敏电流计线圈的 3 种运动状态

由电磁感应定律知,线圈在磁场中运动时要产生感应电动势,电流计工作时,其总内阻 R_g 与外电路上总电阻 $R_{外}$ 构成闭合回路,因而线圈就有感应电流通过。这个电流与磁场相互作用,就会产生阻止线圈运动的电磁阻尼力矩 M,它的大小与回路总电阻成反比,即

$$M \propto \frac{1}{R_g + R_{外}} \tag{S5-2}$$

由此可见,在 R_g 一定的情况下,控制 $R_{外}$ 的大小就可以控制电磁阻尼力矩 M 的大小,从而影响线圈的运动情况,对于不同的 $R_{外}$,线圈将以 3 种不同的运动状态达到新的平衡位置 θ_0。

① 当 $R_{外}$ 较大时,M 较小,线圈作振幅逐渐衰减的振动,需经较长的时间才停止在新的平衡位置。$R_{外}$ 越大,M 越小,振动时间也就越长。这种运动状态称为阻尼振动状态或欠阻尼状态,如图 S5-3 曲线①所示。

② 当 $R_{外}$ 较小时,M 较大,线圈缓慢地趋向新的平衡位置,而不会越过平衡位置。$R_{外}$ 越小,M 越大,到达平衡位置的时间越长,这种状态称为过阻尼状态,如图 S5-3 曲线②所示。

③ 当 $R_{外}$ 适当时,线圈能很快达到平衡位置而不发生振动。这是前两种状态的中界状态,称为临界状态,这时对应的 $R_{外}$ 称为临界电阻 $R_{临}$,如图 S5-3 曲线③所示。

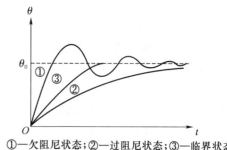

①—欠阻尼状态;②—过阻尼状态;③—临界状态

图 S5-3

（2）灵敏电流计线圈运动状态的控制方法

从上述3种线圈运动状态可知,电流计工作于临界状态时,线圈到达平衡位置所需要的时间最短,最便于测量。因此在实际工作中,必须考虑控制电流计工作在临界状态或接近临界状态。为此,可选择适当的电流计,使其 $R_{临}$ 接近于 $R_{外}$；若电流计不能选择,可采用下面的办法：

① 则当 $R_{临} \gg R_{外}$ 时,可在电流计上串联一个电阻 r,使 $r + R_{外} \approx R_{临}$,见图 S5-4。但要注意,这时由于 r 的引进,使整个电路的灵敏度受到影响。

② 当 $R_{临} \ll R_{外}$ 时,可在电流计上并联一个电阻 r,使 $\dfrac{r \cdot R_{外}}{r + R_{外}} \approx R_{临}$,见图 S5-5。同样 r 的存在会影响整个电路的灵敏度。

线圈从平衡位置回到零点的过程,我们可以将其控制在过阻尼状态,即在电流计两端并联一个开关 K,如图 S5-6 所示,当 K 合上时,$R_{外} = 0$,电磁阻尼很大,线圈立即停止运动,如断开电路,在光点返回零点时按下 K,线圈就会立即停在零点,这就节约测量时间。K 称为阻尼开关。

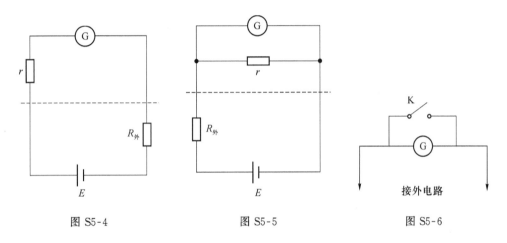

图 S5-4   图 S5-5   图 S5-6

3. 分流器工作原理

图 S5-7 为分流器的电路原理图,分流电阻为:$R_1 = 2\ \Omega$;$R_2 = 18\ \Omega$;$R_3 = 180\ \Omega$。设输入电流为 I,而 ×1、×0.1、×0.01 各挡通过电流计的电流分别为 I_{g1}、I_{g2}、I_{g3},则可得

$$I_{g1} = \frac{R_1 + R_2 + R_3}{R_1 + R_2 + R_3 + R_g} I$$

$$I_{g2} = \frac{R_1 + R_2}{R_1 + R_2 + R_3 + R_g} I$$

$$I_{g3} = \frac{R_1}{R_1 + R_2 + R_3 + R_g} I$$

解出 $I_{g1} = 10 I_{g2} = 100 I_{g3}$。

分流电阻的大小,实际反映了检流计灵敏度的大小,即灵敏度按上述各挡依次减小。

4. 灵敏电流计主要技术参数的测定

灵敏电流计的主要技术参数有3个,即内阻（R_g）、灵敏度（S_i）、外临界电阻（$R_{临}$）,这3

个参数一般标示在电流计的铭牌上。但由于长期使用或经过维修,这 3 个参数需重新测定。测定上述 3 个参数的方法很多,本实验采用的测定线路如图 S5-8 所示。

因灵敏电流计只允许通过很小的电流,故采用二级分压电路。电源电压经 R_0 一次分压,其分压值由伏特表测出,经换向开关 K_2 加到 R_a、R_b 组成的二级分压器上。R_b 为标准电阻(1 Ω),其阻值远远小于 R_a 的阻值(几千欧姆),所以电源 E 经过两次分压后 R_b 上电压很小。从 R_b 上分出的电压加到 R 和检流计 G 上。使用 K_2 的目的是使灵敏检流计光点能够两面偏转,用以消除因零点未调整好及回路中有寄生电路(主要是热电势)对结果造成的误差。K_4 是阻尼开关。

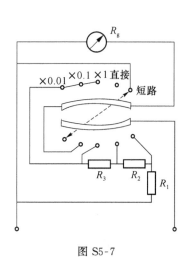

图 S5-7

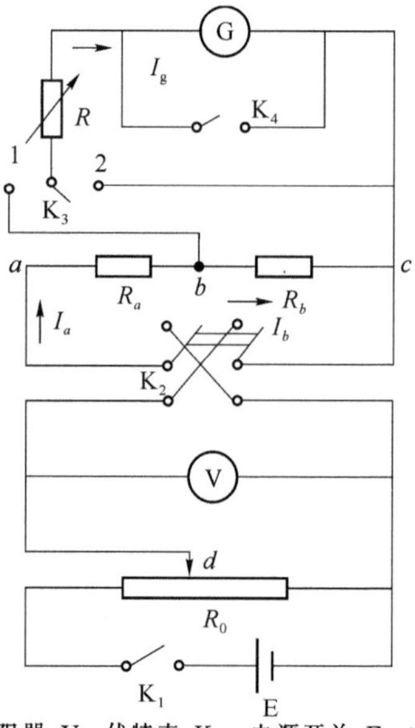

R_0—滑线变阻器;V—伏特表;K_1—电源开关;E—电源电动势;
R—电阻箱;K_2—双刀双掷开关;R_a、R_b—电阻箱组成二级分压器;
K_3—单刀双掷开关;K_4—单刀单掷开关;G—待测灵敏电流计

图 S5-8

(1) 电流计的灵敏度

设 R_b 上的电压降为 U_b、伏特计的示值为 U、通过 R_a、R_b 和电流计上的电流分别为 I_a、I_b 和 I_g,则根据欧姆定律有

$$U_b = I_g(R_g + R) = I_b R_b$$

则

$$I_b = \frac{R_g + R}{R_b} I_g \qquad (S5\text{-}3)$$

而

$$I_a = I_b + I_g \qquad (S5\text{-}4)$$

$$U = I_b R_b + I_a R_a = I_b(R_b + R_a) + I_g R_a$$

将式(S5-3)代入式(S5-4)得

$$U = \left[R_a + (R_a + R_b) \frac{R_g + R}{R_b} \right] I_g$$

$$I_g = \frac{UR_b}{R_aR_b + (R_a + R_b)(R_g + R)}$$

$$= \frac{UR_b}{R_a(R_b + R_g + R) + R_b(R_g + R)}$$

本实验中因 $R_a \gg R_b$，所以上式可写为

$$I_g = \frac{UR_b}{R_a(R_b + R_g + R)} = kn \qquad (n \text{ 为光点偏转格数})$$

因 $k = \dfrac{1}{S_i}$，故上式写成

$$S_i = \frac{R_a n}{UR_b}(R_b + R_g + R) \qquad\qquad (\text{S5-5})$$

其中 R_a、R_b、R、n 都可以从仪器上直接读出，只有 S_i 和 R_g 是未知的，但对于一个确定的检流计，只要接线柱确定（即选定"－"和"1"或"－"和"2"），则 S_i、R_g 皆可视为常量，只要测出 R_g 即可得到 S_i。

（2）电流计的内阻

式（S5-5）可改写为

$$R = -(R_b + R_g) + \frac{R_b U S_i}{R_a n} \qquad\qquad (\text{S5-6})$$

实验中采用定偏法，根据式（S5-6），在改变伏特计电压 U 的同时，调节 R 的数值，可以保持光点偏转格数 n 不变（其实质是通过电流计上的电流维持不变）。令

$$-(R_b + R_g) = a \qquad\qquad (\text{S5-7})$$

$$\frac{R_b S_i}{R_a n} = b \qquad\qquad (\text{S5-8})$$

在 R_a、R_b、n 不变的情况下，式（S5-7）和式（S5-8）中的 a、b 均为常数，则式（S5-6）改写为

$$R = a + bU \qquad\qquad (\text{S5-9})$$

即 R 和 U 成线形关系。只要测得两组 U、R 的值就可以确定 a、b，进而由式（S5-7）和式（S5-8）得到 S_i 和 R_g 的值。因为这种方法要求 n 保证不变，所以通常称为定偏法。

在本实验中，为了减少随机误差对测量结果的影响，需测得多组 U、R 值，数据处理可采用如下方法。

① 最小二乘法：用最小二乘法对数据进行直线拟合，可求出 a、b 值，因 R_a、R_b、n 可从仪器上直接读出，故由式（S5-7）和式（S5-8）得

电流计内阻 $\qquad\qquad\qquad R_g = -(R_b + a) \qquad\qquad (\text{S5-10})$

电流计灵敏度 $\qquad\qquad\qquad S_i = \frac{bR_a n}{R_b} \qquad\qquad (\text{S5-11})$

② 作图法：以 U 为横坐标，R 为纵坐标，在直角坐标纸上作 R-U 图，直线的截距为 a，斜率为 b，从而可求出 R_g 和 S_i 的值。

（3）外临界电阻 $R_{临}$

若在初始时所取的电阻值使电流计线圈处于欠阻尼状态（$R > R_c$），则逐次调小 R 值，并观察 K_2 断开时光标回零的运动状态，直到光标回零时达到临界运动状态，记录此时的 R 值，则

$$R_{临} = R + R_b \qquad\qquad (\text{S5-12})$$

若在初始时所取的电阻值使电流计线圈处于过阻尼状态($R<R_c$)，则逐次调大R值，并不断观察K_2断开时光标回零的运动状态，直到光标回零时达到临界运动状态，记下此时的R值，同样按式(S5-12)确定R_c。

【实验仪器】

AC15/6型直流电流计、单刀双掷开关、伏特表、电阻箱、直流稳压电源、滑线变阻器、双刀双掷开关等。

灵敏电流计(本实验中的AC15/6型直流电流计)的面板如图S5-9所示，使用时应注意以下几点。

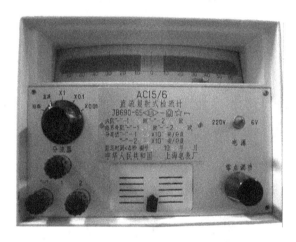

图 S5-9

(1) 检流计配有分流器，分流器有5个挡位，"短路"挡为保护检流计所设，检流计不用时，应处于"短路"挡；其他4挡对应不同的灵敏度，"直接"、"×1"、"×0.1"、"×0.01"灵敏度依次降低。要测量的电流值必须与相应挡位相符合。若不知道测量值的大小时，分流器开关应从最低灵敏度(×0.01挡)开始，如果光标在标尺上偏转不大，再逐步提高测量灵敏度(×0.1挡、×1挡、直接挡)。

(2) 检流计装有零点调节器及标度盘活动调零器。接通电源后，在标尺上应看到光标，此时将分流器旋钮从"短路"挡转到所需挡，看光标是否指"0"，若有光标在标尺上扫过，停止后光标不指"0"，应使用"零点调节"旋钮缓慢地轻轻将光标调到标尺中央的零点位置。面板右下方的零点调节器用于零点粗调。标度盘活动调零器用于零点细调，此调整器能保证检流计在水平位置向任何方向倾斜5°时，能将指示器调整在标度盘零位上。"零点调节"旋钮在同一方向旋到尽头后，切不可再用力扭动，以免损坏内部零件。

(3) AC15/6型直流检流计为高低阻两用检流计，它有3个接线柱，"−"、"1"为低阻检流计的接线端，"−"、"2"为高阻检流计的接线端。输入信号负极接"−"，正极接"1"或"2"检流计光点应向右偏转。

(4) 在每次测量前或测量过程中，若改变了外电路电阻的阻值，都要用"零点调节"旋钮将光标调至零点位置，以免因零点漂移引起测量误差。调零时应将分流器置于所选挡位，不能在"短路"挡调零。

（5）在测量中，当检流计光点左右摆动不停时，可用短路电键使检流计受到阻尼；在改变电路、使用结束或搬动时，均应将检流计短路，即将分流器开关放置"短路"位置。

（6）在检测过程中，要轻拿轻放，检流计不能受震动。

（7）检流计后侧有两个电源插座（220 V和6 V），应按需插入，不可插错（本实验用220 V）。

【实验内容】

1. 用定偏法测灵敏电流计内阻 R_g 和灵敏度 S_i

（1）按图S5-8接好线路，电流计分流器开关置"直接"挡，调整灵敏电流计机械零点。

（2）取 $R_b = 1\ \Omega$（标准电阻）， $R_a \approx 10^4\ \Omega$，合上 K_1，将 K_3 倒向一侧。开始时调整 R，使电压表指示为 2 V。以后保持 R_a、R_b 不变，依次调整 R，改变电压 U，使检流计光标分别向左、向右偏移 $n = 50$ mm（近满格），测 10 组数据；在每组数据中 $R = \dfrac{R_左 + R_右}{2}$，填入表S5-1，其中 $R_左$ 和 $R_右$ 是为了消除测量误差，利用换向开关 K_2 测出光标两边偏转时的电阻。

（3）用最小二乘法求出 R_g、S_i 的值；用作图法处理数据求出 R_g、S_i 的值。

2. 测量外临界电阻 $R_临$

（1）将灵敏电流计分流器开关置"直接"挡；置 R 为 3 000 Ω左右，合上 K_2，将 K_3 倒向1；调节 R_0 使光点偏离零点 25 mm左右，将 K_3 迅速倒向2，观察光点回零过程。

（2）逐渐减小 R 的值，重复上述过程，直到 R 减小到第一次刚能使光标迅速回到零点又不发生振动（即回偏）现象，此时即为临界阻尼状态，记录 R 阻值，由式（S5-12）确定外临界电阻的值。

3. 观察灵敏电流计欠阻尼、临界阻尼、过阻尼状态

（1）使 $R < R_临$（$R_临$ 为在实验内容2中测出的外临界电阻值），K_3 合向1，调 R_0 使光点偏离零点 25 mm左右，然后迅速将 K_3 合向2，观察并记录光点运动状态。

（2）使 $R = R_临$，重复（1）步骤，观察并描述光点的运动状态。

（3）使 $R > R_临$，重复（1）步骤，观察并描述光点的运动状态。

【注意事项】

（1）测量值不应超过检流计的量程。

（2）在测量之前，应该调节检流计的机械零点，使光点静止在零位置，且在哪个挡位测量就在那个挡位调整机械零点（不能在"短路"挡调节光标零点）；经常注意检流计零点有无变化，如有变动，应及时调整。

（3）测量时，要使检流计的分流器开关置于"直接"挡；测量完毕，检流计的分流器开关应置于"短路"挡。

【数据记录】

（1）保持 $R_b = 1\ \Omega$、$R_a \approx 10\ 000\ \Omega$ 不变，改变电压 U，调整 R，使灵敏电流计光标分别向左、右偏转 $n = 50$ mm。

U/V	2.00	1.80	1.60	1.40	1.20	1.00	0.90	0.80	0.70	0.60
$R_左/\Omega$										
$R_右/\Omega$										
R/Ω										

（2）外临界电阻 $R_外=$ ＿＿＿＿＿＿＿＿。

（3）光标的运动状态。

【数据处理要求】

（1）列表计算测量数据。①用最小二乘法求出 R_g、S_i 的值；②用作图法求出 R_g、S_i。

（2）确定外临界电阻 $R_外$，与铭牌上的标注进行比较。

（3）简要描述灵敏电流计在亚阻尼、过阻尼、临界阻尼时光标的运动状态。

【思考与讨论】

（1）灵敏电流计中的哪些结构使其相对于一般检流计有较高的灵敏度？

（2）本实验为何用二级分压电路？

（3）灵敏电流计配有 5 个挡位的分流器，其中"短路"挡的作用是什么？它与其他 4 挡有什么区别？

（4）实验中 $R_外$ 主要由哪些电阻决定？

实验6　电位差计的使用和电表的校准

直流电位差计是一种根据补偿原理制成的比较式电测仪器，它最突出的优点是测量时不改变被测量的原有状态，测量准确度高。直流电位差计主要用来测量直流电动势和电压，如果配用标准电阻，还可精确测量电流和电阻，它也常用于非电学量（如压力、温度、位移等）的电测量，是电磁测量中常用仪器之一。本实验用电位差计测电源电动势和校准伏特表。

【实验目的】

（1）理解电压补偿法的原理。

（2）理解电位差计的工作原理和结构特点。

（3）掌握直流电位差计的调整与使用方法。

（4）掌握直流电位差计的测量误差与不确定度的计算方法。

（5）掌握用直流电位差计校准电表的方法。

【实验原理】

直流电位差计是利用电压补偿原理设计制成的测量电动势的精密仪器。

1. 电压补偿法

如图 S6-1 所示,当我们用普通电压表测量电源电动势 E_x 时,由于电源内阻 r 和电压表内阻 R_V 的存在,回路中的电流 I 使电源内部不可避免地产生电压降 I_r,因此,电压表指示的只是电源的端电压 $U = E_x - I_r$。

若按图 S6-2 所示连接线路,调节电动势 E_0 的大小,使检流计指示为零,这时回路中无电流,两个电源的电动势 E_x 和 E_0 的大小相等,方向相反,即 E_0 产生了一个与 I 方向相反,而大小相等的电流 I',以弥补 I_r 的损失。使电路得到补偿。这种电路称为电压补偿电路。电压补偿电路中的电流等于零。利用电压补偿电路进行测量的方法称为电压补偿法。在补偿状态下(补偿电路中电流为零),只要知道了 E_0 的大小,即可得出待测的电源电动势 E_x。

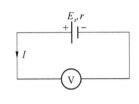

图 S6-1

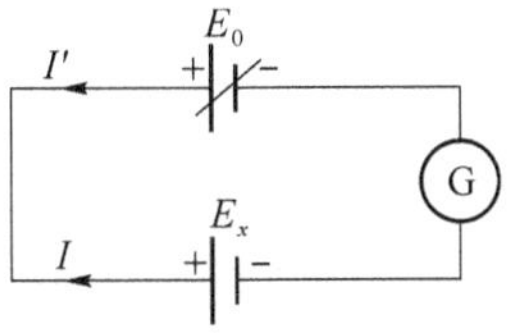

图 S6-2

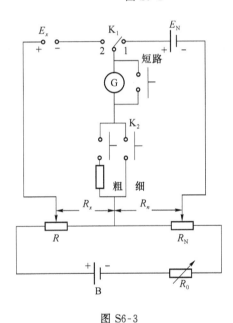

图 S6-3

2. 电位差计的工作原理

如图 S6-3 所示,直流电位差计由 3 个回路组成。其中由电阻 R、R_N、R_0 及电源 B 组成工作回路;电阻 R_n 与电源 E_N(标准电池)及检流计 G 组成调定回路;电阻 R_x 与待测电源 E_x 及检流计 G 组成测量回路。调定回路与测量回路分别与工作回路组合形成了两个电压补偿回路。

当图 S6-3 中的开关 K_1 合向 1 时,形成了如图 S6-4(a)所示的检流计的调定回路,假设调定回路的电流为

$$I' = \frac{E_N}{R_n} \tag{S6-1}$$

通过调整电阻 R_0,可以使流经该回路的调定电流 I' 等于工作电流,即

$$I' = I = \frac{E}{R + R_N + R_0} \tag{S6-2}$$

两者方向相反。此时在检流计 G 上检测不到电流。

值得注意的是,调定回路中的电源 E_N 是供定标用的标准电池,它的电动势非常稳定,在温度为 $+20℃$ 时,它的实际电动势是 1.0186 V。在偏离 $+20℃$ 条件下使用时,其电动势的值必须按温度修正公式(3-2-3)进行修正。因此,在温度不是 $+20℃$ 时,需要进行温度补偿。电阻 R_N 的滑动端就是用来起温度补偿作用的。电位差计面板(图 S6-5)右上角的 A、B 两旋钮即为温度补偿旋钮。

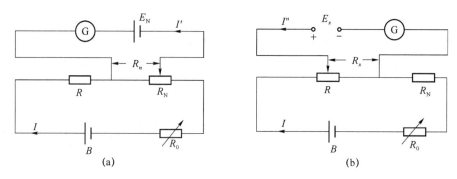

图 S6-4

当图 S6-3 中的开关 K₁ 合向 2 时,形成了如图 S6-4(b)所示的测量回路,假设测量回路的电流

$$I'' = \frac{E_x}{R_x} \qquad (S6-3)$$

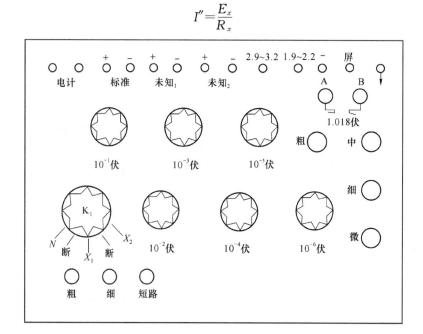

图 S6-5

通过调整电阻 R_x 可以使流经测量回路的电流 I'' 刚好等于工作电流 I,即

$$I'' = I = \frac{E_B}{R + R_N + R_0} \qquad (S6-4)$$

两者方向相反,此时检流计 G 上无电流流过。

由式(S6-3)和式(S6-2)可知

$$I'' = I'$$

由式(S6-1)和式(S6-3)得

$$\frac{E_x}{R_x} = \frac{E_N}{R_n}$$

从而得到待测电动势

$$E_x = \frac{R_x}{R_n} E_N \qquad (S6-5)$$

【实验仪器】

UJ-25 型直流电位差计、待测电池、AC15 型灵敏电流计、干电池、标准电池、直流稳压电源、滑线变阻器、电阻箱、待校电压表及导线若干。

实验室使用的 UJ-25 型电位差计为高电势直流电位差计,它的最大测量范围可以到 1.911 110 V,最小分度为 10^{-6}V。它的工作电源 B 使用 3 V 干电池(或 2 V 的蓄电池),工作电流为 0.000 1 A,相当于每伏 10 000 Ω 的电阻。在使用温度为 18～22℃、相对湿度 80％以下时,它的基本误差由式(S6-6)给出:

$$\Delta_仪 = \pm(1 \times 10^{-4}U_x + 1 \times 10^{-6})V \tag{S6-6}$$

现将 UJ-25 型直流电位差计面板图 S6-5 和原理图 S6-3 相应部分的对照关系列在表 S6-1 中。

表 S6-1　面板图和原理图相应部分的对照关系

原理图中的元件	面板图中的元件
R_0	R_0 被分成 R_{01}(粗调)、R_{02}(中调)、R_{03}(细调)、R_{04}(微调)4 个电阻转盘,以保证迅速、准确地调节工作电流
R_N	R_N 是为补偿不同温度时标准电池电动势的变化而设置的。R_N 有 A、B 两个旋钮,对应不同温度时标准电池电动势的最后两位
R_x	R 的分阻值 R_x 被分成 6 个电阻转盘(面板中心),并将阻值对应的电压值直接标在了转盘处。当电势差计处于补偿状态时,转盘上读出的电压值就是未知电压
K_1	标有 K_1 旋钮的使用方法是:放置在 N 为连接调定回路,校准电位差计时使用。放置在"x_1"或"x_2"分别为连接测量回路"未知 1"或测量回路"未知 2"
K_2	K_2 为接通检流计支路的按键开关,分为"粗"和"细"两挡。测量时,应先按"粗",在检流计几乎不偏转时再按"细"。实验中不允许将"细"锁住。"短路"为检流计的阻尼键
E_N	"标准";标准电池的接入端
B	"2.9～3.2"、"1.9～2.2";以及"—"分别为干电池和蓄电池的正极及负极接入端
G	"电计";检流计接入端

【实验内容】

1. 建立电位差计的工作电流

(1)按照面板图上接线柱的标识连接线路。将电位差计的"电计"、"标准"、"未知"接线柱分别与检流计、标准电池、待测电池的两极连接。

(2)设置灵敏电流计分流器开关(本实验中置于"×0.1"挡),利用零点调节旋钮及标度盘调零器调整灵敏电流计的机械零点。

(3)根据室温计算相应的标准电池的电动势后,调节图 S6-5 中 A、B 两个旋钮,进行温度补偿,使之分别对应该电动势小数点后的第五位和第六位。

(4)调节检流计的工作零点(应注意正确选择检流计的灵敏度并正确使用检流计,可参看实验 5 灵敏电流计特性的研究中的相关内容)。

(5)调节电位差计的工作电流:将电位差计面板图(图 S6-5)中的 K_1 置于 N,点按"粗"键,通过改变"粗"、"中"、"细"旋钮,使检流计光标指零;再点按"细"键,调节"中"、"细"、"微"旋钮,使检流计光标指零。

2．测量待测电池的电动势

（1）将待测电池的两极与电位差计面板上的"未知"接线柱连接。

（2）将电位差计面板图（图 S6-5）中的 K_1 置于 X_1（或 X_2），估计待测电动势的大小，将测量旋钮置于接近待测量的数值，点按"粗"键，调整测量旋钮，使检流计光标指零；再点按"细"键，重复刚才的过程，直到检流计光标指零，从盘面读出未知电动势。

3．用电位差计校表

一般的仪表在经过一段时间的使用后，由于各种原因，仪表的精度会发生变化，需要重新进行校准。通常的做法是利用精度较高的仪表对需要校准的仪表重新定标。由于电位差计的精度远高于通常使用的仪表，因此我们常将它作为标准对其他仪表进行校准。

（1）伏特表的校准

按图 S6-6 所示连接线路，其中 E 为直流稳压电源，K_0 为稳压电源上的开关，电源输出的电压通过滑线变阻器 R 分压后加到被校表 V 上。设 $U_{校}$ 为被校表的电压示值，$U_{计}$ 为电位差计的读数。实验中将电位差计的测量值作为标准值。校准电压表 1.5 V 的量程挡，校准点为 8 个，即从 0～1.5 V，每隔 0.2 V 测量一个点，将测出的 $U_{校}$ 记入表 S6-2。根据被校表的电压示值和电位差计的读数之间的差，可以对被校表的准确度进行定标。

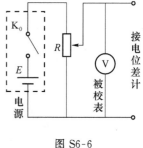

图 S6-6

（2）定标

根据仪表准确度的定义，仪表的准确度等级应为

$$等级 = \frac{最大绝对误差}{量程} \times 100\%$$

如果取了 8 个等间隔的测量点，则

$$等级 = \frac{|U_{校} - U_{计}|_{max}}{量程} \times 100\% \tag{S6-7}$$

其中的下标 max 表示仅取 8 组数中差值最大的一个。得到计算结果后，可以根据国家标准给出的 11 个等级（0.05、0.1、0.2、0.3、0.5、1.0、1.5、2.0、2.5、3.0、5.0）来确定被校表的级别。由于给出的等级必须包括该仪表的所有误差，因此在确定级别的时候必须注意正确的靠级。比如说计算出的结果为 0.51，则该仪表的准确度等级为 1.0，而不是 0.5。

如果所校的表不是电压表，而是电流表（毫安表），我们可以在电路中串联一个标准电阻，并保证标准电阻两端的电压降不超过电位差计的量程范围即可。

【注意事项】

1．正确使用标准电池

（1）正、负极不能接错。

（2）由于标准电池允许通过的电流不能超过 $1\ \mu A$，因此标准电池使用时不能短路，更不允许用电压表或万用表测量其两端的电压值。

（3）使用标准电池时应轻拿轻放，避免震动和倾斜，严禁倒立。

2．正确使用检流计（参看实验 5 中的相关内容）

（1）使用检流计时，不能在"短路"挡调零。本实验中将分流器置于 ×0.1 挡调节光标零点。

（2）测量中，当检流计通过电流较大时，光标会不停地摆动，此时应及时使用电位差计的"短路"按钮，以便尽快稳定光标。

（3）若检流计有零点漂移，应重新调整工作电流。

（4）使用结束或搬动检流计时，应将分流器开关置"短路"位置。

3．正确使用电位差计

（1）测量时，要事先估计测量值的大小，将电位差计 R_x 的 6 个电阻转盘预置在合适的位置。然后，先按"粗"按键，后按"细"按键进行测量。但绝不可将"细"按键锁死，以免造成检流计的损坏。

（2）使用电位差计时，必须先接通工作回路，然后接通补偿回路。断开时，先断补偿回路，后断工作回路。

（3）在测量过程中，工作条件可能发生变化（如电源 B 不稳定），为了保证工作回路中电流保持不变，要经过校准和测量两个步骤，且两步骤的时间间隔不要太长。

【数据记录】

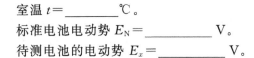

室温 $t=$ ＿＿＿＿＿℃。

标准电池电动势 $E_N=$ ＿＿＿＿＿＿ V。

待测电池的电动势 $E_x=$ ＿＿＿＿＿＿＿ V。

表 S6-2　校准电压表原始数据表

$U_校/V$	0.100	0.300	0.500	0.700
$U_计/V$				
$U_校/V$	0.900	1.100	1.300	1.500
$U_计/V$				

【数据处理要求】

（1）根据电位差计的基本误差公式，计算待测电池电动势的不确定度，并给出正确的测量结果。

（2）用列表法计算被校准电压表的示值和电位差计的测量值之差 ΔU，利用 ΔU_{max}，根据国家标准给出被校表的级别。

注意：在计算被校准电压表的示值和电位差计读数之差时，为了在靠级时能正确反应被校表的级别，应在有效位数计算法则的前提下，多保留一位有效数字。

（3）以 $U_校$ 为横坐标、ΔU 为纵坐标，作电压表的校准曲线。

【思考与讨论】

（1）为什么电位差计能够准确测量电池的电动势？

（2）试分析用补偿法测量 E_x 存在哪些误差，对工作电流的选择有何要求？

（3）如果实验中发现检流计总往一边偏，无法调到平衡，且线路接触不良和断线的因素已排除，试分析产生此现象的其他可能因素。

实验7 示波器的使用

示波器是一种用途广泛的电子仪器。用示波器可以直接观察电压波形,测定电压的大小、频率及相位。一切可以转化为电压的电学量(如电流、电功率、阻抗等)、非电学量(如温度、位移、速度、压力、光强、磁感应强度等)以及它们随时间的变化过程都可以用示波器进行观测。随着现代电子技术的飞速发展,出现了许多新型示波器(如数字储存示波器等),更扩展了示波器的应用范围。

【实验目的】

(1)了解示波器的基本结构和工作原理。
(2)学习示波器和信号发生器的使用方法。
(3)掌握测量数据的处理方法。

【实验原理】

示波器的规格和型号很多,但不管什么型号的电子示波器,均主要由示波管、扫描和同步电路、x 轴和 y 轴电压放大器及电源部分组成。下面分别简述各部分的构造原理和作用。

1. 示波管的构造和作用

示波管是示波器的心脏,它由电子枪、偏转系统、荧光屏组成,所有装置密封在一个高真空的外形呈喇叭状的玻璃管内(图 S7-1)。

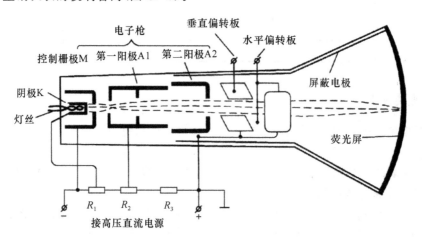

图 S7-1

电子枪由灯丝、阴极、控制栅极、第一阳极、第二阳极组成。灯丝通电后加热阴极,阴极是一个表面涂有氧化物(如氧化钍)的金属圆筒,被加热后发射电子。控制栅极是一个顶端有小孔的圆筒,套在阴极的外面,它的电位比阴极低,用来控制从阴极发射出来的电子流密度,调节栅极电压可控制荧光屏上光点的亮度。阳极电压比阴极电压高得多,且第二阳极电压高于第一阳极。第一阳极主要对电子起聚焦作用,故又称聚焦电极。第二阳极主要对电子起加速作用,故又称加速电极。各电极电压通过分压线路供给。适当调节控制栅极、第一阳极和第二阳极的电压,可使电子束在荧光屏上形成一个约零点几毫米直径的小光点。可见电子枪是用来发射和形成一束聚焦良好的细电子束的装置。

偏转系统位于电子枪和荧光屏之间,由两对相互垂直的偏转板组成。一对为水平偏转板,称为 x 偏转板;另一对为垂直偏转板,称为 y 偏转板。如果偏转板上不加电压,电子束沿着管轴方向前进,打在荧光屏中心 O 点上。当给偏转板加上电压时,电子束经过偏转板区域将受到电场力作用,运动方向发生偏转,垂直偏转板和水平偏转板上的电压值不同,电子束在竖直方向和水平方向的偏转程度不同,从而控制荧光屏上的光斑位置。

荧光屏上涂有一层荧光剂,当它受到具有一定能量的电子束轰击时就发光。荧光屏前面有一块透明的带刻度的坐标板,从而显示出电子束的位置。若电子束长久打在荧光屏的某一点,会损坏荧光屏。

2. 扫描和同步电路显示波形的原理

若要观察一随时间变化的电压 $U=f(t)$,将其加在示波器的垂直偏转板上,偏转电压的大小虽然随时间变化,但电子束总是沿垂直方向往复运动,其轨迹是一条垂直亮线。要显示波形必须同时在水平偏转板上加一个扫描电压,使电子束的亮点同时沿水平方向拉开(图S7-2、图S7-3)。这种扫描电压的特点是电压随时间成线性变化关系,当电压增加到最大值时突然回到最小,此后再重复地变化,扫描电压随时间的变化关系如同"锯齿",故称锯齿波电压。若在竖直偏转板上加正弦波电压,同时在水平偏转板上加锯齿波电压,电子同时受到竖直、水平两方向的作用,则电子的运动为两相互垂直运动的合成。当锯齿波电压与正弦波电压的变化周期相等时,在荧光屏上将能显示一个完整的波形(随着时间的推移,x 和 y 信号同步周期地出现)。

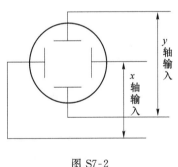

图 S7-2

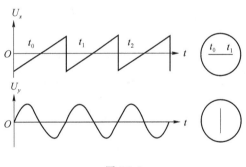

图 S7-3

如图 S7-4 所示,假设开始时,x、y 轴的偏转电压均为零,荧光屏上的亮点位于 a'' 处。当竖直方向正弦波电压变化历经 b、c、d、e 等所在位置的数值时,水平方向锯齿波电压分别为 b'、c'、d'、e' 所在位置的数值,在荧光屏上依次对应于 b''、c''、d''、e'',荧光屏上描绘出第一个正弦波,然后锯齿波电压迅速回到 0,于是光点又重新从荧光屏上 a 点开始,描绘出第二个正弦波的波形,而且与荧光屏上第一个正弦波完全重合在一起。这样继续下去,荧光屏上就出现一个稳定的正弦波波形。若锯齿波电压的周期是被观测波周期的 n 倍,则在荧光屏上可以观测到 n 个正弦波波形。若锯齿波电压和被观测电压的周期不是简单的整数倍,则不能在荧光屏上观测到稳定的波形,而在荧光屏上呈现向左或向右移动的波形,这样就难以对信号进行观测。

由此可见,要观察到稳定的波形,被测信号和锯齿波的频率必须相同,或满足整数倍关系。实际上,待测电压和扫描电压的频率都不是很稳定的,由于各种原因,它们随时间各自可能都有波形的变化,即使把待测电压与扫描电压的频率调成一定比值后,也可能会很快遭到破坏。为了消除这种现象,必须设法使扫描电压的频率能随待测电压的频率起伏而起伏,即严格地保持"同步"(又称"整步")。所以一般示波器都有"扫描整步电路",强迫扫描电压频率和待测电压的频率保持整数倍关系,以使荧光屏上的图形稳定。

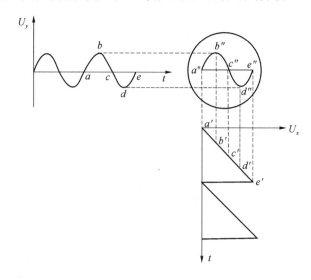

图 S7-4

3. 放大器、衰减器及供电部分的作用

两对偏转板需加较高电压才能发生可观察的偏转。若待测电压较小,则需经过不失真的放大后,再送至偏转板上,所以示波器内有两组放大器,分别用于垂直放大和水平放大。调节示波器面板上的增幅旋钮,可以改变放大倍数。

为了能控制输入放大器的电压大小,在示波器的两输入端还接有衰减器。衰减器实际上就是不连续调节的分压器。

示波器各部分需要各种交直流电压,有的直流电压高达 1~2 kV,它们都是由 220 V 交流电压经变压器与整流装置供电的。

4. 示波器显示李萨如图的原理

如果在 x 和 y 偏转板上分别加上正弦信号,它们的频率相同或成简单整数比,则电子束在这两个电压的共同作用下运行一个特殊的轨迹,示波器荧光屏上显示出相应的图形,称为李萨如图。如图 S7-5 所示是 y 轴输入电压的频率 f_y 与 x 轴输入电压的频率 f_x 之比为 2∶1 的情况。

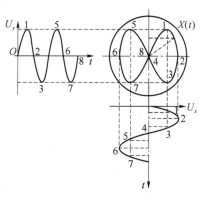

图 S7-5

如图 S7-6 所示是频率比（$f_y : f_x$）不同、相位差不同时的李萨如图。同一行的各图是频率比相同、相位差不同时的情况；同一列的各图是频率比不同、相位差相同时的情况。

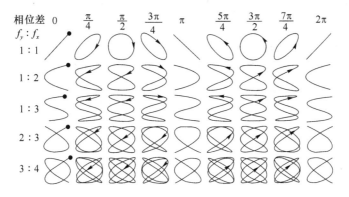

图 S7-6

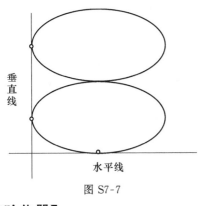

图 S7-7

根据李萨如图，可以确定频率的比值，其方法是分别作垂直直线和水平直线与李萨如图相切，数出水平直线与李萨如图的切点数 n_x、垂直直线与李萨如图的切点数 n_y，则 $\dfrac{f_x}{f_y} = \dfrac{n_y}{n_x}$，由此可以根据已知频率，利用李萨如图求出未知频率。图 S7-7 中，$\dfrac{f_x}{f_y} = \dfrac{2}{1}$。

利用李萨如图还可以比较两信号的相位差。

【实验仪器】

1. SS-7802 型可读式示波器

本实验使用的示波器如图 S7-8 所示。

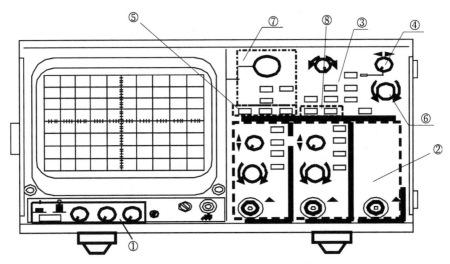

图 S7-8

该示波器为双踪示波器,可同时对两种信号进行观测,当电压偏转因子在 5 mV~5 V/div 时,带宽由直流(DC)至 20 MHz;而电压偏转因子为 2 mV/div 时,带宽由直流(DC)至 10 MHz。这种型号的示波器功能比较齐全,使用时的状态常数均在荧光屏上显示。

在使用示波器时,首先要了解各个按键、旋钮的作用,然后再去调节,并要搞清调节时示波器荧光屏上的字幕是如何显示的。

示波器面板上可操纵的旋钮名称及对应的功能如表 S7-1 所示。

表 S7-1　示波器面板旋钮与功能对应说明

部位序号	英文名	中文名	操作	功能
①电源及屏幕	POWER	电源开关	按下	接通 220 V 电源
	TNTEN	亮度	旋转	调节光迹亮度,顺时针旋转光迹增亮
	READOUT ON/OFF	文字显示开关	旋转 / 按下	调节文字亮度 / 显示文字
	FOCUS	聚焦	旋转	调节光迹和文字的清晰程度
②垂直部分	POSITION	垂直位移	旋转	调节光迹在垂直方向的位置
	VOLT/DIV VARIABLE	Y 轴灵敏度调节	旋转 / 按下	旋转时调节电压/分度值 / 按下再旋转为微调
	CH1	输入通道开关	按下	按下为是否显示 CH1 通道的信号及通道号 1
	CH2	输入通道开关	按下	按下为是否显示 CH2 通道的信号及通道号 2
	DC/AC	直流/交流	按下	直流时屏幕显示为 V;交流时屏幕显示为 $\tilde{V}$
	GND	输入接地	按下	按下后相应通道接地,屏幕上在电压符号后显示⊥
	ADD	相加	按下	按下后屏幕显示的是 Y_1+Y_2 信号,屏幕上通道 2 前显示＋号,即＋2
	INV	反相	按下	按下后 Y_2 波形反相,屏幕显示2:↓
③触发部分	TRIG LEVEL	触发电平	旋转	调节触发电平,使波形稳定
	READY	触发准备	亮/灭	Ready 亮时触发准备
	TRIG'D	触发指示	亮/灭	触发时 Trig'D 灯亮,可使波形稳定
	SLOPE	触发沿选择	按下	选择触发沿:上升显示 ＋,下降显示－
	SOURCE	触发源选择	按下	选择触发信号来源(CH1、CH2、EXT 和 LINE)
	COUPL	触发耦合	按下	切换触发耦合模式(AC、DC、HF-R、LF-R)
④位置	POSITION	水平位移	旋转	调节光迹在水平方向的位置
⑤扫描模式	AUTO	自动模式	按下	按下后均为连续扫描状态,自动适用于 50 Hz 以上信号,正常适用于低频信号
	NORM	正常模式	按下	
	SGL/RST	单次模式	按下	选择单次扫描
⑥时间	TIME/DIVA VARIABLE	时间分度调节	旋转/按下	旋转时选择 A 扫描,按下再旋转为微调,微调时时间前显示＞号
⑦功能键及光标	FUNCTION COARSE	功能开关	旋转/按下	设置延迟时间、光标位置等。旋转为微调,按下或连续按下为粗调
	ΔV·Δt·OFF	测量选择	按下	进行测量对象选择
	TCK/C_2	光标线选择	按下	选择调整的光标线,光标边沿有亮点指示的线为可调整的线
	HOLDOFF	释抑	按下	调节释抑时间
⑧水平显示	A	A 扫描显示	按下	显示 A 扫描波形
	X-Y	X-Y 显示	按下	用于观测李萨如图或磁滞回线

2. TFG 2003V 数字合成函数信号发生器

图 S7-9 为本实验使用的信号发生器的前面板。

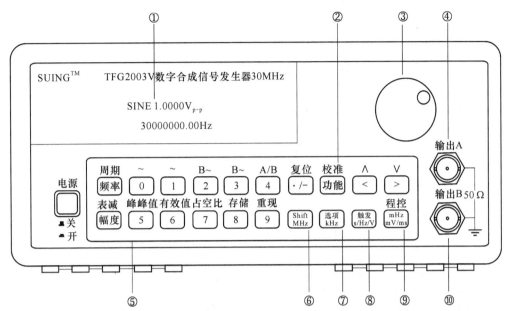

①菜单、数据、功能显示区；②功能键；③手轮；④输出通道A；⑤按键区；
⑥上档（Shift）键；⑦选项键；⑧触发键；⑨程控键；⑩输出通道B

图 S7-9

面板上共有 20 个按键，基本功能如下：

"频率"、"幅度"键：频率和幅度选择键。

"0"、"1"、"2"、"3"、"4"、"5"、"6"、"7"、"8"、"9"键：数字输入键。

"MHz"、"kHz"、"Hz"、"mHz"键：双功能键，在数字输入之后执行单位键功能，同时作为数字输入的结束键。直接按"MHz"键执行"Shift"功能，直接按"kHz"键执行"选项"功能，直接按"Hz"键执行"触发"功能。

"./-"键：双功能键，在数字输入之后输入小数点，"偏移"功能时输入负号。

"<"">"键：光标左右移动键。

"功能"键：主菜单控制键，循环选择 5 种功能，保持开机时所处状态即可。

"选项"键：子菜单控制键，在每种功能下循环选择不同的项目。

"Shift"键：上档键（显示"S"标志），按"Shift"键后再按其他键，分别执行该键的上档功能。

使用时按下电源开关，仪器进行自检初始化，进入正常工作状态，自动选择"连续"功能，A 路输出。

（1）信号发生器的初始化状态：开机或复位后仪器的工作状态。

A 路：波形：正弦波　　频率：1 kHz　　幅度：1 V p-p

B 路：波形：正弦波　　频率：1 kHz　　幅度：1 V p-p

（2）参数设定。

A 路频率设定：设定频率值 3.5 kHz

依次按"频率"、"3"、"."、"5"、"kHz"。

A 路频率调节：按"<"或">"键使光标指向需要调节的数字位，左右转动旋钮可使数字增大或减小,并能连续进位或借位,由此可任意粗调或细调频率。

A 路周期设定:设定周期值 25 ms

依次按"Shift"、"周期"、"2"、"5"、"ms"。

A 路幅度设定:设定幅度值 3.2 V

依次按"幅度"、"3"、"."、"2"、"V"。

A 路幅度格式选择:有效值或峰峰值

依次按"Shift"、"有效值"或"Shift"、"峰峰值"。

恢复初始化状态:初始化状态参数见(1)。

依次按"Shift"、"复位"。

A 路波形选择:在输出路径为 A 路时,选择正弦波或方波。

依次按"Shift"、"0"或"Shift"、"1"。

A 路方波占空比设定:在 A 路选择为方波时,设定方波占空比为 65%。

依次按"Shift"、"占空比"、"6"、"5"、"Hz"。

通道设置选择:输出路径为 B 路或 A 路。

依次按"Shift"、"A/B"

B 路波形选择:在输出路径为 B 路时,选择正弦波或方波。

依次按"Shift"、"0"或"Shift"、"1"。

B 路频率和幅度的设定及调节:按"选项"键选中"B 路频率",显示出当前频率值。可用数字键或调节旋钮输入频率值;再按"幅度"键,选中"B 路幅度"显示出当前幅度的峰峰值,可用数字键或调节旋钮输入幅度的峰峰值。

除了上述介绍的功能外,TFG 2003 V 数字合成函数信号发生器还有很多其他功能,如有需要可以根据实验室提供的有关说明使用。

【实验内容及步骤】

1. 开机前的准备工作

开机前应先熟悉面板上各控制件,并了解其作用。

将示波器面板上各电位器旋钮(如亮度调节旋钮、文字显示开关、聚焦旋钮等)旋至居中位置,所有按键均应处于弹出状态。

2. 通过观察信号发生器的正弦波信号熟悉各按键和旋钮的功能

(1) 将信号源的输出信号接入示波器的"CH1"通道(信号频率在 500 Hz～100 kHz 内)。

(2) 接通电源,调节示波器亮度旋钮、文字显示开关、聚焦旋钮,使扫描线和荧光屏上的文字亮度适中且细而清晰。

(3) 示波器的显示方式选"A",souce 选"VERT",coup 选"AC",频道选"CH1"(打开"CH1",关上"CH2"),调节示波器使之显示波形。如果没有波形,按接地按钮"GND"调上下、左右,中心出现水平线,取消接地,调 VOLT / DIV 和 TIME / DIV,出现波形。

注意:"TV"按键为视频触发,一般不用,屏幕上不应显示"TV"状态。

(4) 如果波形不稳定,扫描模式"AUTO"改为"novmal",调 TRIG VELEL,下面小灯亮时,波形稳定。

(5) 调整按键、旋钮,观察现象并解释其作用。

① 了解电源及触发部分旋钮、按键的功能(填写表 S7-2)。

表 S7-2　电源及触发部分旋钮、按键的作用

旋　钮	作　用	旋　钮	作　用
"TNTEN"		"▲▼POSITION"	
"READOUT"		"◀▶POSITION"	
"FOCUS"		按键"CH1"和"CH2"	
按键"A"		按键"X-Y"	

② 了解"SOURCE"的作用

将正弦信号接入示波器的"CH1"通道(通道输入开关"CH1"打开,"CH2"关上),按按键"SOURCE",屏幕上方相应的参数发生变化的顺序为_____,在此过程中,当"SOURCE"为_____时,CH1 的波形稳定。

③ 了解垂直部分的按键和旋钮的作用。

将一幅度适中的正弦信号接入示波器的"CH2"通道(通道输入开关"CH1"关上、"CH2"打开),单击按键"SOURCE",使屏幕上方相应的参数显示为"CH2",分别调节表 S7-3 中的按键,记录现象并解释其作用。

表 S7-3　垂直部分按键的作用

按　键	现　象	
	波形变化	参数变化
"GND"(地)		
"DC/AC"(直 / 交)		
"INV"(反)		

分别调节表 S7-4 中的旋钮,记录现象并解释其作用。

表 S7-4　垂直部分旋钮的作用

旋　钮	描述波形和参数的变化	测量结果
旋转"VOLS/DIV"		
点按后,旋转"VOLS/DIV"		
说明"VOLS/DIV"的作用:		

④ 了解水平部分旋钮的作用(填写表 S7-5)。

表 S7-5　水平部分旋钮的作用

旋　钮	描述波形和参数的变化	测量结果
"TIME/DIV"		
点按后,旋转"TIME/DIV"		
说明"TIME/DIV"的作用:		

⑤ 了解示波器中 ΔV-Δt-OFF 键的测量功能

反复按下"ΔV-Δt-OFF",屏幕上将依次出现两条横线和竖线,分别用于辅助测量电压和扫描时间。点按或旋转"FUNCTION"键可移动横线或竖线,使用"TCK/C2"键可选择任何一条线移动或两条线同时移动,光标的边沿有亮点指示的线为可调整线。使用"FUNC-TION"键可移动待调整的线,点按时,带有亮点指示的可调整线位置不连续变化;旋转时,可调整线的位置连续变化。

用此直接测量法可直接读出两水平横线间的电压或两竖线间的时间,此法对测量交流电压峰峰值(相邻两峰的差)尤为重要。

用此直接测量法测得的电压值与"格数×电压分度值 = 电压值"的方法进行对比。

用此直接测量法测得的时间与"格数×时间分度值 = 时间"的方法进行对比。

3. 李萨如图测频率

将两个正弦信号分别接入示波器的"CH1"和"CH2"通道,按下 X-Y 按键,调节到李萨如图尽量稳定时,观察并描绘李萨如图。以信号发生器的信号频率作为已知频率,根据图形和切点数 n_x、n_y,由 $\dfrac{f_x}{f_y} = \dfrac{n_y}{n_x}$ 求另一频率。

【注意事项】

(1) 了解各旋钮、按键的作用后再动手,调节各旋钮、按键动作要适度,不得猛拨乱拧,以免弄坏仪器。

(2) 打开电源后,不要经常通、断电源,以免缩短示波器或信号发生器的使用寿命。

(3) 示波器的"亮度"不能调得太亮,不要让强光点长时间停留在一点,以免灼伤荧光屏。

(4) 调节李萨如图形时,一定要预置信号发生器的输出频率。

【思考与讨论】

(1) 如果示波器是良好的,但荧光屏上看不到光点,问哪几个旋钮或按键的位置不合适可能造成这种情况?

(2) 用示波器观察波形,看到下列现象是什么原因?应如何调整?

① 屏上只看到一个或两个移动的点而没有扫描线。

② 屏上看到的是一个或两个固定不动的点。

③ 屏上呈现一水平亮线。

④ 屏上呈现一铅直亮线。

⑤ 屏上呈现过密的波形。

实验 8 空气中声速的测定

频率在 20 Hz～20 kHz 的声波称为可闻声波;频率低于 20 Hz 的声波称为次声波;频率高于 20 kHz 的声波称为超声波。波长、强度、传播速度等是声波的重要参数。超声波具有波长短、易于定向发射等优点,因而在超声波段进行声波传播速度的测量比较方便,而且超声波传播速度对于超声波在探测、定位直至人体断层分析等方面都具有重要意义。

【实验目的】

（1）了解作为传感器的压电陶瓷的功能。

（2）熟悉信号发生器、示波器的使用方法。

（3）学习用共振干涉法和相位比较法测超声波的传播速度。

（4）学习用逐差法处理测量结果。

【实验原理】

1. 超声波产生和接收装置

用来产生超声波的方法有很多，如压电效应、磁致伸缩效应、电磁声效应和机械声效应等。本实验是利用逆压电效应来产生超声波的。

某些固体物质（如石英晶体），在通常情况下，其晶体结构的正负极中心是重合的，对外不显电性[图 S8-1(a)]。如果在 x 方向受到拉力（或压力）的作用，使晶体结构发生变形，正负极中心不重合[图 S8-1(b)]，从而使物质本身极化，在物体相对的表面出现正、负束缚电荷，对外显示电性[图 S8-1(c)]。这种由于压力（或拉力）作用使物质对外显示电性的现象称为压电效应。

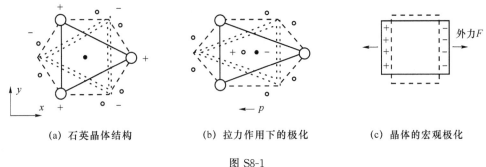

(a) 石英晶体结构　　　　(b) 拉力作用下的极化　　　　(c) 晶体的宏观极化

图 S8-1

通常具有压电效应的物质同时也具有逆压电效应，即当对其施加电压后会发生形变。

本实验是利用压电陶瓷换能器完成声压和电压之间的转换。压电陶瓷换能器的结构如图 S8-2 所示。压电陶瓷片是换能器的核心，它由多晶结构的压电材料做成。压电材料在交变电压作用下反复形变产生机械振动，并在空气中激发出超声波，这时起发射器作用。而当压电材料两端在变化的应力作用下反复形变，产生变化的电势差，又可作为声波接收器使用。所以同一换能器既可作发射器使用，也可作接收器用。

本实验装置如图 S8-3 所示。

图 S8-3 中，A_1、A_2 为结构相同的一对超声压电陶瓷换能器。A_1 固定在底座上，可作超声波发射器，当信号发生器发出的信号加在换能器 A_1 的电输入端时，其端面 S_1 产生机械振动并在空气中激发出超声波。A_2 固定在拖板上，可作超声波接收器。当声波传到换能器 A_2 的端面 S_2 时，A_2 的电输出端产生相应的电信号，输入到示波器荧光屏上。移动拖板可以改变 A_1、A_2 之间的距离。

由振动学知识可知，当系统做受迫振动时，受迫振动的频率等于系统固有频率时系统可发生共振现象。本实验中使用的每一对超声压电陶瓷换能器都具有相应的固有谐振频率，当换能器系统的工作频率等于谐振频率时，换能器处于谐振状态，处于最佳工作状态，电能与机械能的转换效率高。反之,工作频率偏离谐振频率,不仅降低系统的灵敏度,甚至会使实验无法正常进行。为此,调节信号发生器的频率使之达到系统谐振状态尤为重要。

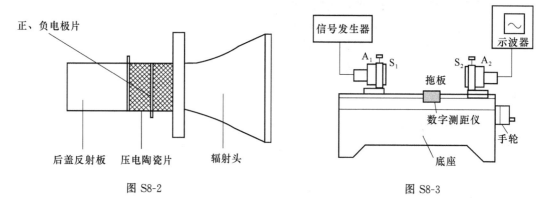

图 S8-2   图 S8-3

2. 声速测量原理

声速 v 与波长 λ、频率 f 之间的关系为 $v = f\lambda$,其频率可由示波器或信号发生器直接读出,若测得波长,即可得到波速。因此,波长的测定是本实验的关键步骤。

(1) 利用驻波法(共振干涉法)测波长

由于发射器 A_1 的端面 S_1 直径比波长大很多,可以近似地认为激发的超声波是平面波,经接收器反射后,波在两端面间来回反射并且叠加。

设前进波为

$$y_1 = A\cos\left(\omega t - \frac{2\pi x}{\lambda}\right) \tag{S8-1}$$

其中 A 为波幅,ω 为角频率,λ 为波长。

设反射波为

$$y_2 = A\cos\left(\omega t + \frac{2\pi x}{\lambda}\right) \tag{S8-2}$$

则合成波为驻波,即

$$y = y_1 + y_2 = 2A\cos\frac{2\pi x}{\lambda}\cos\omega t \tag{S8-3}$$

波腹(振幅最大处)的位置为 $\left|\cos\dfrac{2\pi x}{\lambda}\right| = 1$ 的各点,即

$$x = \pm k\frac{\lambda}{2} \qquad (k = 0,1,2,\cdots) \tag{S8-4}$$

显然 $\qquad\qquad\qquad\qquad\qquad x_{k+1} - x_k = \dfrac{\lambda}{2}$

所以相邻两波腹之间的距离为 $\dfrac{\lambda}{2}$。

波节的位置为 $\left|\cos\dfrac{2\pi x}{\lambda}\right| = 0$ 的各点,即

$$x = \pm(2k+1)\frac{\lambda}{4} \qquad (k = 0,1,2,\cdots) \tag{S8-5}$$

显然 $\qquad\qquad\qquad\qquad\qquad x_{k+1} - x_k = \dfrac{\lambda}{2}$

所以相邻两波节之间的距离也为 $\dfrac{\lambda}{2}$。

由此可见,两列振动方向相同、振幅相等、沿相反方向传播的机械波相干叠加时会形成驻波。由式(S8-4)和式(S8-5)可知,相邻两波腹(或波节)之间的距离都为 $\dfrac{\lambda}{2}$。显然,只要测得相邻两波腹(或波节)之间的距离,就可测得波长。

因此,当两个换能器之间的距离 x 等于半波长的整数倍时,发生共振驻波现象,即

$$x = n\frac{\lambda}{2} \tag{S8-6}$$

时振幅最大,其中 n 为一正整数。

由纵波的性质可知,振动的位移处于波节时,声压处于波腹,如图 S8-4 所示。实验中,当发生共振时,接收器端面近似为波节,接收到的声压最大,经接收器转换成的电信号也最强。如果示波器上出现最强的电信号,继续移动接收器,将再次出现最强信号,则两次共振位置之间的距离为 $\dfrac{\lambda}{2}$。

由于超声波在空气中传播时能量逐渐衰减,声压的振幅随着接收器远离声源而逐渐减小。从图 S8-5 中可以看出声压变化和接收器位置的关系。

(2)利用相位比较法测波长

波是振动状态的传播,也可以说是相位的传播。沿传播方向上,波前进一个波长 λ 距离时,相位改变 2π。若两点相距 x 距离时,相位改变

$$\Delta\varphi = \frac{x}{\lambda} \cdot 2\pi \tag{S8-7}$$

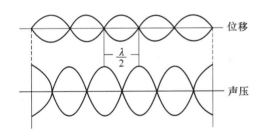

图 S8-4

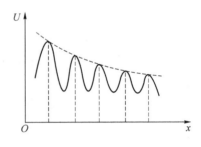

图 S8-5

① 行波法

沿传播方向上的任何两点,其振动状态相同(相位差为 2π 的整数倍时),两点间的距离等于波长 λ 的整数倍(图 S8-6),即

$$l = n\lambda \quad (n\text{ 为正整数}) \tag{S8-8}$$

由于发射器发出的是近似于平面波的超声波,当接收器端面垂直于波的

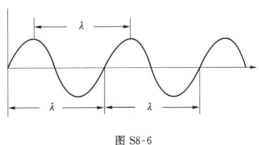

图 S8-6

传播方向时,其端面上各点都具有相同的相位。沿传播方向移动接收器时,总可以找到一个接收信号与发射信号振动状态相同的位置,相位差为 2π 的整数倍,即 $\Delta\varphi = n \cdot 2\pi$。继续移

动接收器,直到接收信号再一次和发射信号振动状态相同时,即相位差为 $\Delta\varphi' = (n+1) \cdot 2\pi$,移过的这段距离必然等于超声波的波长 λ,相位差改变 2π。为了判断相位差并且测定波长,可以沿传播方向移动接收器,利用双踪示波器直接比较发射信号和接收信号。

② 李萨如图形法

由振动理论可知,两个互相垂直的振动合成后的振动曲线形成李萨如图形。对于两个互相垂直的同频率的简谐振动,随着两个振动的相位差从 $0 \rightarrow \pi \rightarrow 2\pi$ 变化,李萨如图形也在不断变化(图 S8-7)。我们将发射器发出的信号与接收器接收到的信号分别加到示波器的垂直偏转板与水平偏转板上,示波器荧光屏上显示的图形为两个同频率、相互垂直振动的合振动的轨迹,即李萨如图。移动接收器的位置,接收信号与发射信号之间的相位差不断改变。由图 S8-7 可知,图形从向左下倾斜的直线变成向右下倾斜的直线时,相位改变了 π,接收器移动距离为 $\lambda/2$。再继续移动接收器,图形又变为向左下倾斜的直线时,相位改变 2π,接收器移动距离为 λ。由此可接收器移动距离为 λ 测量出超声波的波长 λ。

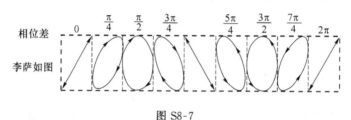

图 S8-7

3. 空气中的声速与空气的热力学参量

声波在理想气体中传播可认为是绝热过程,由热力学理论可以导出速度公式为

$$v = \sqrt{\frac{\gamma R T}{\mu}} \tag{S8-9}$$

其中,R 为摩尔气体常数,$R = 8.31 \text{J} \cdot \text{mol}^{-1} \cdot \text{K}^{-1}$;$\gamma$ 为比热容之比(绝热系数),即空气定压比热容与定容比热容之比;μ 为空气分子的摩尔质量;T 为空气的绝对温度。若以摄氏温度 t 计算,则

$$v = \sqrt{\frac{\gamma R (T_0 + t)}{\mu}} = \sqrt{\frac{\gamma R T_0}{\mu}\left(1 + \frac{t}{T_0}\right)} = v_0\sqrt{1 + \frac{t}{T_0}}$$

其中,$T_0 = 272.15 \text{ K}$。

在标准状态下,$t = 0℃$ 时,声速为 $v_0 = 331.45 \text{ m} \cdot \text{s}^{-1}$。由上式可知,在 $t℃$ 时,干燥空气中声速的理论值为

$$v_t = 331.45\sqrt{\frac{273.15 + t}{273.15}} \tag{S8-10}$$

【实验仪器】

声速测定仪、TFG 2003 V 数字合成信号发生器、SS-7802 型可读式示波器。

【实验内容和步骤】

1. 测量压电陶瓷换能器系统的谐振频率

(1)如图 S8-3 所示,将信号发生器的信号输出端接到声速测定仪的发射器 A_1 上,将声

速测定仪的接收器 A_2 与示波器的 CH1 通道接头相连,示波器选择"A"扫描模式,接收换能器的信号作为触发源。

(2) 移动接收换能器的位置,使两换能器间距约为 1 cm,将信号发生器的输出频率调至 39 kHz,在示波器上显示出正弦波形。按信号发生器上的"＜"或"＞"键,使光标指向需要调节的数字位,边观察示波器,边转动信号发生器上的旋钮,改变其输出频率。当示波器上显示的从接收器 A_2 输出的正弦信号波形振幅最大时,换能器工作在谐振状态,此时信号发生器的输出频率就是压电陶瓷的谐振频率(谐振频率在 35～45 kHz)。将示波器上显示的频率值和信号发生器上显示的频率值同时记录下来。以后系统就工作在此频率下,故频率应保持不变。

2. 利用振幅法测波长求速度

(1) 保持前面的连接,转动手轮移动接收器 A_2,这时波形的幅度会发生变化,当波形幅度达到最大值(两压电陶瓷换能器距离较近的第一个半波长整数倍的位置)时,将数显尺的读数定为零(注意:数显尺的单位选为毫米)。

(2) 转动手轮,移动 A_2,用示波器观察接收器的输出信号波形的幅值变化情况,每当接收器接收到声压最大值时记录一次接收器的位置(数显尺的读数),按顺序单向测量出 12 个声压最大时接收器的位置(注意:转动手轮的方向应保持不变,使接收器单向移动,以避免产生空转误差),填写表 S8-1。

3. 利用相位法测波长求速度

信号发生器的输出信号仍接到发射器 A_1 上,发射器 A_1 同时接示波器的 CH1(或 CH2)通道插口,接收器 A_2 接示波器的另一通道插口。

(1) 行波比较法

① 示波器选择 A 扫描模式,调节示波器,使荧光屏上同时显示从发射器 A_1 和接收器 A_2 得到的两个同频率同方向的谐振动的正弦曲线。将示波器的触发源选择开关置于发射器 A_1 的输入端上,以保持从发射器 A_1 得到的正弦曲线的位置固定不变。

② 移动接收器 A_2,观察比较两个正弦曲线,每当两个正弦曲线如图 S8-8 所示时,记下接收器 A_2 的位置(数显尺读数),单向测量,按顺序记录 12 个同相点的位置,填写表 S8-2。

图 S8-8

(2) 李萨如图形法

① 示波器选择 X-Y 显示模式,调节示波器,使荧光屏上显示出两个同频率相互垂直的谐振动的叠加图形——李萨如图形。发射器 A_1 和接收器 A_2 的相对位置不同,两振动的相位差不同,李萨如图形也不同(图 S8-7)。每相邻两个同斜率直线所对应的接收器 A_2 的位置之间的距离为一个波长 λ。

② 移动 A_2,按顺序记下同一斜率直线出现时数显尺显示的 A_2 的位置 x_i。

③ 单向测量,记录 12 个同相位点的位置,填写表 S8-3。

4. 测温度,求空气中的理论声速

记录室温,由式(S8-10)求空气中的理论声速。

【注意事项】

(1) 数显尺有两种单位(英寸和毫米),应选择毫米为单位。

(2) 实验完毕,要关闭数显尺电源。

(3) 实验时,手轮的转动方向保持不变,并使发射器 A_1 和接收器 A_2 的相对位置由小到大。

(4) 轻轻摇动手轮,尤其是发射器和接收器的距离较远时,注意不要使手轮与螺杆脱离。

【数据表格】

(1) 压电陶瓷换能器谐振状态时的频率:

由示波器直接读出 $f=$ _____。

由信号发生器显示 $f=$ _____。

(2) 用振幅法测波长求速度时,将接收器接收到声压最大值的位置记入表 S8-1,并用逐差法处理数据。

表 S8-1 用振幅法测波长求速度的实验数据

i	1	2	3	4	5	6
x_i/mm						
i	7	8	9	10	11	12
x_i/mm						
$\Delta x_i = x_{i+6} - x_i$/mm						

平均值 $\overline{\Delta x_i} =$ _____。

$\lambda = \dfrac{1}{3}\overline{\Delta x} =$ _____。

$v = f\lambda =$ _____。

(3) 用行波法测波长求速度时,将接收器接收到声压最大值的位置记入表 S8-2,并用逐差法处理数据。

表 S8-2 用行波法测波长求速度的实验数据

i	1	2	3	4	5	6
x_i/mm						
i	7	8	9	10	11	12
x_i/mm						
$\Delta x_i = x_{i+6} - x_i$/mm						

平均值 $\overline{\Delta x_i} =$ _____

$$\lambda = \frac{1}{6}\overline{\Delta x} = \underline{\qquad}$$

$$v = f\lambda = \underline{\qquad}$$

（4）用李萨如图形测波长求速度时，将接收器的相应位置记入表 S8-3，并用逐差法处理数据。

表 S8-3　用李萨如图形测波长求速度的实验数据

i	1	2	3	4	5	6
x_i/mm						
i	7	8	9	10	11	12
x_i/mm						
$\Delta x_i = x_{i+6} - x_i/\text{mm}$						

平均值 $\overline{\Delta x_i} = \underline{\qquad}$。

$\lambda = \frac{1}{6}\overline{\Delta x} = \underline{\qquad}$。

$v = f\lambda = \underline{\qquad}$。

（5）记录室温 $t = \underline{\qquad}$ ℃。

计算声速的理论值。

【数据处理要求】

分别计算振幅法和行波比较法中声速的不确定度（忽略所有仪器误差），写出主要的推导和计算过程，并与理论值相比较，正确表达最后结果。

【思考与讨论】

（1）在测量过程中，为什么转动手轮时方向必须保持不变？

（2）实验中信号发生器的输出频率发生变化对实验有什么影响？

（3）调整信号的频率和移动接收换能器的位置（振幅法）都是为了使接收换能器的输出达到极大，并且都被称为共振，它们是一回事吗？

（4）在振幅法中，示波器上看不到接收换能器的输出波形，但连线无误，仪器和导线（电缆）无故障，以下 3 种分析是否合理？如属实，应当如何处理？

① 信号源的频率偏离换能器共振频率太远。

② 信号源的信号幅度太小。

③ VOLTS/DIV 选择不当。

（5）在振幅法中，如果振幅极大值超过荧光屏显示范围，有以下 3 种调节方法可使信号不超出范围，你认为可行吗？

① 改变示波器 VOLS/DIV 旋钮的挡位。

② 调节信号发生器的输出幅度。

③ 调节信号发生器的频率。

（6）在行波比较法中，将发送换能器的信号输入到 CH1 通道、接收换能器的信号输入到 CH2 通道时,示波器的触发源应如何选择?

(7)为什么要在谐振频率条件下进行测量?实验中,能否固定发射器与接收器之间的距离,利用改变频率的方法测声速?

实验9 霍尔元件测磁场

霍尔效应是磁电效应的一种。若在电流的垂直方向加上磁场,则在与电流和磁场均垂直的方向上将出现一个电场。这一现象是霍普金斯大学的研究生霍尔于 1879 年首次发现的,故称为霍尔效应。如今霍尔效应已成为测定半导体材料电学参量的主要手段。利用霍尔效应制成的霍尔元件已被广泛应用于信息技术中,如非电量电测、自动控制、信息处理等方面。

【实验目的】

(1)了解霍尔效应的实验原理。
(2)了解并学会利用霍尔元件测磁场的原理和方法。
(3)学会用"对称测量法"清除附加效应的影响。

【实验原理】

1. 利用霍尔元件测磁场的原理

如图 S9-1 所示,把一块宽为 b、厚为 d 的半导体薄片放在垂直于它的磁场 $\boldsymbol{B}$ 中,在薄片的四个侧面 A 和 A′、D 和 D′ 分别引出两对电极,当沿 AA′ 方向通电流 I_S 时,薄片内定向移动的带正电荷的载流子受到洛仑兹力 $\boldsymbol{F}_M$ 的作用,其大小为

$$F_M = qvB$$

其中,q 为载流子所带的电荷,v 为载流子
移动速度的大小,B 为外加磁场的磁感应强
度大小。洛仑兹力的方向指向 D 侧,带正
电荷的载流子将向 D 侧移动,从而使 D、D′
两侧分别有正、负电荷的积累,使 D、D′ 之间
建立起电场。于是,载流子又受到一个与
洛仑兹力方向相反的电场力 $\boldsymbol{F}_E$ 的作用。
随着 D、D′ 上电荷的积累,电场强度不断增

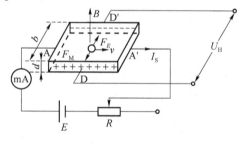

图 S9-1

大,电场力 $\boldsymbol{F}_E$ 也不断增大。当载流子所受的电场力与洛仑兹力大小相等时,就达到了动态平衡。这时半导体薄片 D、D′ 两侧之间的横向电场的场强称为霍尔场强 E_H,D、D′ 之间的电压称为霍尔电压 U_H,且 $U_H = E_H \cdot b$。

动态平衡时,有 $\qquad\qquad F_E = F_M$
即 $\qquad\qquad qE_H = qvB$
所以 $\qquad\qquad E_H = vB$
因此 $\qquad\qquad U_H = vBb$

电流强度的大小等于单位时间内通过横截面的电量。设载流子数密度为 n ,则电流

$$I_S = qvnS = qnvbd$$

所以霍尔电压
$$U_H = vBb = vB \frac{I_s}{qnvd} = \frac{I_s B}{qnd}$$

对于一定的材料，载流子数密度 n 和电荷 q 都是一定的。

令
$$R_H = \frac{1}{nq} \tag{S9-1}$$

称为霍尔系数，它表示材料产生霍尔效应的强弱，则霍尔电压
$$U_H = R_H \frac{I_s B}{d} \tag{S9-2}$$

再令
$$k_H = \frac{R_H}{d} = \frac{1}{nqd} \tag{S9-3}$$

称为霍尔元件的灵敏度，则霍尔电压
$$U_H = k_H I_s B \tag{S9-4}$$

如果将霍尔元件放入磁场中，测量出 U_H 和 I_s，又已知 k_H，即可利用式（S9-4）计算出磁感应强度，这就是利用霍尔元件测磁场的原理。

由式（S9-4）可知，霍尔电压的大小与霍尔元件灵敏度 k_H 有关，又因为 $k_H = \frac{1}{nqd}$，即 k_H 与载流子的数密度 n、薄片的厚度 d 成反比，而半导体的载流子数密度远比金属的载流子数密度低，所以一般都采用半导体材料制作霍尔元件，并且将此元件做得很薄（一般 $d \approx 0.2$ mm），以便获得较高的灵敏度。

2. 霍尔效应的副效应及其消除方法

上述推导是在理想情况下进行的，实际上，在产生霍尔效应的同时还会伴随出现一系列副效应，这些副效应产生的附加电压叠加在霍尔电压上，会造成霍尔电压测量的系统误差。这些副效应可以分为 4 种：

（1）不等位效应产生不等势电势差 U_0：当给霍尔元件通以电流时，在其内部要形成等势面（如图 S9-2 中虚线所示），但是由于制造的困难及材料的不对称性，电极位置 1、2 两点实际上不可能在同一等势面上，1、2 两点间有电势差，其正负随工作电流 I_s 的换向而改变，与磁场 B 的换向无关。

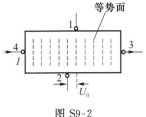

图 S9-2

（2）爱廷豪森（Etingusen）效应产生电势差 U_E：因所有载流子并非都以同一速度运动，故各载流子所受的洛仑兹力大小不同，偏转程度也就不同，速度大于 v 的载流子所受的洛仑兹力大于电场力，偏向 D 侧；速度小于 v 的载流子所受的洛仑兹力小于电场力，偏向 D′ 侧。由于高速载流子能量大，使 D 侧温度升高，D 与 D′ 之间产生温差电压，其正负随磁场 B 和电流 I_s 方向而改变。

（3）能斯特（Nernst）效应产生电势差 U_N：由于两个电流引线 3、4 焊点处的接触电阻一般不同，通电后在两电极处发热程度不同，从而 3、4 两点间形成温度差，引起热扩散电流。这个电流在磁场作用下，也会产生电势差，其正负随 B 的换向而改变，与工作电流 I_s 的换向无关。

（4）里纪—勒杜克（Ridhi-Leduc）效应产生电势差 U_R：上述热扩散电流中各个载流子的迁移速度并不相同，而且由于爱廷豪森效应又在 1、2 两点间产生温差电动势，它的正负也随 B 的换向而改变，与工作电流 I_s 的换向无关。

综上所述,我们实验中测量的 D 与 D′ 之间的电压不仅包含霍尔电压 U_H,还包括上述 4 种附加电压。为了消除这些附加电压,根据其产生机理,可采用电流和磁场换向的对称测量法来消除其影响,即保持工作电流 I_S 和磁场 B 的数值不变,仅改变其方向。具体做法是,先确定某一方向的 I_S 和 B 均为正,用 $+I_S$ 和 $+B$ 表示;反之为负,用 $-I_S$ 和 $-B$ 表示。按下列要求测出 4 组数据。

$[+I_S,+B]$时　　$U_1=U_H+U_0+U_E+U_R+U_N$

$[-I_S,+B]$时　　$U_2=-U_H-U_0-U_E+U_R+U_N$

$[-I_S,-B]$时　　$U_3=U_H-U_0+U_E-U_R-U_N$

$[+I_S,-B]$时　　$U_4=-U_H+U_0-U_E-U_R-U_N$

由以上 4 式可得

$$U_H=\frac{1}{4}(U_1-U_2+U_3-U_4)-U_E$$

一般情况下,$U_E\ll U_H$,故在误差范围内可以略去 U_E,则

$$U_H=\frac{1}{4}(U_1-U_2+U_3-U_4) \tag{S9-5}$$

【实验仪器】

霍尔效应实验仪和霍尔效应测试仪。

霍尔效应实验仪的结构如图 S9-3 所示。由霍尔元件、带铁芯(铁芯呈马蹄形)的线圈、带刻度的座架和 3 个换向开关组成。霍尔元件是一块用半导体材料制成的薄片,固定在带刻度的座架上。转动刻度尺座架上的两个螺旋钮,可改变霍尔元件在磁场中的水平位置和竖直位置。带铁芯的线圈中有电流(励磁电流 I_M)流过,从而在马蹄形磁铁的两极中间产生一个垂直于霍尔元件所在平面的磁场。借助于 3 个双刀换向开关,可分别控制励磁电流 I_M、霍尔元件工作电流(简称工作电流)I_S、霍尔电压 U_H 的通断和换向。

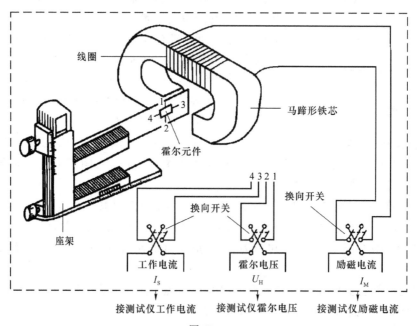

图 S9-3

霍尔效应测试仪由 3 部分组成,即用于提供励磁电流的数显可调直流恒流源、提供霍尔元件工作电流的数显可调直流恒流源和霍尔电压测量仪。如图 S9-4 所示。测试仪面板左侧有霍尔元件工作电流 I_S 输出端、I_S 调节旋钮、显示 I_S 数值的数字电流表。测试仪面板中部有霍尔电压 U_H 输入端、显示 U_H 数值的数字电压表。测试仪面板右侧有励磁电流 I_M 输出端、I_M 调节旋钮、显示 I_M 数值的数字电流表。

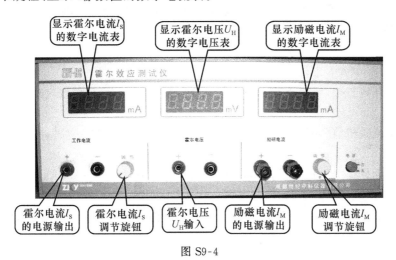

图 S9-4

【实验内容】

连接霍尔效应测试仪和霍尔效应实验仪。测试仪励磁电流 I_M 的输出端接实验仪电磁铁线圈电流的输入端;测试仪霍尔元件工作电流 I_S 的输出端接实验仪霍尔元件工作电流输入端;实验仪上的霍尔电压 U_H 输出端接测试仪的霍尔电压输入端。记录霍尔元件的灵敏度 k_H。

1. 测霍尔元件的 U_H-I_S 特性曲线

将霍尔元件置于磁铁的空气隙中心位置,保持励磁电流 I_M 的大小为 800 mA 不变,改变工作电流 I_S 的大小,使其值以 1.00 mA 的数据间隔,从 2.00 mA 变化至 8.00 mA,对于每一个工作电流 I_S 的数值,利用 I_S 和 I_M 的换向开关测量 U_1、U_2、U_3、U_4。具体做法是:对一个确定的 I_S 数值,将控制 I_S 与 I_M 的双向开关全部合向上方,可测出[$+B$,$+I_S$]时的霍尔电压 U_1;将 I_S 反向(即将控制 I_S 的开关合向下方)测出[$+B$,$-I_S$]时的霍尔电压 U_2;将磁场反向(即将控制 I_M 的开关合向下方)测出[$-B$,$-I_S$]时的霍尔电压 U_3;最后再将控制 I_S 的开关合向上方,测出[$-B$,$+I_S$]时的霍尔电压 U_4。根据"对称测量法"消除附加效应的原理计算出霍尔电压 U_H,填入表 S9-1。

2. 测电磁铁的励磁特性 B-I_M 曲线

将霍尔元件置于磁铁的空气隙中心位置,保持工作电流 I_S 大小为 8.00 mA 不变,改变励磁电流 I_M 的大小,使其值以 200 mA 的数据间隔从 0 变化至 1 000 mA,对于每一个励磁电流 I_M 的数值,利用 I_S 和 I_M 的换向开关测量 U_1、U_2、U_3、U_4,并根据"对称测量法"消除附加效应的原理由式(S9-5)计算出霍尔电压 U_H,并由 $B = \dfrac{U_H}{k_H I_S}$ 求出各位置的磁感应强度 B,填入表 S9-2。

3. 测电磁铁的空气隙中的磁场分布 *B-x* 曲线

将工作电流 I_S 的大小调节为 8.00 mA、励磁电流 I_M 的大小调节为 800 mA 并保持不变,沿电磁铁的空气隙中心水平线方向移动霍尔元件,测量不同位置 x 处的霍尔电压 U_H,并由 $B = \dfrac{U_H}{k_H I_S}$ 求出各位置的磁感应强度 B,填入表 S9-3。

霍尔元件的移动范围为 $0 \sim 50$ mm,数据间隔一般取 2 mm,在中间位置附近、霍尔电压变化很小时,数据间隔可取 5 mm。

【注意事项】

(1) 注意连线正确,切勿将霍尔效应测试仪励磁电流 I_M 与霍尔效应实验仪的工作电流 I_S 相接。

(2) 开机或关机前将霍尔效应测试仪的"I_S 输出"和"I_M 输出"逆时针旋到底,使输出电流趋于零。

(3) 霍尔元件很"娇嫩",极易损坏,励磁电流 I_M 不得大于 1 000 mA,工作电流 I_S 不得大于 8.00 mA。

(4) 改变霍尔元件位置时,应轻缓转动旋钮,尤其当霍尔元件接近导轨端点时要防止脱轨。

【数据表格】

霍尔元件灵敏度 $k_H = $ _____ mV/(mA·T)。

1. 测霍尔元件的 U_H-I_S 特性曲线

表 S9-1　测霍尔元件的 U_H-I_S 特性曲线　　　　励磁电流 $I_M = 800$ mA

I_S/mA		2.00	3.00	4.00	5.00	6.00	7.00	8.00
U_1/mV	+B,+I_S							
U_2/mV	+B,−I_S							
U_3/mV	−B,−I_S							
U_4/mV	−B,+I_S							
U_H/mV								

2. 测电磁铁的励磁特性 *B-I_M* 曲线

表 S9-2　测电磁铁的励磁特性 *B-I_M* 曲线　　　　工作电流 $I_S = 8.00$ mA

I_M/mA		0	200	400	600	800	1 000
U_1/mV	+B,+I_S						
U_2/mV	+B,−I_S						
U_3/mV	−B,−I_S						
U_4/mV	−B,+I_S						
U_H/mV							
B/T							

3. 测电磁铁的空气隙中的磁场分布 B-x 曲线

表 S9-3　测电磁铁的空气隙中的磁场分布 B-x 曲线

励磁电流 $I_M = 800$ mA、工作电流 $I_S = 8.00$ mA

x/mm								
U_H/mV								
B/T								
x/mm								
U_H/mV								
B/T								
x/mm								
U_H/mV								
B/T								

【数据处理要求】

（1）在坐标纸上以 I_S 为横坐标、U_H 为纵坐标，作霍尔元件的 U_H-I_S 曲线。

（2）在坐标纸上以 I_M 为横坐标、B 为纵坐标，作电磁铁的 B-I_M 曲线。

（3）在坐标纸上以 x 为横坐标、B 为纵坐标，作磁场分布的 B-x 曲线。

（4）根据所作曲线给出实验结论。

【思考与讨论】

（1）为什么霍尔元件要选用半导体材料制作？如何通过实验方法测得它的灵敏度？

（2）霍尔电压的大小和方向与哪些因素有关？霍尔元件为什么通常做成片状？

（3）测量霍尔电势差 U_H 时，为什么要对 I_S 和 B 的方向进行不同的组合，测出 4 个数据取平均值？

实验 10　铁磁材料的磁滞回线研究

铁磁物质（如铁、镍、钴、镝等）是一类性能特异、用途广泛的材料，工程技术中许多仪器设备（如交流电机和电表中的铁芯、录音机的磁头等）都要用到铁磁材料。铁磁材料的磁化曲线和磁滞回线反映了铁磁物质磁性的主要特征。研究铁磁物质的磁性，无论在理论上还是实用上都具有重要的意义。

【实验目的】

（1）了解铁磁材料的特性以及示波器显示磁滞回线的原理。

（2）学习用示波器测量铁磁材料磁化曲线和磁滞回线的方法。

（3）了解磁滞回线上饱和磁感应强度 B_m、剩磁 B_r 和矫顽力 H_c 的物理意义，并会测量这些物理量。

【实验原理】

1. 铁磁材料磁化的基本原理

从物质的原子结构来看,铁磁质内电子间因自旋引起的相互作用非常强烈,在这种作用下,铁磁质内部形成了一些微小的自发磁化区域,叫做磁畴。每一个磁畴中,各个电子的自旋磁矩排列得很整齐,因此它具有很强的磁性。在没有外磁场时,铁磁质内各个磁畴的排列方向是无序的,所以铁磁质对外不显磁性[图 S10-1(a)]。当铁磁质处于外磁场中时,各个磁畴的磁矩在外磁场作用下都趋向于沿外磁场方向排列[图 S10-1(b)],使整个磁畴趋向外磁场方向。所以铁磁质在外磁场中的磁化程度非常大,它所建立的附加磁场在数值上比外磁场要强几十倍到数千倍,甚至达数百万倍。

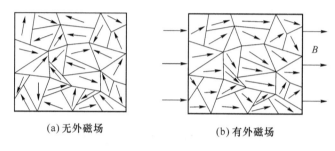

(a)无外磁场   (b)有外磁场

图 S10-1

设 H 为磁场强度的大小、B 为磁介质磁化后的磁感应强度的大小,则

$$B = \mu H$$

其中 μ 为磁导率。

2. 起始磁化曲线、基本磁化曲线和磁滞回线

铁磁材料的一个重要特征是在外磁场作用下可被强烈磁化,故磁导率 μ 很高,而且是一个变化的物理量;另一个重要特征是具有磁滞特性,即在外磁场作用停止后,铁磁物质仍保留磁化状态。

如图 S10-2 所示,假定在未加外磁场时铁磁质处于未磁化状态。对应于坐标原点 O 处,当磁场强度 H 逐渐增大时,磁感应强度 B 将沿曲线 oa 增大,a 点对应的坐标为(H_m, B_m),即当 H 增大到 H_m 时,B 达到饱和值 B_m,oa 称为起始磁化曲线。如果磁场强度 H 逐渐减小,B 并不沿原来的曲线下降,而是沿 ab 曲线下降。当磁场强度 H 减小到零时,铁磁质中仍保留一定的磁性,此时的磁感应强度 B_r 叫做剩余磁感应强度。若要使介质的磁感应强度减小到零,必须加一反向磁场 $-H_c$,介质中的磁感应强度才能为零,此时 H_c 称为这种介质的矫顽力。如果磁场强度 H 反向继续增大,磁感应强度 B 的方向改变,数值增大。当磁场强度为 $-H_m$ 时,反向磁感应强度达到饱和状态,曲线到达 d 点,对应的坐标为($-H_m$, $-B_m$)。再逐渐减小反向磁场时,磁感应强度又沿着 de 曲线变化。由图 S10-2 可见,当磁场强度按 $H_m \rightarrow 0 \rightarrow -H_m \rightarrow 0 \rightarrow H_m$ 次序变化时,相应的磁感应强度 B 则沿闭合曲线 $abcdefa$ 变化。这条闭合曲线称为磁滞回线。由此可见,B 的变化始终落后于 H 的变化,我们称其为磁滞现象。

在交流磁化场中,依次增大磁化电流 I 为 I_1、I_2、$\cdots$、I_m($I_1 < I_2 < \cdots < I_m$),分别在每一个磁化电流不变的情况下改变电流的方向,则能得到一系列面积由小到大的向外扩张的磁

滞回线(图 S10-3)。这些磁滞回线顶点坐标 a_1、a_2、$\cdots$、a_m 的连线称为铁磁材料的基本磁化曲线。由此可近似确定其磁导率 $\mu = B/H$。

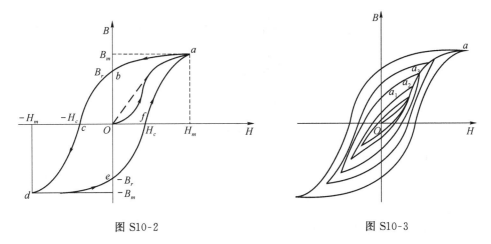

图 S10-2   图 S10-3

磁滞回线、基本磁化曲线的测量具有重要意义。例如,磁滞回线所包围的面积表示铁磁物质在该磁化循环中所消耗的能量,叫做磁滞损耗,在交流电器中应尽量减少磁滞损耗。

从铁磁物质的性质和使用方面来说,按矫顽力的大小分为软磁性材料和硬磁性材料两大类。软磁性材料的矫顽力小,磁滞回线狭长,它所包围的"面积"小[图 S10-4(a)],损耗少,适用于制造电子设备中的各种电感元件、变压器、镇流器中的铁芯等。硬磁性材料的矫顽力大,剩磁大,磁滞回线"肥胖"[图 S10-4(b)],适于制造永久磁铁用于各种电表、扬声器中。除这两大类外,还有一种矩磁铁氧体材料,它的磁滞回线接近于矩形[图 S10-4(c)],可以用做"记忆"元件。

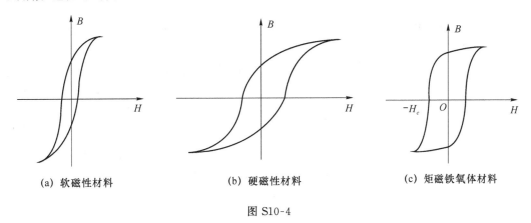

(a) 软磁性材料   (b) 硬磁性材料   (c) 矩磁铁氧体材料

图 S10-4

3. 示波器显示磁滞回线的原理

我们将待测材料做成环状样品,在样品上绕有初级线圈和次级线圈。由于磁场强度与初级线圈中的交变电流成正比,磁感应强度与次级线圈中的感生电动势成正比,因此只要把初级线圈中的电流转换成电压信号,并输入到示波器的 x 偏转板上,将次级线圈的感生电动势加到示波器的 y 偏转板上,就可以在示波器上显示出磁滞回线的形状,并利用相关公式计算出 H 和 B 值。

设 L 为被测样品的平均长度(图 S10-5 中的虚线框), N_1、N_2 分别为初级线圈和次级线圈的匝数, R_1、R_2 分别为初级线圈和次级线圈的电阻, C 为电容。

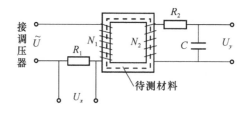

图 S10-5

将初级线圈与调压器相连,由调压器输入交变电压后,初级线圈中产生磁化电流 I_1,在 R_1 比线圈 N_1 的阻抗小得多的条件下, R_1 上的电压降 $U_x = I_1 R_1$,将 U_x 加在示波器的 x 偏转板上,示波器水平方向电子束的偏转与 I_1 成正比。

由安培环路定律可算得磁场强度 $H = \dfrac{I_1 N_1}{L}$,则

$$U_x = I_1 R_1 = \frac{HL}{N_1} R_1 \tag{S10-1}$$

所以示波器水平方向电子束的偏移实际正比于磁场强度,即 $U_x \propto H$,说明加到示波器 x 轴的电压大小能反映磁场强度 H 的大小。

在同一时刻,由交变磁场 H 产生了交变磁感应强度 B,并在次级线圈产生感应电动势 ε。假设被测样品的横截面积为 S,则穿过该截面的磁通 $\Phi = BS$,由法拉第电磁感应定律可知,在次级线圈上产生的感应电动势大小为

$$\varepsilon = \frac{\mathrm{d}\Phi}{\mathrm{d}t} = N_2 S \frac{\mathrm{d}B}{\mathrm{d}t} \tag{S10-2}$$

选取足够的 R_2、C,使 $R_2 \gg \dfrac{1}{\omega C}$,且当示波器的放大系数稳定时,电容两端的电压为

$$U_y = \frac{Q}{C} = \frac{1}{C}\int I_2 \,\mathrm{d}t = \frac{1}{C}\int \frac{\varepsilon}{R_2}\mathrm{d}t = \frac{1}{CR_2}\int \varepsilon \,\mathrm{d}t \tag{S10-3}$$

将式(S10-2)代入式(S10-3),有

$$U_y = \frac{N_2 S}{CR_2}\int \frac{\mathrm{d}B}{\mathrm{d}t}\mathrm{d}t = \frac{N_2 S}{CR_2}\int_0^B \mathrm{d}B = \frac{N_2 S}{CR_2}B \tag{S10-4}$$

由式(S10-4)可知, $U_y \propto B$,说明加到示波器 y 轴的电压大小能反映磁感应强度的大小。

由式(S10-1)式和式(S10-4)可知,由示波器测得 U_x、U_y,即可求得 H 和 B,即

$$H = \frac{U_x N_1}{LR_1} \tag{S10-5}$$

$$B = \frac{U_y CR_2}{N_2 S} \tag{S10-6}$$

这样,示波器上显示出的 U_x 与 U_y 合成的图线,就是磁滞回线的形状。

【实验仪器】

16 Ω 和 16 kΩ 电阻各一个;10 μF 电容一个;250/1 500 匝线圈一个(其铁芯的截面积 $S = 3.24 \times 10^{-4}$ m²,磁路的平均长度 $L = 228$ mm);插件方板一块;可调变压器和示波器各一台。

本实验用的示波器是 YB4320 型 20 MHz 双测量通道通用示波器,其面板如图 S10-6
所示。

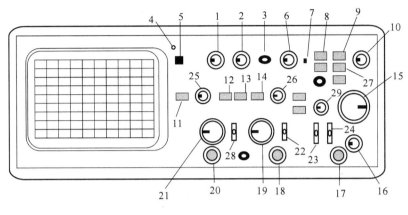

图 S10-6

旋钮及按键功能简介:

(1) 亮度调节(INTENSITY):轨迹亮度调节。

(2) 聚焦调节(FOCUS):调节光点的清晰度。

(3) 轨迹调节(TRACE ROTATION):调节轨迹与水平刻线平行。

(4) 电源指示灯(POWER INDICATOR):电源接通时该指示灯亮。

(5) 电源开关(POWER):按下时电源接通,弹出时关闭。

(6) 刻度照明:照亮刻度。

(7) 校准信号(PROBE ADJUST):用于检测垂直和水平电路的基本功能。

(8) 水平信号工作方式选择:第 1 个键为"×5 扩展",第 2 个键为"交替扩展"。

(9) 触发极性(SLOPE)选择。

(10) 扫描速度微调。

(11) 扫描偏转微调、扩展调节(VARIABLE PULL×5):用于连续调节扫描速度,旋钮
拉出时,扫描速度被扩大 5 倍。

(12) X 通道选择:按下时屏幕显示为 X 通道信号。

(13) CH1 和 CH2 信号叠加。

(14) Y 通道选择:按下时屏幕显示为 Y 通道信号。

(15) 扫描偏转调节(TIME/DIV):用于选择扫描速度。

(16) 触发电平调节(LEVEL):用于调节被测信号在某一电平触发扫描。

(17) 外触发输入(EXT INPUT):在选择外触发方式时触发信号的插座。

(18)、(20) CH1 OR X;CH2 OR Y:被测信号的输入端口。

(21)、(19) 垂直偏转调节(VOLTS/DIV):CH1 和 CH2 通道灵敏度调节,中心的旋钮
为垂直偏转微调(VARIABLE):用于连续微调 CH1 和 CH2 的灵敏度。

(22)、(28) 输入耦合方式(AC-GND-DC):"DC"时输入信号直接耦合到 CH1 或 CH2;
"AC"时输入信号交流耦合到 CH1 或 CH2;"GND"时通道输入端接地。

(23) 触发方式选择(SWEEP MODE):"AUTO"自动扫描,"NORM"常态,无触发信号

时,屏幕中无轨迹显示,在被测信号频率较低时使用。

(24) 触发源选择(TRIGGER SOURCE):用于选择产生触发的内、外源信号。

(25)、(26) 垂直移位(VERTICAL POSITION):调整轨迹在屏幕中垂直位置。

(27) X-Y方式选择:按下"X-Y"时 X 轴从 CH1 输入信号,此方式可观察李萨如图形。

(29) 水平移位(HORIZONTAL POSITION):用于调节轨迹在屏幕中水平位置。

【实验内容】

(1) 按照图 S10-5 在插件方板上连接磁滞回线观测电路,其中 $N_1 = 1\,500$ 匝,$R_1 = 16\ \Omega$,$N_2 = 250$ 匝,$R_2 = 16\ \mathrm{k}\Omega$,$C = 10\ \mu\mathrm{F}$。

(2) 熟悉示波器各旋钮的作用,并调节示波器的光点在屏幕坐标的中心位置。

(3) 参照图 S10-5 连接示波器和调压器,在确认调压器的输出为 0 V 后,接通电源。

(4) 逐渐升高调压器的输出电压,屏幕上应出现磁滞回线的形状。将调压器的输出电压升至 80 V 后,调节示波器的分度旋钮,使荧光屏上的磁滞回线尽可能到最大,然后对被测样品退磁。退磁的过程为:逐渐减小调压器的输出电压至零,使磁化电流逐渐减小至零。

注意:分度微调旋钮应按箭头方向旋到最小位置,且实验过程中一直放在该位置。

(5) 基本磁化曲线的测量和描绘:从 0 V 开始,逐渐增加调压器的输出电压为 0 V、10 V、20 V、30 V、40 V、50 V、60 V、70 V、80 V,分别记下对应的每条磁滞回线顶点的坐标(填写表 S10-1),在坐标纸上画出原点与各磁滞回线顶点坐标的连线,就是基本磁化曲线(注意:基本磁化曲线不同于起始磁化曲线)。

(6) 80 V 时磁滞回线的测量:将示波器上对应的格数和分度旋钮(VOLTS/DIV)的值记入表 S10-2,在坐标纸上描绘 80 V 时的磁滞回线,求出磁滞回线顶点的 B_m、H_m 值以及剩磁 B_r 和矫顽磁力 H_c。

磁场强度和磁感应强度的计算:当调压器的输出电压为 80 V 时,从示波器上直接读出各测量点的坐标(格数),记录示波器 VOLTS/DIV 旋钮的示值(电压分度值),根据:电压值 U＝电压分度值×格数,可以求出 U_x 和 U_y 的值。利用式(S10-5)和式(S10-6),即可算出对应的磁场强度 H 和磁感应强度 B。

【注意事项】

(1) 连接线路时,注意火线接火线、地线接地线,否则机壳带电。

(2) 连接电路时,要在可调隔离变压器关机的状态下进行,连好后确认无误、且调压器的输出为 0 V 左右时,再启动电源开关。

(3) 调节输出电压时,动作要轻缓,一定要注意变压器面板上的电压表不能超过 100 V,以免损坏仪器。做完实验后,逆时针调节旋钮使输出电压为 0 V 时关机。

(4) 在使用示波器时,要保持分度微调旋钮始终旋到最小位置处于校准处。测量过程中,不能改变示波器分度旋钮(VOLTS/DIV)的位置。

【数据表格】

1. 记录实验常数

初级线圈匝数 $N_1=$ _____， 初级线圈电阻 $R_1=$ _____。

次级线圈匝数 $N_2=$ _____， 次级线圈电阻 $R_2=$ _____。

电容 $C=$ _____，磁路的平均长度 $L=$ _____，铁芯的截面积 $S=$ _____。

2. 记录示波器上磁滞回线顶点的坐标

表 S10-1　示波器上磁滞回线顶点的坐标

调压器上的 电压值 U/V	0.0	10.0	20.0	30.0	40.0	50.0	60.0	70.0	80.0
顶点对应的 坐标 X/cm									
顶点对应的 坐标 Y/cm									

3. 记录 80 V 时磁滞回线所对应的示波器数值

表 S10-2　80 V 时磁滞回线所对应的示波器数值

矫顽力 H_c 对应的格数		剩磁 B_r 对应的格数	
示波器的 X 分度旋钮示值		示波器的 Y 分度旋钮示值	

【数据处理要求】

（1）用列表法计算各电压值对应的磁滞回线顶点的磁场强度 H 和磁感应强度 B 的值。

（2）在坐标纸上以 1∶1 的比例画出基本磁化曲线（坐标原点与各磁滞回线顶点坐标的连线）。

（3）在坐标纸上以 1∶1 的比例画出 80 V 时的磁滞回线，求出磁滞回线顶点的 B_m、H_m 的值及剩磁 B_r 和矫顽磁力 H_c 的值。

【思考与讨论】

（1）示波器能否直接显示基本磁化曲线？怎样描绘出基本磁化曲线？

（2）在完成 B-H 曲线测量之前，为什么不能改变示波器上 x、y 轴的增益旋钮？

实验 11　硅光电池光照特性的研究

半导体光电池是一种能量转换元件，它能直接将光能转换成电能。半导体光电池的种类很多，常见的有硒、锗、硅、砷化镓、硫化镉等，其中工艺最成熟、应用最广泛的是硅光电池，它有一系列优点，如光电转换效率高、性能稳定、光谱范围宽、频率响应好、使用寿命长、重量轻、耐高温辐射、不需外加偏压、使用方便等。

硅光电池在现代科学技术中占有十分重要的地位,由于它的光谱灵敏度与人眼的灵敏度比较相近,所以被广泛应用于光电转换、航天技术和自动控制及计算机的输入和输出设备中。硅光电池也是一种典型的太阳能电池,作为光电转换器,可以将光能直接转换为电能。本实验仅对硅光电池的光照特性作初步了解和研究。

【实验目的】

(1) 了解硅光电池光照下的特性。

(2) 测绘硅光电池的特性曲线。

(3) 掌握用电流补偿法测定硅光电池的短路电流及负载电流。

【实验原理】

1. 硅光电池发生光电转换的原理

半导体受到光的照射而产生电动势的现象,称为光生伏特效应。硅光电池是根据光生伏特效应的原理做成的半导体光电转换器件。

硅光电池的结构如图 S11-1 所示。在一块 N 型硅片上用扩散方法掺入一很薄的 P 型层,形成 PN 结,在 P 型层引出正极引线,在 N 型层引出负极引线。其形状有圆盘形、长方形等各种形状。本实验用的是圆盘形硅光电池。

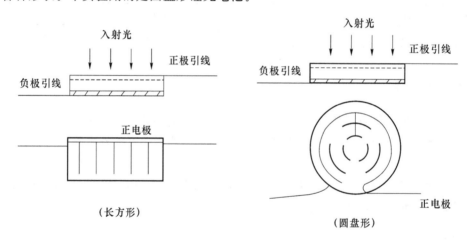

图 S11-1　硅光电池结构示意图

当光照射到 P 型层的外表面时,光可透过 P 区进入 N 区,照射到 PN 结。当光子的能

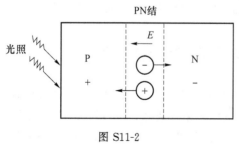

图 S11-2

量大于硅的禁带宽度时,光子能量便被硅晶格所吸收,价带电子受激跃迁到导带,形成自由电子,而价带则形成自由空穴,使得 PN 结两边产生电子—空穴对,如图 S11-2 所示。凡是扩散到 PN 结部分形成的内电场的电子—空穴对,都要受到内电场 E 的作用,电子被推向 N 区,空穴被推向 P 区,

从而产生 P 为正、N 为负的电动势。若接入一负载,只要有光不断照射,电路中就有持续电流通过,从而实现了光电转换。

2. 光电池在一定光照下的特性

(1) 负载无限大(即开路)时,其极间电压称开路电压,开路电压的大小与入射光强度的对数成线性关系。

(2) 若负载电阻为零(即短路)时,光电池的输出电流称短路电流。短路电流的大小与光强成线性关系。

(3) 光电池的输出端接一负载电阻 R 时,负载电流为 I,其输出功率 $p = I^2 R$,负载电阻不同,输出功率不同。输出功率最大、能量转换效率最高时的负载电阻为最佳匹配电阻。

本实验中,我们用点光源照射硅光电池来进行硅光电池的特性曲线的测量。当光源的线度足够小或光源到接受面的距离足够远时,我们可以将光源视为点光源。以点光源作为辐射光源时,入射光强与光电池受光面到光源距离的平方成反比。因此,实验中,我们可以通过改变硅光电池到光源的距离来改变入射光强。

【实验仪器】

硅光电池、数字万用表、电阻箱、滑线电阻、光具座、卤钨灯、检流计、干电池、导线。

【实验内容】

1. 测定硅光电池的开路电压与入射光强度的关系

用数字万用表(直流电压挡)测硅光电池的开路电压 $U_{开}$。由于数字电压表的内阻较大,一般都在 $10^6 \Omega$ 以上,因此用数字电压表测硅光电池的开路电压时,由光电池的内阻而产生的误差完全可以忽略。

将光源放在光具座的一端,接通电源使光源发光。将光源对准硅光电池,在硅光电池与光源的距离 L 分别为 0.200 m、0.250 m、0.300 m、0.350 m、0.400 m、0.500 m、0.600 m、0.700 m时,测出相应的硅光电池的开路电压 $U_{开}$(填入表 S11-1 中第 1 行)。

2. 测硅光电池短路电流与入射光强的关系

硅光电池短路时,其正负两电极间的电势差为零,此时通过硅光电池的电流则为短路电流。若用毫安表直接测量硅光电池的短路电流,由于电表本身存在内阻,使硅光电池两电极间的电势差不为零,如图 S11-3 所示,B、D 两点电势不相等,这时毫安表测出的并不是硅光电池的短路电流。

为了避免用毫安表直接测量时,由于电表本身存在内阻而对测量结果产生影响,我们采用电流补偿法测量硅光电池的短路电流。测量电路如图 S11-4 所示。图中 R_1 为电阻箱,G 为检流计,K 为检流计的开关,E 为干电池。当光电池有光照射时,从检流计 G 的指针偏转方向来判断 B、D 两点电势的高低。通过调节 R_1 使 B、D 两点电势相等,B、D 支路中的补偿电流

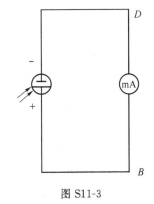

图 S11-3

$I_{补}$ 与光电流 $I_{光}$ 大小相等、方向相反,检流计无电流通过,相当于光电池短路,此时通过毫安表的电流 I 即为硅光电池的短路电流 $I_{短}$。对应不同强度的入射光,硅光电池有不同的短路电流的值。

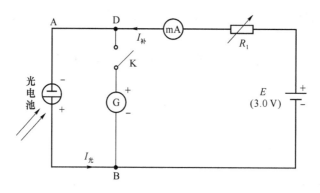

图 S11-4

实验时,改变光源与硅光电池的距离 L(取值应与测光电池的开路电压时相同),测出相应的硅光电池的短路电流 $I_{短}$(填入表 S11-1 中第 2 行)。

3. 入射光一定时,测定硅光电池输出功率与负载电阻的关系

测量电路如图 S11-5 所示,A、D 间接入一电阻箱 R 作为硅光电池的负载电阻。保持光源与硅光电池的距离 L_0 为 0.200 m 不变。改变负载电阻,测出相应的光电流 I(原则上负载电阻从 0 起,每改变 50 Ω 测量一次光电流,至 1 000 Ω 为止)。即将电阻箱 R 的阻值每改变 50 Ω 时,调节电阻箱 R_1,使检流计指针为零,记下毫安表的读数,填入表 S11-2 中。

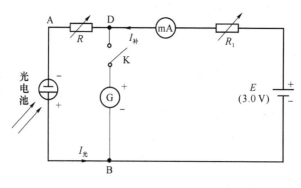

图 S11-5

【注意事项】

(1) 实验中硅光电池的正、负极不要接错。

(2) 光源发出的光应沿着导轨方向,始终保持垂直地入射到硅光电池的表面。

(3) 使用万用表进行测量时,要正确选择量程。

(4) 接通检流计时,先用开关 K 碰接一下,观察检流计的偏转,如果偏转不大时,再将开关 K 合上,以免损坏检流计。

(5) 测量电流的过程中采用跟踪调试法。即改变距离的同时调节 R_1,使检流计的偏转始终不超出标尺范围。

（6）如果不论怎样调节 R_1 都不能使检流计偏转为零，则应检查硅光电池和干电池的极性是否连接正确，以及电线连接点是否接触良好。

【数据表格】

（1）改变光源与硅光电池的距离，分别测量硅光电池开路电压和短路电流。

表 S11-1　硅光电池开路电压和短路电流

L/m	0.200	0.250	0.300	0.350	0.400	0.500	0.600	0.700
$U_{开}$/V								
$I_{短}$/mA								

（2）保持光源与硅光电池的距离为 0.200 m，改变负载电阻，测量相应的光电流。

表 S11-2　不同负载电阻的相应光电流

R/Ω	0	50	100	150	200
I/mA					
R/Ω	250	300	350	400	450
I/mA					
R/Ω	500	550	600	650	700
I/mA					
R/Ω	750	800	850	900	1 000
I/mA					

【数据处理要求】

（1）用列表法处理数据，并作 $U_{开}$-$\ln(1/L^2)$ 图线，分析开路电压与入射光强的关系。

（2）用列表法处理数据，并作 $U_{开}$-$\ln(1/L^2)$ 图线，分析短路电流与入射光强的关系。

（3）用列表法处理数据，作 I^2R-R 曲线，求最佳负载电阻，并说明曲线的意义。

（4）对实验结果进行讨论。

【思考与讨论】

（1）本实验用何种补偿法测定硅光电池的短路电流和负载电流？请对测量电路进行分析。

（2）测定硅光电池的短路电流（或负载电流）时，无论如何调节都无法使检流计指零，造成这种现象的原因会有哪些？

（3）实验中改变入射光强大小的方法是什么？入射光强的大小是通过什么物理量来体现的？

实验 12　分光计的调整和三棱镜折射率的测定

光线入射到光学元件（如平面镜、三棱镜、光栅等）上，会发生反射、折射或衍射现象。分光计是用来测量入射光和出射光偏转角度的一种仪器，用它还可以测量折射率、色散率、光波波长等。分光计的基本部件和调节原理与其他光学仪器(如摄谱仪、单色仪等)有许多相似之处。学习和使用分光计是大学物理实验的基本要求。

分光计装置较精密,结构较复杂,调节要求也较高,但只要注意了解其基本结构和测量光路,严格按调节要求和步骤耐心、仔细地进行调节,就能较好地达到要求。

【实验目的】

(1)了解分光计的构造原理及各部件的作用。
(2)学习分光计的调节方法。
(3)学会角游标的读数方法。
(4)学会用自准法测量三棱镜的顶角。
(5)学会用分光计测量光的最小偏转角并求折射率。

【实验原理】

1. 分光计的构造

分光计的型号很多,但结构基本相同,都是由平行光管、望远镜、载物小平台和读数装置4个部分组成。

图 S12-1 为分光计的整体结构图。分光计的下部是一个三角底座,中心有竖轴,称为分光计的中心轴,轴上装有可绕中心轴转动的望远镜、载物台等。现将分光计各部分的构造原理和作用简述如下。

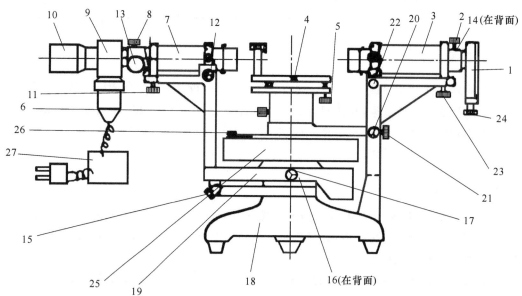

1—狭缝装置;2—狭缝套筒锁紧螺钉;3—平行光管;4—载物台;5—载物台调平螺钉;6—载物台锁紧螺钉;
7—望远镜;8—目镜筒锁紧螺钉;9—阿贝式自准直目镜;10—目镜调焦轮;11—望远镜光轴倾角调节螺钉;
12—望远镜光轴水平调节螺钉;13—望远镜调焦手轮;14—平行光管调焦手轮;15—望远镜微调螺钉;
16—转座与刻度盘止动螺钉;17—望远镜止动螺钉;18—底座;19—转座;20—游标盘微调螺钉;21—游标盘止动螺钉;
22—平行光管光轴水平调节螺钉;23—平行光管光轴倾角调节螺钉;24—狭缝宽度调节螺钉;
25—刻度盘;26—游标盘;27—望远镜照明系统电源变压器

图 S12-1

（1）平行光管

平行光管（即图 S12-1 中的 3）是用来产生平行光束的，其原理如图 S12-2 所示。平行光管由两个可相对滑动的套筒组成。外套筒的一端装有一个消色差的复合会聚透镜，内套筒的另一端装有狭缝。伸缩套筒或转动调焦手轮（图 S12-1 中的 14），可把狭缝调到透镜的焦平面上。当平行光管外有光照亮狭缝时，通过狭缝的光经透镜后就成为了平行光。

松开图 S12-1 中的螺钉 2，可以转动狭缝体，用以改变狭缝的方向（如垂直方向和水平方向）。旋转图 S12-1 中的螺钉 24，可以改变狭缝的宽度。注意：狭缝的刀口是经过精密研磨制成的，为避免损伤狭缝，只有在望远镜中看到狭缝像的情况下才能调节狭缝的宽度。

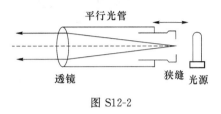

图 S12-2

（2）望远镜

望远镜是用来观察和确定平行光的前进方向的。本实验分光计中的望远镜由物镜和阿贝式自准直目镜组成，如图 S12-3 所示。物镜固定在望远镜筒的一端，镜筒另一端的阿贝式自准直目镜由目镜、分划板、阿贝棱镜和照明系统等组成。分划板上有叉丝刻线，呈"十"字形，分划板下方粘有一块 45°全反射小棱镜，棱镜表面涂有不透明薄膜，薄膜上刻了一个空心"╬"字，它被小电珠的光所照亮时，调节目镜前后位置，可在望远镜视场中看到如图 S12-4 所示的图像。若在物镜前放一反射镜，前后调节目镜（连同分划板）与物镜的间距，当分划板位于物镜焦平面上时，小电珠发出的透过空心"╬"字的光经物镜后，变成平行光射入平面镜，由平面镜反射的光经物镜后，在分划板上形成亮"十"字像。若平镜面的镜面与望远镜光轴垂直，此像将恰好落在叉丝刻线上部的交叉点上，如图 S12-5 所示。

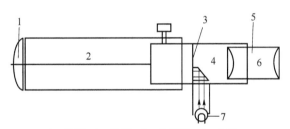

1—物镜；2—外管；3—分划板；4—中管；
5—目镜系统；6—内管；7—小电珠

图 S12-3

透光十字　　叉丝刻线

亮十字像

图 S12-4 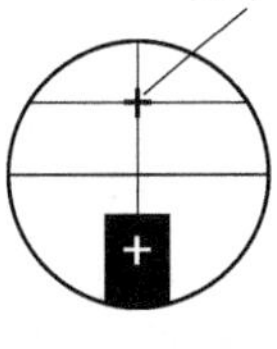　　　　　图 S12-5

（3）载物台

载物台是一圆形平台，用来放置光学元件，如光栅、棱镜等。平台下有 3 个螺钉，用来调节平台的水平度。

（4）读数装置

读数圆盘由 360°刻度盘（图 S12-1 中的 25）和游标盘（图 S12-1 中的 26）两部分组成。测量时，使望远镜带动刻度盘一起绕分光计的中心轴转动，而将游标盘锁定，保持游标盘上的弯游标位置固定不动。分光计的读数原理与游标卡尺相同。刻度盘上的 29 个分度小格对应于弯游标上的 30 个分度小格，刻度盘上最小分度值是 30′，因此，弯游标的最小分度值是 1′。读数方法是根据弯游标的零刻线所在的位置，读出刻度盘上的值，再读出弯游标上与刻度盘恰好对齐的刻线的值，两者相加即为所测角度的读数值。如图 S12-6 所示。

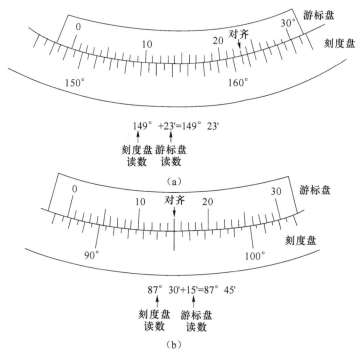

图 S12-6

刻度圆盘分为 360°，最小刻度为 30′，小于 30′ 则利用游标读数。图 S12-6（a）读数为 $149° + 23' = 149°23'$。图 S12-6（b）中，游标零线位置已超过了 30′，故其读数为 $87°30' + 15' = 87°45'$。

为了消除刻度盘与分光计中心轴不重合所引起的偏心差，在刻度盘同一直径的两端各设一个游标，测量时两个游标要同时读数，分别算出两游标前后两次读数之差，再取平均值，这个平均值可作为望远镜转过的角度。

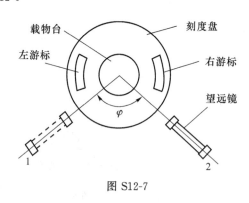

图 S12-7

如图 S12-7 所示，望远镜在位置 1 时，左右两边的弯游标处的读数分别为 $\theta_{左1}$ 和 $\theta_{右1}$，转到位置 2 时,左右两边的弯游标处的读数分别为 $\theta_{左2}$ 和 $\theta_{右2}$,则两个弯游标处前后两次读数差分别为

$$\varphi_左 = |\theta_{左2} - \theta_{左1}|$$
$$\varphi_右 = |\theta_{右2} - \theta_{右1}|$$

因而望远镜光轴绕分光计中心轴过的角度是

$$\varphi = \frac{1}{2}(\varphi_左 + \varphi_右) = \frac{1}{2}(|\theta_{左2} - \theta_{左1}| + |\theta_{右2} - \theta_{右1}|)$$

2. 分光计的调节

在精确测量前,必须将分光计调节好。调好分光计总的要求是:平行光管能发出平行光;望远镜能接收平行光(望远镜聚焦于无穷远),望远镜与平行光管的光轴共轴,且与分光计的中心轴垂直。

(1)粗调

用目视法进行粗调,使望远镜与平行光管大致共轴且尽量与中心轴垂直,载物台平面尽量与中心轴垂直。粗调很重要,只有做好粗调,才能按下列步骤进一步调节。

(2)调整望远镜聚焦于无穷远

① 目镜的调节:旋转目镜调焦轮(图 S12-1 中的 10),同时从目镜中观察,直至从目镜中看到分划板上的叉丝刻线清晰为止。

② 望远镜的调焦:接通望远镜照明系统。将光学平行板(即平面反射镜)放置在载物台上,让其一面正对着望远镜物镜,且与望远镜光轴大致垂直,缓缓地左右移动载物台,使从平面镜反射回来的光进入望远镜,这时在望远镜视场中将出现一光斑。松开目镜筒锁紧螺钉(图 S12-1 中的 8),前后伸缩移动望远镜目镜;或锁紧螺钉,转动望远镜调焦手轮(图 S12-1 中的 13),以改变叉丝与物镜的距离,光斑处应呈现叉丝的像(图 S12-8),使亮十字像清晰。

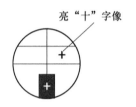

亮"十"字像

图 S12-8

若观察不到清晰的亮十字像,则应改变望远镜和载物台的倾斜度[调节望远镜光轴倾角调节螺钉(图 S12-1 中的 11)及载物台调平螺钉(图 S12-1 中的 5)],找到反射像(也可在望远镜筒外用眼睛直接从平面镜内观察反射像偏离光轴的情况),细心调节,使得能看到清晰的亮十字像,并左右移动视线,当分划板的叉丝和亮十字像无相对移动(即无视差)时,它们处于同一平面上,此时望远镜已聚焦于无穷远。

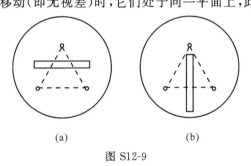

(a)　　　　　　(b)

图 S12-9

(3)用半近调节法调整望远镜,使望远镜光轴与分光计中心轴垂直

① 参考图 S12-9 将平面反射镜放置在载物台上,转动载物台,依次使平面反射镜的两个镜面正对望远镜,若粗调得好,通过望远镜能观察到由两个镜面反射回来的十字叉丝像。若只观察到一个镜面的反射像,则需进一步调节望远镜光轴高低调节螺钉或载物台下的水平调节螺钉,直到两个镜面反射的十字叉丝像均在望远镜的视场中。否则,需重新粗调。

② 将平面反射镜的一光学面对准望远镜,调节望远镜光轴高低螺钉或载物台下的水平调

节螺钉,使亮十字像和叉丝刻线的上交点 P 完全重合。如果载物平台旋转 $180°$ 后,光学平行平板的另一个光学面对准望远镜时仍然完全重合,则说明望远镜光轴已垂直于分光计中心轴了。但一般开始时它们并不重合,需要仔细调节才能实现。转动载物台,使像在视场中的竖线上。从两个反射像中找出偏离分划板叉丝横线较大的那一个反射像,采用半近调节法。即先调载物平台下的调平螺钉,使亮十字像和叉丝刻线上交点之间的上下距离减小一半,再调节望远镜光轴的倾角调节螺钉(图 S12-1 中的 11),使亮十字像和叉丝刻线上交点重合。然后转动载物平台 $180°$,使另一光学面对着望远镜物镜,进行同样调节,如此反复数次,直至来回转动载物台时,光学平行平板的两个光学面反射的亮十字像都能与 P 点重合为止。

在调整过程中,应分析现象寻找原因,以便采取适当的调整措施。

a. 如望远镜光轴已垂直于仪器主轴,但载物台倾角未调好,如图 S12-10 所示,平面镜 A 面反射光偏上,载物台转 $180°$ 后,B 面反射光偏下,在目镜中看到的现象是 A 面反射像在 B 面反射像的上方。显然,调整方法是把 B 面像向上(或 A 面像向下)调到两像点距离的一半。这一步要反复进行,使镜面 A 和 B 的像落在分划板上的同一高度。

b. 如载物台已调好,但望远镜光轴不垂直于仪器主轴,如图 S12-11 所示,在图 S12-11(a)中,无论平面镜 A 面还是 B 面,反射光都偏上,反射像落在分划板十字线的上方。在图 S12-11(b)中,镜面反射光都偏下,反射像都落在分划板十字线的下方。显然,调整方法是只要调整望远镜仰角调节螺钉。

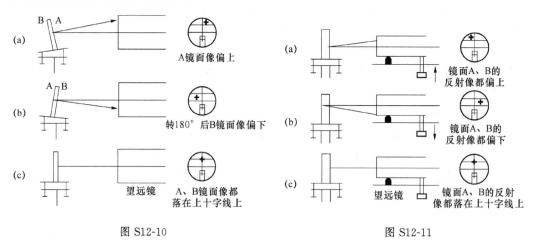

图 S12-10   图 S12-11

c. 载物台和望远镜光轴都没有调好时,两镜面反射像一上一下,则采用半近调节法。也可先调载物台螺钉,使两镜面反射像等高(但像点没落在十字线上),然后调整望远镜仰角螺钉,把像调到十字线上。

(4) 平行光管的调节

将已调好的望远镜作为标准进行调节。在平行光管的调节过程中不能再调节望远镜。

① 调整平行光管,使之产生平行光。

从载物台上取下平面反射镜,开亮汞灯,将狭缝照亮,从望远镜中看到狭缝像。如像不清楚,松开狭缝套筒锁紧螺钉(图 S12-1 中的 2),前后移动狭缝装置;或锁紧螺钉,转动平行光管调焦手轮(图 S12-1 中的 14),使望远镜中看到轮廓清晰的狭缝像;慢慢旋动狭缝宽度调节手轮(图 S12-1 中的 24),使狭缝宽度利于观测(缝像宽一般不超过 1 mm)。

② 调整平行光管,使其光轴与分光计中心轴垂直。

仍用光轴已垂直于分光计中心轴的望远镜作为标准。转动狭缝使之呈水平,调节平行光管光轴倾角调节螺钉(图 S12-1 中的 23),使狭缝与分划板中间水平刻线重合。再转动狭缝使之呈铅直状,与分划板上竖刻线重合,锁紧螺钉(图 S12-1 中的 2)。

至此,分光计就达到了调整要求。

注意:在调整平行光管的过程中,应保持望远镜聚焦于无穷远的状态。在以后的实验测量过程中,已调好的望远镜和分光计的状态均不可被破坏,否则,需要重新调整望远镜。

3. 用分光计测定三棱镜的顶角

(1) 调节三棱镜主截面与仪器中心轴垂直

三棱镜两光学面之间的夹角 α 称为三棱镜顶角。要测准三棱镜顶角,除对分光计进行上述调节外,还必须使三棱镜的两个光学面的法线均与分光计中心轴垂直,即三棱镜的主截面与仪器中心轴垂直。

为便于调节,可按图 S12-12 所示的方法摆放三棱镜,即三棱镜的三条边均与载物台三个调平螺钉的连线垂直,以尽量减小调节中的相互影响。当三棱镜的光学面 AB 对着望远镜物镜时,调节载物台调平螺钉 2(螺钉 2 与螺钉 1 的连线垂直于 AB 边),使亮十字像和叉丝刻线上交点之间的上下距离减小一半,再调节望远镜光轴的倾角调节螺钉,使亮十字像和叉丝刻线上交点重合;转动载物平台,将三棱镜的光学面 AC 对准望远镜物镜,分别调节载物台的调平螺钉 3(螺钉 3 与螺钉 1 的连线垂直于 AC 边)和望远镜光轴的倾角调节螺钉,使亮十字像和叉丝刻线上交点重合。如此反复数次,直至来回转动载物台,三棱镜的两个光学面反射的亮十字像都能与叉丝刻线上交点 P 重合。

(2) 利用自准法测量三棱镜顶角

利用望远镜自身产生的平行光来测量三棱镜的顶角,故称自准法。如图 S12-13 所示,将望远镜对准三棱镜的一个光学面,使亮十字像与分划板上交点 P 重合,记下两个游标处的读数 $\theta_{左1}$、$\theta_{右1}$;然后转动望远镜,将其对准三棱镜的另一个光学面,使亮十字像与分划板上交叉线重合,再次记下两个游标处的读数 $\theta_{左2}$、$\theta_{右2}$。由于望远镜转过的角度 β 就是三棱镜顶角 A 的补角,即

$$\beta + A = 180°$$

则三棱镜顶角

$$A = 180° - \beta = 180° - \frac{1}{2}(|\theta_{左2} - \theta_{左1}| + |\theta_{右2} - \theta_{右1}|) \tag{S12-1}$$

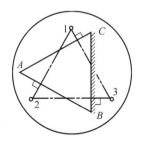

图 S12-12

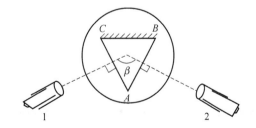

图 S12-13

4. 由最小偏向角求介质折射率

（1）几何光学的原理

如图 S12-14 所示，一束平行光 S_1 以入射角 θ_1 入射到三棱镜的 AB 光学面上，经 AB 界面和 AC 界面的两次折射后，出射光 S_2 以折射角 θ_2 从三棱镜的 AC 光学面射出，入射光延长线与出射光反向延长线的夹角 δ 称为偏向角。偏向角是一个变化的角，从理论和实验都可以证明当入射光线 S_1 和出射光线 S_2 处于光路对称，即 $\theta_1 = \theta_2$ 时，偏向角最小，记为 δ_{min}，称为最小偏向角。

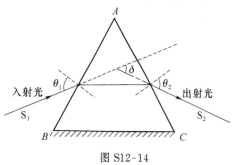

图 S12-14

根据几何光学原理并令空气的折射率为 1，由图中的几何关系及折射率公式，可以得到三棱镜对某单色光的折射率 n 与最小偏向角 δ_{min} 和顶角 A 的关系

$$n = \frac{\sin \frac{1}{2}(\delta_{min} + A)}{\sin \frac{1}{2}A} \tag{S12-2}$$

只要测出棱镜的顶角 A 和最小偏向角 δ_{min}，按照式（S12-2）就可算出棱镜对该单色光的折射率 n。

实验发现，不同频率的光照射同一个三棱镜时，最小偏向角不同，说明不同频率的光有不同的折射率。本实验中用汞灯照射时，我们可以测得蓝紫光、绿光、黄光的最小偏向角，从而求得相应的折射率。

（2）测定汞灯光谱线的最小偏向角

① 将平行光管的狭缝对准汞灯光源，并将三棱镜按照图 S12-15 所示的位置摆放于载物台。由于望远镜光轴是围绕分光计中心轴转动的，故出射光的反向延长线通过分光计的中心轴。

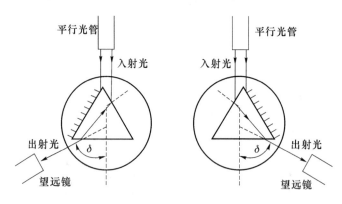

图 S12-15

② 慢慢转动载物台和望远镜，使望远镜光轴大致在出射光线的位置，同时通过望远镜观察，直到视野内出现光谱线。将望远镜对准光谱线，然后轻轻转动载物台，同时注意谱线的移动情况，观察偏向角的变化。

③ 沿偏向角减小的方向慢慢地转动载物台,望远镜也跟着光线移动,直到载物台转到某一位置时,谱线开始反方向移动,谱线的折返点对应的角度就是最小偏向角。用游标盘止动螺钉(图 S12-1 中的 21)固定游标,慢慢地转动望远镜光轴支架,使分划板上的竖线对准待测谱线,从两个游标处读出此位置对应的角度 $\theta_{左1}$ 和 $\theta_{右1}$。

④ 转动载物台,使棱镜处于与刚才对称的位置,如图 S12-15 所示,重复以上步骤,测出此时转折点的位置 $\theta_{左2}$ 和 $\theta_{右2}$。则最小偏向角为

$$\delta_{min} = \frac{1}{4}(|\theta_{左2} - \theta_{左1}| + |\theta_{右2} - \theta_{右1}|) \tag{S12-3}$$

说明:

(1) 读数时,左右两个游标的位置及第 1 次和第 2 次的前后顺序不能搞错,即 $\theta_{左1}$ 和 $\theta_{左2}$ 是同一个游标的第 1、2 两次读数,而 $\theta_{右1}$ 和 $\theta_{右2}$ 是另一个游标处的前后两次读数。

(2) 在计算望远镜转过的角度时,要注意望远镜带动的刻度盘 0 刻度线是否经过某一个游标刻度盘的 0 刻度线。如果经过了某一个游标的 0 刻度线,则必须在相应游标的读数上加 360°(或减 360°)再进行计算。

【实验仪器】

分光计、三棱镜、汞灯。

【实验内容及步骤】

(1) 按实验原理所述的步骤调节分光计的望远镜,使其处于正常使用状态。
① 粗调。
② 调整望远镜聚焦于无穷远。
③ 使望远镜光轴与分光计中心轴垂直。
(2) 按实验原理所述的步骤,用自准法测三棱镜顶角。
① 调节三棱镜主截面与仪器中心轴垂直。
② 测定三棱镜顶角,记录相关数据(填写表 S12-1)。
(3) 按实验原理所述的步骤调节平行光管。
① 调节平行光管,使其产生平行光。
② 测节平行光管,使其光轴与分光计中心轴垂直。
(4) 按实验原理所述的步骤测最小偏向角,求介质折射率。
① 测蓝紫光、绿光的最小偏向角,记录数据(填写表 S12-2)。
② 计算折射率。

【注意事项】

(1) 三棱镜要轻拿轻放,不要用手触摸光学表面。
(2) 严格按照规定的步骤进行实验,正确使用分光计上的各个微调螺钉及锁紧固定螺钉,确保实验测量正常进行。
(3) 在使用分光计的过程中,不要破坏已调好的条件。
(4) 汞灯是高强度的弧光放电灯,为了保护眼睛,不要直接注视汞灯光源。

(5) 不要频繁启闭汞灯,关灯后需要再开灯时,必须等灯泡逐渐冷却、汞蒸气的气压降到适当程度后再接通电源。

【数据表格】

(1) 将自准法测量顶角的实验数据记入表 S12-1。

表 S12-1　自准法测量顶角

望远镜位置1		望远镜位置2	
度盘左侧读数 $\theta_{左1}$	度盘右侧读数 $\theta_{右1}$	度盘左侧读数 $\theta_{左2}$	度盘右侧读数 $\theta_{右2}$

(2) 将最小偏向角测定的实验数据记入表 S12-2。

表 S12-2　最小偏向角的测定

	望远镜位置1		望远镜位置2	
	度盘左侧读数 $\theta_{左1}$	度盘右侧读数 $\theta_{右1}$	度盘左侧读数 $\theta_{左2}$	度盘右侧读数 $\theta_{右2}$
蓝紫光				
绿光				

【数据处理要求】

(1) 根据式(S12-1)计算顶角 A、推导不确定度公式并求出不确定度 $u(A)$(分光计仪器误差为 $2'$)。

(2) 根据式(S12-3)计算蓝光和绿光的最小偏向角 δ_{min}、推导不确定度公式并求出不确定度 $u(\delta_{min})$。

(3) 根据式(S12-2)求出各单色光的折射率 n、推导不确定度公式并计算不确定度$u(n)$。计算 $u(n)$时,$u(A)$ 和 $u(\delta_{min})$ 的单位应取弧度。

【思考与讨论】

(1) 由什么现象判定望远镜聚焦于无穷远? 应如何调节?

(2) 由什么现象判定望远镜光轴与分光计的中心轴相垂直? 应如何调节?

(3) 由什么现象判定平行光管能够发出平行光? 应如何调节?

(4) 调节望远镜光轴与分光计的中心轴相垂直时,棱镜如何在载物台上摆放? 说明理由。

(5) 为什么采用双游标读数?

(6) 实验中你看到的三棱镜光谱有什么特点? 你能看清楚几条谱线?

第5章　综合与提高性实验

　　本章是在基础性实验以后设置了 8 个综合与提高性实验。通过本章的学习，使学生进一步熟悉和掌握物理仪器（如示波器、分光计等）的使用方法，并通过光纤传输等实验为今后学习信息专业知识作一定准备。

实验 13　超声波探测实验

　　超声波是频率在 $2 \times 10^4 \sim 10^{12}$ Hz 的声波。由于其具有方向性好、穿透力强、易于产生和接收、探头体积小等特点，并且能够在所有弹性介质中传播，因此超声波被人们广泛利用。超声波可以用来探查和测量材料以及自然界的一些非声学量，例如海洋探测、材料的无损检测、医学诊断、地质勘探等；也可以用于超声手术、超声清洗、超声雾化、超声加工、超声焊接、超声金属成型等；还可以用于制造表面波电子器件，例如振荡器、延迟器、滤波器等。本实验是利用超声波来探测金属材料中的缺陷。

【实验目的】

　　(1) 了解脉冲超声波的产生方法及超声波定向探测的原理。
　　(2) 学会测量超声波的声束扩散角。
　　(3) 学会使用直探头探测缺陷深度的方法。
　　(4) 学会使用斜探头探测缺陷深度和水平距离的方法。

【实验原理】

1. 脉冲超声波的产生和接收

　　超声波探头利用逆压电效应产生超声波，而利用压电效应接收超声波（原理见实验 8 声速的测定）。

　　用于产生和接收超声波的材料一般被制成片状（晶片），并在其正、反两面镀上导电层（如镀银层）作为正、负电极。如果在电极两端施加一脉冲电压，则根据逆压电效应晶片发生弹性形变，随后发生自由振动，并在晶片厚度方向形成驻波，如图 S13-1 (a) 所示。如果晶片的两侧存在其他弹性介质,则会向两侧发射弹性波,波的频率与晶片的材料和厚度有关。

适当选择晶片的厚度,使其产生弹性波的频率在超声波频率范围内,则该晶片即可产生超声波。在晶片的振动过程中,由于能量的减少,其振幅也逐渐减小,因此它发射出的是一个超声波波包,通常称为脉冲波,如图 S13-1(b)所示。

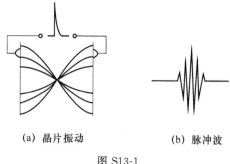

(a)晶片振动　　(b)脉冲波

图 S13-1

超声波在介质中传播可以有不同的波形,它取决于介质可以承受何种作用力以及如何对介质激发超声波。超声波通常有 3 种波形,即纵波、横波、表面波。如果介质中质点的振动方向平行于超声波传播方向,那么就是超声纵波。如果介质中质点的振动方向垂直于超声波传播方向,那么就是超声横波。横波只能在固体中传播。表面波是沿着固体表面传播的具有纵波和横波双重性质的波。当超声波在两种物质界面上发生折射和反射时,其波形可以发生转换。

在超声波分析测试中,是利用超声波探头产生脉冲超声波的。常用的超声波探头有直探头和斜探头两种,其结构如图 S13-2 所示。探头通过保护膜或斜楔向外发射超声波,吸收背衬的作用是吸收晶片向背面发射的声波,以减少杂波;匹配电感的作用是调整脉冲波的波形。

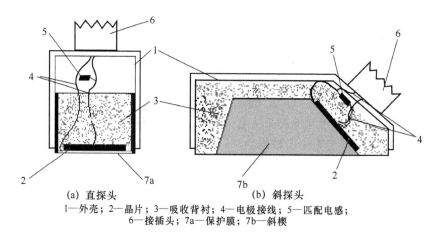

(a)直探头　　　　　　　　(b)斜探头

1—外壳;2—晶片;3—吸收背衬;4—电极接线;5—匹配电感;
6—接插头;7a—保护膜;7b—斜楔

图 S13-2

探头的工作方式有单探头和双探头两种。若使用单探头时,探头既用来发射超声,又用来接收超声。这时必须使用连通器把实验仪的发射接口和接收接口连接起来。采用这种方式,发射脉冲也被接收,在示波器上可以看到其波形,我们称发射脉冲波形为始波。若使用双探头方式时,一个探头用来发射超声,而另一个探头用来接收超声,故一般看不到发射脉冲波形,但是由于发射电压很高,有时会有感应信号。本实验中使用单探头。

2. 定位原理

定位主要是利用了超声波探头发射能量集中的特性,同时还要求被测材质的声速均匀。从探头发出的超声波在传播过程中能量集中在一定的范围内,如图 S13-3 所示。对于同一深度的 x_1、x、x_2 三点,中心轴线上的点 x 处能量最大,偏离中心轴线时能量减小。假设当

偏离中线到位置 x_1、x_2 时,超声波的能量减小到最大值的一半,这时探头与 x_1、x_2 连线构成的夹角为 θ,称为探头的扩散角。θ 越小,探头方向性越好,定位精度越高。

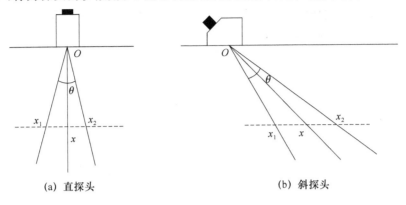

(a) 直探头　　　　　　　　　　　(b) 斜探头

图 S13-3

在进行缺陷定位时,必须找到缺陷反射回波最大的位置,使得被测缺陷处于探头的中心轴线上,然后通过示波器测量从探头发出超声波脉冲到遇缺陷反射回来又被探头接收所经历的时间,再根据工件的声速就可以计算出缺陷到探头入射点的垂直深度或水平距离。

【实验仪器】

JDUT-2 型超声波实验仪及配件、示波器和被测试块。

【实验内容】

如图 S13-4 所示,连接好线路。

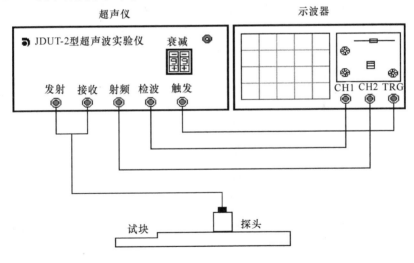

图 S13-4

在试块上滴几滴耦合剂。这是由于探头与试块之间存在空隙,会直接影响声能传递。用耦合剂不仅可以排除空气,充实空隙,使探头与试块接触良好,也可以减缓探头的磨损。

1. 测量直探头声束扩散角

利用被测试块上的 B 孔测量直探头的声束扩散角。如图 S13-5 所示,利用直探头找到

B孔对应的回波,移动探头使回波幅度最大,并利用直尺测量该点的位置 x_0,利用示波器自带测量功能测量对应回波的幅度;然后向左边移动探头使回波幅度减小到最大振幅的一半,并记录该点的位置 x_1;同样的方法记录下探头右移时回波幅度下降到最大振幅一半对应点的位置 x_2。将以上实验数据填入表 S13-1。则直探头扩散角为

$$\theta = \tan^{-1} \frac{|x_2 - x_1|}{2H_B} \tag{S13-1}$$

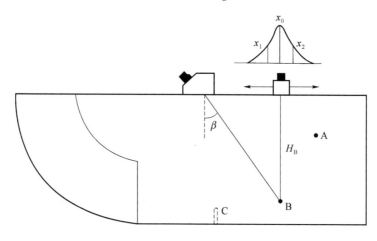

图 S13-5

2. 直探头探测缺陷 C 钻孔的深度

在本实验中,用直探头探测 C 孔离探测面的深度。

方法一:绝对探测法

绝对探测法是通过直接测量反射回波时间,根据声速计算出缺陷的深度。

(1) 把直探头放在试块上(图 S13-6),找到试块底面反射的一、二次回波 B_1、B_2。

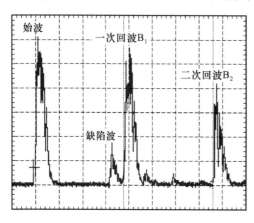 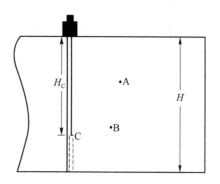

图 S13-6

设探测面到试块底面的距离为 H,纵波声速为 v,t_1 和 t_2 分别是底面的第一、二次反射回波的时间。由于从底面一次反射的回波在试块中经过的路程为 2 H,从底面二次反射的回波在试块中经过的路程为 4 H,同时考虑延迟时间 t_0,则有

$$t_1 = t_0 + \frac{2H}{v}$$

$$t_2 = t_0 + \frac{4H}{v}$$

可以利用示波器的测量功能测出从始波 S 到 B_1、B_2 的时间 t_1 和 t_2，由上述两式可解得

$$t_0 = 2t_1 - t_2 \tag{S13-2}$$

$$v = \frac{2H}{t_2 - t_1} \tag{S13-3}$$

（2）按照图 S13-6，在示波器上找到缺陷 C 孔最大回波，利用示波器测出从始波 S 到缺陷 C 孔的回波时间 t_C，则 C 孔的深度 H_C 为

$$H_C = \frac{v(t_C - t_0)}{2} \tag{S13-4}$$

方法二：相对探测法

相对探测法是先利用已知深度的反射回波进行深度标定，然后直接从屏幕上读出被测缺陷回波的深度。

（1）按图 S13-6 找到 C 孔的最大回波；

（2）利用试块底面的二次回波进行深度标定，即从示波器上直接读出第一、二次反射回波的时间差 $t_2 - t_1$；

（3）根据标定比例换算出回波对应的深度 H_C；

$$\frac{t_2 - t_1}{t_1 - t_C} = \frac{H}{H - H_C} \tag{S13-5}$$

3. 测量斜探头声束的扩散角

仿照测量直探头扩散角的方法，也可以测量出斜探头的扩散角。如图 S13-5 所示，移动斜探头，记录回波幅度最大的位置 x_0，以及回波幅度减小到最大振幅一半时对应的位置 x_1 和 x_2，利用几何关系可推得斜探头扩散角的计算公式：

$$\theta = 2\tan^{-1}\left[\frac{|x_2 - x_1|}{2H_B}\cos^2\beta\right] \tag{S13-6}$$

其中，β 为斜探头的折射角，可利用试块左右两侧端面的反射回波进行测量。

斜探头在试块中的折射角 β 的测量方法：

（1）测量斜探头的前沿与入射点之间的距离 L'。如图 S13-7（a）所示，用斜探头对着试块圆弧部分，观察由半径为 R_1 和 R_2 的曲面反射的回波，前后移动探头，使两曲面的反射回波最大，用钢板尺测量探头前沿到试块圆弧端点的距离 L，则探头的前沿到入射点的距离为

$$L' = R_2 - L \tag{S13-7}$$

（2）让斜探头对着试块另一侧，如图 S13-7（c）所示，找到底角的最大反射回波，用钢板尺测量出探头前沿到试块平面端点的水平距离 S，则有

$$\tan\beta = \frac{S + L'}{H} = \frac{S + R_2 - L}{H} \tag{S13-8}$$

斜探头在试块中的折射角为

$$\beta = \tan^{-1}\left(\frac{S + R_2 - L}{H}\right) \tag{S13-9}$$

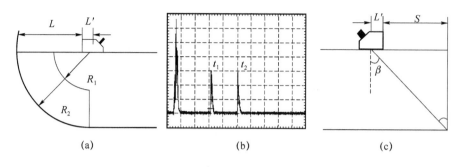

图 S13-7

4. 斜探头探测缺陷 C 孔水平位置和深度

用直探头可以探测出 C 孔的深度,但不能测得其水平距离,因此采用斜探头确定 C 孔在试块中的位置。

如图 S13-8 所示,C 孔的深度为 H_C,从几何关系可知,C 孔的水平距离为

$$L_C = L_{CO} - S_{CO} \quad\quad\quad (S13\text{-}10)$$

只要知道 L_{CO}、S_{CO} 和 L' 及 β 的值,就可以计算出 C 孔的水平位置 L_C 和深度 H_C 的值。

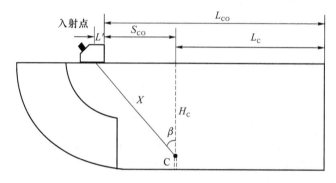

图 S13-8

(1) 利用半径分别为 R_1 和 R_2 反射面测量斜探头的延迟时间 t_0 和横波声速 v,如图 S13-7(b)所示。设 t_1、t_2 分别是从两曲面反射回波的时间,即

$$t_1 = t_0 + \frac{2R_1}{v}, \quad\quad t_2 = t_0 + \frac{2R_2}{v}$$

由于本实验中所用试块的圆弧半径 $R_2 = 2R_1$,则

$$t_2 = t_0 + \frac{4R_1}{v}$$

得

$$t_0 = 2t_1 - t_2 \quad\quad\quad (S13\text{-}11)$$

$$v = \frac{2(R_2 - R_1)}{t_2 - t_1} \qu\quad\quad\quad (S13\text{-}12)$$

(2) 用斜探头找出 C 孔最大反射回波的位置,如图 S13-8 所示,用示波器读出 t_C,用钢板尺测出斜探头前沿位置 L_{CO},设斜探头入射点到 C 孔的距离为 X,则有

$$X = \frac{v(t_C - t_0)}{2} \qu\quad\quad\quad (S13\text{-}13)$$

· 126 ·

$$L' + S_{\text{CO}} = X \sin \beta \qquad\qquad (S13\text{-}14)$$

$$H_{\text{C}} = X \cos \beta \qquad\qquad (S13\text{-}15)$$

将式(S13-7)和式(S13-13)代入式(S13-14)可得

$$S_{\text{CO}} = \frac{v(t_{\text{C}} - t_0)}{2} \sin \beta - (R_2 - L) \qquad\qquad (S13\text{-}16)$$

用钢板尺量出 L_{CO}，即可得孔的水平位置 $L_{\text{C}} = L_{\text{CO}} - S_{\text{CO}}$。

【注意事项】

（1）超声波实验仪上的发射端直接与探头连接，不能直接连接到示波器上。

（2）示波器的触发沿应选择上升沿"＋"。

（3）超声波实验仪放大电路衰减系数的选取。

直探头衰减系数一般取 70～80；

斜探头衰减系数一般取 60～70。

（4）必须点滴耦合剂后，才能移动探头。

（5）探测定位时，从示波器找反射回波的最大位置必须耐心细致，因受人为影响较大。

（6）用斜探头进行探测时，要区分试块中缺陷的反射回波和试块上下的两个直角的反射回波。

【数据记录】

实验室中有两种试块，B孔和A孔的位置不同，如图S13-9所示。对本组实验所用试块进行测量，并做记录。B孔和A孔的位置可直接测量，C孔为待探测深度和水平位置的缺陷孔。

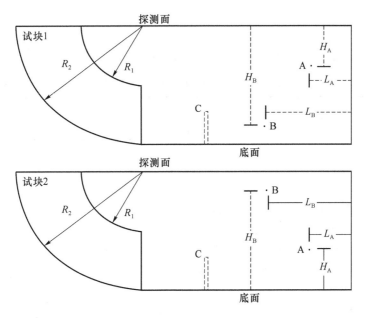

图 S13-9

铝试块的尺寸参数：

$R_1 = 30$ mm， $R_2 = 60$ mm， $H = $ _____ mm。

$L_A = $ _____ mm, $\qquad$ $L_B = $ _____ mm,

$H_A = $ _____ mm, $\qquad$ $H_B = $ _____ mm。

1. 用直探头测量

（1）测量直探头声束扩散角（利用缺陷 B），将实验数据记入表 S13-1。

表 S13-1　测量直探头声束扩散角的实验数据

	x_0	x_1	x_2
位置/cm			
回波幅度/v			

（2）直探头探测缺陷 C 的深度，将实验数据记入表 S13-2。t_C 为钻孔 C 的最大回波时间；t_1、t_2 是第一、二次底面反射回波的时间。

表 S13-2　直探头探测缺陷 C 深度的实验数据

绝对探测法			相对探测法	
$t_1/\mu s$	$t_2/\mu s$	$t_C/\mu s$	$t_2 - t_1/\mu s$	$t_1 - t_C/\mu s$

2. 用斜探头测量

（1）测量斜探头回波情况（利用缺陷 B），将实验数据记入表 S13-3。

表 S13-3　测量斜探头回波情况的实验数据

	x_0	x_1	x_2
位置 / cm			
回波幅度 / v			

（2）测量折射角、横波声速及探测缺陷 C 的深度和水平位置。

表 S13-4　利用斜探头测量的实验数据

$t_1/\mu s$	$t_2/\mu s$	L / mm	S / mm	L_{CO} / mm	$t_C/\mu s$

【数据处理要求】

（1）分别计算直探头和斜探头的声束扩散角；

（2）分别计算试块中纵波和横波的声速；

（3）分别计算用绝对探测法和相对探测法测量出的缺陷 C 的深度；

（4）计算用斜探头探测出的缺陷 C 的深度和水平距离。

声速参考值：

纵波声速 $= 6.27$ mm/μs，横波声速 $= 3.10$ mm/μs，表面波声速 $= 2.90$ mm/μs。

【思考与讨论】

（1）耦合剂的作用是什么？

（2）直探头和斜探头的延迟时间分别是怎样计算的？

（3）将直探头和斜探头测出的同一物理量的结果进行比较。

实验 14　音频信号的光纤传输

光纤通信具有低损耗、大容量、无电磁辐射、不受电磁干扰、重量轻、体积小等特点。光纤通信是信息社会的一项基础技术和主要手段。通过实验,将了解光纤通信的基本工作原理,了解半导体电光——光电器件的基本性能及主要特性的测试方法。

【实验目的】

（1）了解音频信号光纤传输系统的结构。

（2）了解光纤传输系统中电光/光电转换器件的基本性能、主要特性及测试方法。

（3）学习如何在音频信号光纤传输系统中获得较好的信号传输质量的调试技能。

【实验原理】

1. 音频信号光纤传输系统的结构

音频信号光纤传输系统一般由光信号发送器、光信号接收器和传输光纤 3 部分组成。

光信号发送器的功能是将待传输的电信号经光电转换器件转换为光信号。目前,发送器的电光转换器件一般采用激光二极管（DL）或发光二极管（LED）。激光二极管输出功率大、信号调制速率高,但价格较高,适宜远距离、高速数字信号的传输。相对而言,发光二极管的输出功率较小、信号调制速率较低、价格便宜,适宜短距离、低速模拟信号的传输。本实验用的是发光二极管。为了保证系统的传输损耗低,发光二极管的发光中心波长必须在传输光纤呈现低损耗的 $0.85\sim1.3\ \mu m$ 或 $1.6\ \mu m$ 附近。

光信号接收器的功能是将光信号经光电转换器件还原为相应的电信号。光电转换器一般采用半导体二极管或雪崩光电二极管,本实验采用峰值响应波长为 $0.8\sim0.9\ \mu m$ 的硅光电二极管（SPD）。

光纤的功能是将发送端的光信号以尽可能小的衰减和失真传送到光信号的接收端。目前用于光通信的光纤一般采用石英光纤,如图 S14-1 所示,它是在折射率 n_2 较大的纤芯上覆盖一层折射率 n_1 较小的包层,受光范围内的光线在纤芯与包层的界面上发生全反射,而被限制在纤芯内传播,非受光范围内的光线无法在光纤中传播。光纤的芯径一般从几微米至几百微米。按照光纤折射率分布方式的不同,可分为折射率阶跃型光纤和折射率渐变型光纤。折射率渐变型光纤是一种折射率沿光纤横截面渐渐改变的光纤。光纤按照模式又可分为单模光纤（只允许一种电磁场形态的光波在其中传播）和多模光纤（允许多种电磁场形态的光波在其中传播）。本实验采用阶跃型多模光纤作为信道。

为了避免或减小波形失真,要求整个传输系统的频率宽度能覆盖被传信号的频率范围。对于语音信号,频谱在 $300\sim3\ 400\ Hz$ 范围内。由于光导纤维对光信号具有很宽的频带,故在音频范围内,整个系统的频带宽度主要决定于发送端调制放大电路和接收端功率放大电路的幅频特性。

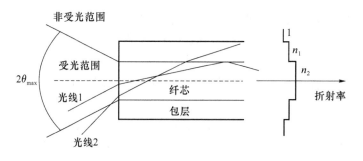

图 S14-1

2. 光信号发送端的工作原理

（1）半导体发光二极管（LED）的结构

光纤传输系统中常用的半导体发光二极管是一个如图 S14-2 所示的 N-P-P 双异质（简称 DH）结构的半导体器件，中间层通常是由直接带隙的 GaAs（砷化镓）P 型半导体材料组成，称为有源层，其带隙宽度较窄；两侧分别由 AlGaAs 的 N 型和 P 型半导体材料组成，与有源层相比，它们都具有较宽的带隙。这种具有不同带隙宽度的两种半导体材料形成的 PN 结称为异质结。当给这种结构加上正向偏压时，就能使 N 层向有源层注入导电电子。这些导电电子一旦进入有源层后，因受到右边 P-P 异质结的阻挡作用不能再进入右侧的 P 层，它们只能被限制在有源层内与空穴复合。导电电子在有源层与空穴复合的过程中，有不少电子要释放出光子，其能量满足以下关系式：

$$h\nu = E_1 - E_2 = E_g \tag{S14-1}$$

其中 h 是普朗克常数，ν 是光波的频率，E_1 是有源层内导电电子的能量，E_2 是导电电子与空穴复合后处于价键束缚状态时的能量。两者的差值 E_g 与 DH 结构中各层材料及其组分的选取等多种因素有关，制做 LED 时只要适当控制这些材料的选取和组分，就能使得 LED 的发光中心波长与传输光纤的低损耗波长一致。

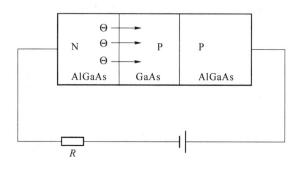

图 S14-2

（2）LED 的驱动及调制电路

光纤通信系统中使用的半导体发光二极管（LED）的光功率是经过称为尾纤的光导纤维输出，出纤功率与 LED 驱动电流的关系称为电光特性。图 S14-3 表示了 LED 的偏置电流与出纤光功率之间的关系。当偏置电流过大时，会出现输出信号上部畸变的饱和失真；而偏置电流太小，则会出现输出信号下部畸变的截止失真。为了避免和减少非线性失真，使用时应先给 LED 一个适当的偏置电流 I_D，使被调制信号（输出信号）的峰-峰值位于电光特性的直线范围内,即 I_D 等于这一特性曲线线性部分中点对应的电流值,而对于非线性失真要求不高的情况下,也可把偏置电流选为 LED 最大允许工作电流的一半,这样可使 LED 获得无截止畸变幅度最大的调制,有利于信号的远距离传送。

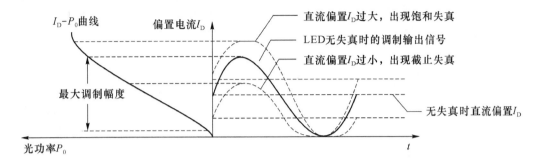

图 S14-3

音频信号光纤传输系统发送端 LED 的驱动和调制电路如图 S14-4 所示,以 BG1 为主要元件构成的电路是 LED 的驱动电路,调节这一电路中的 W_2 可使 LED 的偏置电流在 0 $\sim$50 mA 的范围内变化。被传音频信号由以 IC1 为主要元件构成的音频放大电路放大后经电容器 C_4 耦合到 BG1 基极,对 LED 的工作电流进行调制,从而使 LED 发送出光强随音频信号变化的光信号,并经光导纤维把这一信号传至接收端。

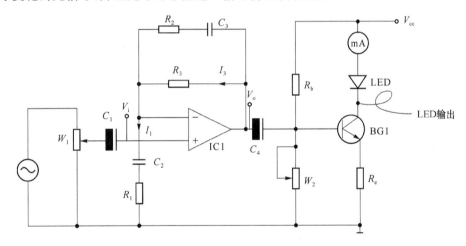

图 S14-4

根据运算放大电路理论,图 S14-4 中音频放大电路的闭环增益为

$$G(\mathrm{j}\omega)=1+\frac{Z_2}{Z_1} \tag{S14-2}$$

其中,Z_2、Z_1 分别为放大器反馈阻抗和反相输入端的接地阻抗,只要 C_3 选得足够小,C_2 选得足够大,则在要求带宽的中频范围内,C_3 的阻抗很大,它所在支路可视为开路。而 C_2 的阻抗很小,它可视为短路。在此情况下,放大电路的闭环增益为

$$G(\mathrm{j}\omega)=1+\frac{R_3}{R_1} \tag{S14-3}$$

其中,C_3 的值决定了高频端的截止频率 f_2,而 C_2 的值决定着低频端的截止频率 f_1。故该

电路中的 R_1、R_2、R_3，C_2 和 C_3 是决定音频放大电路增益和带宽的几个重要参数。

3. 光信号接收端的工作原理

硅光电二极管（SPD）可以把传输光纤出射端输出的光信号的光功率转变为与之成正比的光电流 I_0。表征 SPD 光电转换效率的物理量定义为响应度。响应度是描述光电检测器光电转换能力的物理量。定义为

$$R = \frac{\Delta I}{\Delta P}(\mu A/\mu W) \tag{S14-4}$$

其中，ΔP 表示两个测量点对应的入射光功率的差值；ΔI 是对应的光电流的差值。

图 S14-5 是光信号接收器的电路原理图，其中硅光电二极管（SPD）的峰值响应波长与发送端光信号接收器 LED 光源发光中心波长很接近（如图 S14-6 所示），它对峰值波长的响应度为 $0.25 \sim 0.5\ \mu A/\mu W$。SPD 的任务是把传输光纤出射端输出的光信号的光功率转变为与之成正比的光电流 I_0，然后经 IC2 组成的 I/V 转换电路再把光电流转换成电压 U_0 输出，U_0 和 I_0 之间有以下关系：

$$U_0 = R_f \cdot I_0 \tag{S14-5}$$

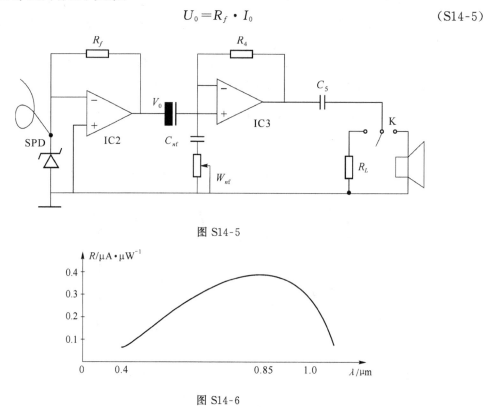

图 S14-5

图 S14-6

本实验通过测量 U_0 和 R_f 从而计算光电流 I_0。

以 IC3 为主要元件构成的是一个集成音频功率放大电路，该电路的电阻元件（包括反馈电阻在内）均集成在芯片内，只要调节外接的电位器 W_{nf}，就可改变功率放大电路的电压增益，功率放大电路中电容 C_{nf} 的大小决定着该电路的下限截止频率。

【实验仪器】

YOF-C 型音频信号光纤传输技术实验仪；光功率计；音频信号发生器；双踪示波器；光

纤一盘,数字万用表等。

【实验内容】

1. 发光二极管(LED)伏安特性和电光特性的测定

线路连接:将主机、光功率计及光纤信道三者按图 S14-7 所示连接。将主机 SPD 切换开关 K2 置于左侧(光功率计),这样就使 SPD 作为光功率的光电探头使用。电压表功能切换开关 K3 置于左侧(LED),这样直流电压表就并接在 LED 两端,作测量 LED 的端电压使用。

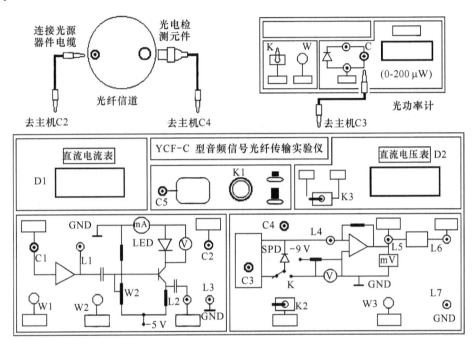

图 S14-7

(1) LED 的伏安特性

调节主机面板上的 W2 使指示 LED 工作电流的直流毫安表 D1 从零开始慢慢增加,当 D1 有不为零的指示出现时表示 LED 开始导通,此时直流电压表 D2 对应有一读数(大约在 1.1 V),在此基础上,再次调节 W2,使 D2 在小数点后的第一位读数取整(比如为 1.1 V 或 1.2 V),记下相应的 D1 读数,然后,继续调节 W2,使 D2 读数增加,每增加 50 mV 读取一次 D1 的示数,直到 D1 的示数超过 20 mA 时为止。

填写表 S14-1,绘制 LED 的伏安特性曲线。

(2) LED 电光特性

调节主机面板上的 W2 使 D1 的读数为零。在此情况下光功率计的指示应为零,若不为零,调节光功率计的"调零电位器"使之为零,然后调节 W2 使 D1 的指示从零开始增加,每增加 2 mA 读取一次光功率计的读数,直到 D1 的指示超过 20 mA 为止。

填写表 S14-2,绘制 LED 的电光特性曲线。

2. 硅光电二极管(SPD)反向伏安特性及响应度的测定

(1) 线路连接

光纤信道、光功率计与主机的连接不变,将数字万用表的直流电压挡与主机的 L5 和 L7 相连,如图 S14-8 所示。主机的直流电压表功能切换开关 K3 置于右边(SPD),这样连接就使直流电压表 D2 接入光信号接收端标有电压表图标的位置中,作测量 SPD 的反向电压使用。用万用表的直流电压挡测量 I/V 转换输出的电压值。

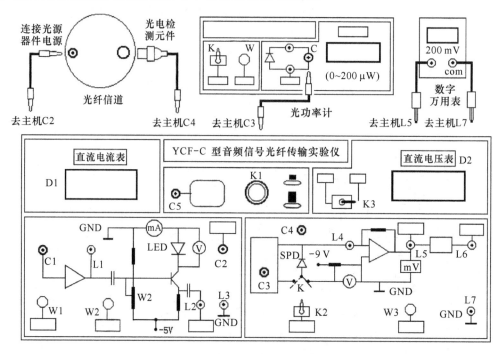

图 S14-8

(2) 调节和测量

① 调节 W2,使 D1 读数为零,并调节光功率计调零电位器,使光功率计指示也为零。然后把 K2 置于右侧。调节 SPD 反压调节电位器 W3,使 D2 的读数从零开始增加,直到 D2 的读数为 8 V 为止,在此过程中 D2 读数每增加 1 V 读取和记录一次数字万用表的读数,即 I/V 转换输出的电压值。将数据填入表 S14-3 的第一行。

② 在以上实验连接不变的基础上,把 K2 置于左边,调节 W2 分别使光功率指示为 5 μW、10 μW、15 μW、20 μW 和 25 μW。光功率读数每改变一次后就把主机前面板上"SPD 切换"开关倒向右侧一次,重复一次①项的测量。为了完成 SPD 在以上不同光照下的反向伏安特性曲线的测定,开关 K2 需左、右来回切换 5 次。将数据填入表 S14-3 中相应的空格内。

③ 在断电情况下,用数字万用表的电阻挡测量主机 L4,L5 插孔间的电阻 R_f 的阻值。

④ 整理实验数据,绘制不同光照条件下 SPD 的反向伏安特性曲线。

⑤ 根据以上实验数据,以光功率计的读数为自变量、SPD 的光电流为因变量,绘出在零偏压情况下 SPD 的光电特性(SPD 光电流随光功率的变化特性),并求出表征 SPD 光电转换效率的参数(响应度)的大小。

3. 音频信号光纤传输系统无非线性失真的最大调制幅度与 LED 偏置电流的关系的测定

(1) 线路连接

在上述实验基础上将光功率计换为示波器,按图 S14-9 所示连接,数字万用表用 200 mV 挡。主机前面板的"SPD 切换"开关 K2 置于右侧,直流电压表 D2 的功能切换开关 K3 置于左侧。用导线连接 C1 和 C5。

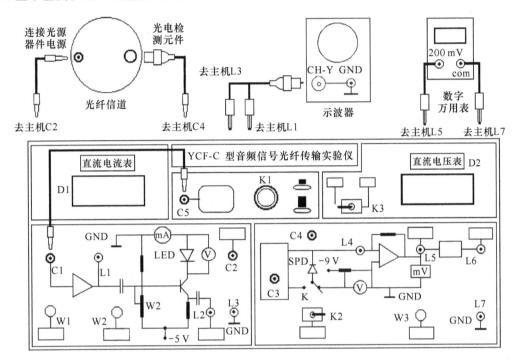

图 S14-9

(2) 调试与测量

① 检查主机自带信号源 C5 插孔有无正弦信号输出。将示波器的 CH1 通道跨接在主机的 L3 和 L1 上,调节 W2 使 D1 读数为 10 mA 左右,左右旋转主机面板上"输入衰减"电位器 W1,观察示波器 CH1 通道上有无 1 KHz 左右的正弦信号出现及其幅度变化的情况,如果示波器上有波形并在转动 W1 时其幅度也有变化,表示信号源的信号输出正常。

② 检查传输系统工作是否正常。把示波器 CH2 通道跨接至主机的 L5 和 L7 上,观察示波器 CH2 通道上有无同频率的波形显示,若有表示传输系统工作正常。

③ 完成前两项检查和调节后,让示波器同时显示两路信号。把 W1 沿反时针方向转至极限位置,使调制信号的幅度为零,这时示波器显示两路信号为两条直线。调节 W2 使 LED 的偏置电流(即 D1 的读数)分别为 5 mA、10 mA、15 mA、20 mA,LED 的偏置电流每改变一次,就相应调节一次 W1 使调制信号幅度从 0 开始慢慢增加,直到可以看到光信号(示波器 CH2 通道信号)出现非线性失真。对应 LED 的偏置电流的不同数值,找到光信号(示波器 CH2 通道信号)不出现非线性失真时的最大幅度所对应的状态,记录下这一调制状态下调制信号(示波器 CH1 通道信号)的幅度。

填写表 S14-4 和整理数据。按照光纤传输系统既具有无非线性失真的最大光信号、

LED 的偏置电流又处于安全工作范围(为了使 LED 安全工作起见,本仪器规定为 0～20 mA)的原则,确定由本实验仪组成的音频信号光纤传输系统中 LED 的最佳偏置电流及相应的调制信号幅度。

4. 语言信号的传输

(1) 线路连接

在刚才连接的基础上,去掉主机面板 C5 和 C1 的连接线。用另一条电缆连接线(一头为双声道插头,另一头为单声道插头)把外接语音信号源(单放机或其他音源设备)接入实验系统,电缆线双声道一头接单放机,单声道一头接主机前面板的 C1 插孔,随本实验仪配备的小音箱接入主机后面板上喇叭图标上方的插孔中。数字万用表的 200 mV 电压挡接入主机的 L5 和 L7。

(2) 操作

试验考察整个传输系统的音响效果。

调节 W2 使 LED 处于各种偏置状态,在 LED 各种偏置状态下,再调节 W1 改变语音调制信号幅度。使传输系统工作在无非线性失真、光信号幅度为最大状态下,考察听觉效果。

5. 传输系统接收端允许的最小光信号幅值的测定

在保持第 4 项实验连接不变的情况下,首先把 LED 的偏置电流调为 5 mA,然后从零开始逐渐加大语音信号源的输出幅度,直到万用表 mV 指示有变化为止,考察接收器的音响效果,若能清晰辨别出所接收的音频信号,继续减小 LED 的偏置电流重复以上实验,直至不能清晰辨别出接收信号为止,记下在这一状态之前对应的 LED 的偏置电流 I_{min} 值,并由 LED 电光特性曲线确定出 $0 \sim 2I_{min}$ 对应的光功率的变化量 ΔP_{min}。则接收器允许的最小光信号的峰一峰值,不会大于 ΔP_{min},故 ΔP_{min} 可以作为实验接收系统允许的最小光信号的幅值。

【注意事项】

(1) 发送器 W_1 和 W_2 在实验前(开机之前)和实验后都要逆时针旋转到最小,以防止冲击电流损坏 LED。

(2) 实验中 LED 上的直流偏置电流要小于 20 mA,以防止烧坏 LED。

【数据表格】

表 S14-1　LED 伏安特性的测定

$I_{偏}$/mA										
U/V										

表 S14-2　LED 传输光纤组件电光特性的测定

$I_{偏}$/mA	0	2	4	6	8	10	12	14	16	18	20
光功率 P/μW											

表 S14-3　硅光电二极管特性及响应度的测定

$R_{\mathrm{f}}=$ _____ (　　)

万用表/mV 光功率/μW	反压/V 0	1	2	3	4	5	6	7	8
0									
5									
10									
15									
20									
25									

表 S14-4　LED 偏置电流与系统无非线性失真的最大调制幅度关系的测定

$I_{偏}$/mA	5	10	15	20
电压幅值/mV （峰-峰值）				

【数据处理要求】

（1）在坐标纸上画出 LED 的伏安特性曲线（以 D2 的读数为横轴、以 D1 的读数为纵轴），并用文字进行描述。

（2）在坐标纸上画出 LED 光纤组件的电光特性曲线（以 LED 的电流为横轴、以光功率计的读数（为纵轴），并用文字进行描述。

（3）列表计算在各个不同光功率和不同反压下硅光电二极管 SPD 的光电流 I，SPD 光电流 $I=\dfrac{V_0}{R_{\mathrm{f}}}$。

（4）以反压 U 为横轴、SPD 光电流 I 为纵轴，在坐标纸上画出 SPD 的反向伏安特性曲线（与光功率 P 对应）。

（5）以光功率 P 为横轴、SPD 光电流 I 为纵轴，在坐标纸上画出当反压为零时 SPD 的 I-P 特性曲线，从图上求出 SPD 的响应度 $R=\dfrac{\Delta I}{\Delta P}$。

（6）在坐标纸上画出 LED 偏置电流与系统无非线性失真的最大调制幅度的关系曲线，即 $V_{\max}-I_{偏}$（无截止）。

【思考与讨论】

（1）发送器电路包括哪几部分，其中 IC1 和 BG1 的作用是什么？接收器电路包括哪几部分，其中 R_{f} 的作用是什么？

（2）在进行光信号的远距离传输时应如何设定偏置电流和调制幅度？

（3）信号传输过程中如何判断调制信号幅度过大？

（4）在音频信号范围内整个系统的频带宽度取决于什么？

实验 15　光栅的衍射

光栅由大量等宽、等间距、排列紧密的平行狭缝构成。广义地说,光栅是具有空间周期性结构的用于分光的光学元件。光栅的种类很多,广泛应用于光谱分析、计量、光通信和信息处理等领域。按光路情况可以分为透射式光栅和反射式光栅;按制造的方法分有原制光栅、复制光栅和全息光栅。由于原制光栅是借助于精密的刻线机在玻璃上用金刚石刻制出来的,技术性很强,生产成本很高,价格昂贵。现代使用的多是复制光栅和全息光栅。本实验所用的光栅是平面透射全息光栅,是用激光全息照相法拍摄于感光玻璃板上制成的。

【实验目的】

(1) 观察光的衍射现象,了解光栅衍射的基本规律。

(2) 进一步熟悉分光计的调节和使用。

(3) 学习和掌握用平面透射光栅测定光栅常数和光波波长的原理和方法。

(4) 学习测量光栅角色散的方法。

【实验原理】

如图 S15-1 所示,波长为 λ 的单色平行光垂直入射到缝宽为 a、缝间距为 b 的光栅平面上时,通过每一狭缝的光线因衍射将向各个方向传播,而缝与缝之间透过的光又要发生干涉,经透镜会聚在焦平面上形成衍射图样。

根据光栅衍射理论,对于衍射角为 φ 的平行光束,如图 S15-2 所示,透过相邻狭缝的光程差为 $(a+b)\sin\varphi$,令 $d=a+b$ 为光栅常数,则形成明条纹的条件为

$$d\sin\varphi_k=k\lambda \qquad k=0,\pm1,\pm2,\pm3,\cdots \qquad (\text{S15-1})$$

式(S15-1)为单色平行光垂直入射条件下的光栅方程。其中,k 为明条纹的级数,φ_k 为 k 级明条纹的衍射角。

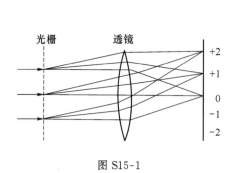

图 S15-1

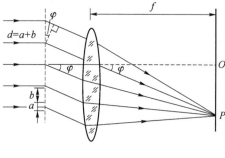

图 S15-2

由于明纹是由许多光束干涉叠加的,其亮度比单缝衍射光的亮度大得多。

如果入射光不是单色光而是复色光,则由式(S15-1)可以看出,对于同一级谱线(k 相同)各色光的波长 λ 不同,其衍射角 φ_k 也各不相同,入射的复色光将被分解。在中央 $k=0$,$\varphi_k=0$ 处,各色光仍重叠在一起,组成中央明条纹。在中央明条纹两侧对称地分布着 $k=\pm1,\pm2,\cdots$

级光谱,各级光谱线都按波长大小的顺序依次排列成一组彩色谱线(图 S15-3),这样就把复色光分解为单色光,我们称光栅对复色光的这种衍射图样之为光栅光谱。

由光栅方程式(S15-1)可知,用分光测出某已知波长 λ 谱线的第 k 级衍射角 φ_k,便可计算出光栅常数 d;反之,如果光栅常数 d 为已知,则可测出光波的波长 λ。

如图 S15-4 所示,利用分光计可测量衍射角 φ,光源(汞灯)发出的光线经过平行光管垂直照射到光栅上,通过望远镜观察谱线位置,从而测得衍射角 φ。

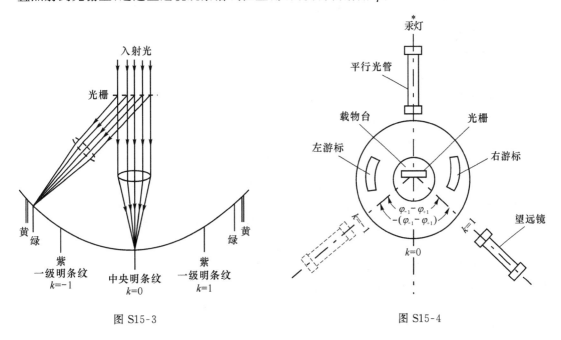

图 S15-3   图 S15-4

角色散是光栅、棱镜等分光元件的重要参数,它表示单位波长间隔内同一级光谱中两单色谱线之间的角间距,即角色散的定义为

$$D = \frac{\mathrm{d}\varphi_k}{\mathrm{d}\lambda} (\mathrm{rad/nm}) \tag{S15-2}$$

由光栅方程式(S15-1)两边微分,有

$$d \cdot (\cos \varphi_k) \cdot \mathrm{d}\varphi_k = k \mathrm{d}\lambda$$

可得光栅的角色散

$$D = \frac{\mathrm{d}\varphi_k}{\mathrm{d}\lambda} = \frac{k}{d \cos \varphi_k} (\mathrm{rad/nm}) \tag{S15-3}$$

由式(S15-3)可知,光栅光谱具有以下特点:光栅常数 d 越小(即每毫米所含光栅刻线数目越多),角色散越大;光谱的级次愈高,角色散也愈大;在衍射角 φ 很小时,式(S15-3)中的 $\cos \varphi_k \approx 1$ 可看作不变,则光谱的角色散 D 可看作一常数,即光谱随波长的分布比较均匀,这与棱镜的不均匀色散是明显不同的。

光栅具有将入射光分解为按波长排列的光谱的功能,所以它是一种分光元件,用它可以做成光栅光谱仪或摄谱仪。此外,光栅衍射条纹与单缝衍射条纹相比,由于光栅明纹是由许多光束叠加而成的,因此明条纹亮而且细,各级明条纹之间有较暗的背景,分辨率高。

【实验仪器】

分光计、光栅、光学平行平板和汞灯。

【实验内容】

（1）调节分光计。按实验 12 中有关分光计调节的方法，对分光计进行调节，使其达到以下要求：

① 望远镜聚焦于无穷远处。

② 望远镜、平行光管的光轴均垂直于仪器中心轴。

③ 平行光管发出平行光。

（2）光栅位置的调节（分光计调节完成后方可进行这部分的调节）。

① 调节光栅平面（有刻度的一面）垂直于入射的平行光。

将光栅如图 S15-5 所示放置在分光计的载物台上。转动已调节好的望远镜正对平行光管，使之同轴后转动载物台，使光栅的一面正对望远镜，用自准法调节光栅平面与望远镜光轴垂直（注意：望远镜已经调好，它的水平倾斜度调节螺钉不能动）。调节载物台下的螺钉 2、3，使十字反射像与分划板叉丝重合，中央明条纹的中线与分划板十字线的竖线重合（简称三线重合），此光栅平面就垂直于平行光管了，即入射平行光垂直于光栅。

② 调节光栅的刻痕与分光计中心转轴平行。

转动望远镜，观察光谱，调节载物台下的螺钉 1，使得分列在零级明条纹两侧的每条谱线的高度都应当被分划板中心线的水平线所平分，即左、右两侧的光谱线在同一水平线上。

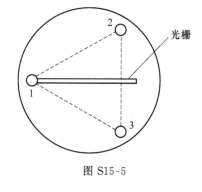

图 S15-5

（3）观察汞灯光谱（图 S15-3），测汞光谱线的衍射角。

因式（S15-1）是在光垂直入射光栅的条件下推得的，所以测量时一定要保证平行入射光垂直于光栅平面，即入射角为零。依次测量汞光谱中 $k=-1，-2，+1，+2$ 各级中蓝紫光和绿光的位置，记录测量数据，填表 S15-1，并按式（S15-4）计算谱线的衍射角：

$$\varphi_k = \frac{1}{4}(|\varphi_{k左1} - \varphi_{k左2}| + |\varphi_{k右1} - \varphi_{k右2}|) \tag{S15-4}$$

【注意事项】

（1）光栅是易损的光学元件，使用时要小心，不能用手摸光栅面，只能接触支架。

（2）汞灯在使用中不能频繁启闭，若关闭后需再次打开，必须等温度降低、汞蒸气的气压降到适当程度后再开启。

（3）汞灯光线很强，不要长时间直视。

（4）分光计必须按操作规程调整到测试状态。

（5）光栅位置调整过程中，调节后一项时可能会对前一项的状况有些破坏，故应重复检查。光栅位置确认调好后，在实验过程中不应移动。

【数据表格】

将实验中汞光谱衍射角测量数据记入表 S15-1。

表 S15-1　光栅衍射实验数据

颜色	级次	$\varphi_{左1}$	$\varphi_{右1}$	$\varphi_{左2}$	$\varphi_{右2}$	$\varphi_k = \dfrac{1}{4}(\mid \varphi_{k左1} - \varphi_{k左2} \mid + \mid \varphi_{k右1} - \varphi_{k右2} \mid)$
蓝紫	1					
绿	1					
蓝紫	2					
绿	2					

【数据处理要求】

（1）列表计算汞光中蓝紫光和绿光一级谱线的衍射角及不确定度。

（2）将 φ_k 和波长之值（已知绿光谱线的波长为 546.07 nm）代入式（S15-1），求光栅常数及不确定度。

（3）计算汞中一级谱线的波长 $\lambda \pm u(\lambda)$。

（4）计算光栅一级衍射的角色散。

【思考与讨论】

（1）比较棱镜和光栅分光的主要区别。

（2）如何判断平行光是否垂直入射光栅？若不严格垂直对实验结果有何影响？

（3）如何判断和调节光栅刻痕与分光计主轴平行？若不平行，整个光谱会有何变化？对测量结果有无影响？

实验 16　光的偏振

光的干涉和衍射现象有力地说明了光具有波动性，而光的偏振现象则能进一步说明光是横波，即光的振动方向垂直于它的传播方向。1808 年，法国物理学家马吕斯（E. L. Malus）在实验中发现了光的偏振现象。通过对光的偏振现象的研究，人们对光的传播（反射、折射、吸收和散射等）的规律有了新的认识。使光的偏振现象和原理在光学计量、晶体性质研究、光学信息处理等方面有着广泛的应用。

【实验目的】

（1）观察光的偏振现象，加深对光的偏振基本规律的认识。

（2）掌握产生和检验偏振光的原理和方法。

【实验原理】

光以波动的形式在空间传播，它属于电磁波，它的电矢量 E 和磁矢量 H 相互垂直。且 E 和 H 均垂直于光的传播方向，故光波是横波。实验证明，光效应主要由电场引起，所以将

电矢量 E 的方向定为光矢量的振动方向。

1. 光的偏振态

光波是横波,光矢量 E 在垂直于光传播方向的平面内振动。

普通光源发出的光是由大量原子或分子辐射形成的,单个原子或分子每次辐射的光振动方向是一定的。但各个原子或分子各次发光时刻、振动初位相和振动方向具有随机性。从统计的结果看,大量的原子或分子辐射的光在各个方向振动的概率是相同的,没有哪一个方向占优势,即在所有可能的方向上,E 的振幅都相等,这种光称为自然光,如图 S16-1(a)所示。

在任意时刻,我们可以把各个光矢量分解成互相垂直的两个光矢量分量,用如图 S16-1(b)所示的方法表示自然光,每个方向的光强各占自然光总光强的一半。但应注意,由于自然光中各个光振动是互相独立的,所以合起来的相互垂直的两个光矢量分量之间并没有恒定相位差。图 S16-1(c)可简明表示自然光的传播情况,箭头表示传播方向,点和短线分别表示垂直于纸面和平行于纸面的振动。

在光的传播过程中,由于反射、折射或吸收等原因,有些光矢量在某一个方向上出现的概率大于其他方向,这样的光称为部分偏振光,如图 S16-2 所示。

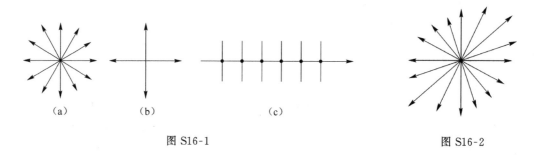

(a)　　　　(b)　　　　　　(c)

图 S16-1　　　　　　　　　　　　　　　图 S16-2

在光的传播过程中,光矢量的振动方向保持在某一确定方向的光称为线偏振光,如图 S16-3(a)所示,光矢量振动方向始终平行于纸面,图 S16-3(b)中光矢量振动方向始终垂直于纸面。

根据振动理论,沿同一方向传播、频率相同、振动方向相互垂直、具有固定相位差 $\Delta\varphi$ 的两线偏振光的合成光矢量末端的轨迹既可以是直线,也可以是椭圆或圆。

若

$$\Delta\varphi = k\pi \quad k = 0, \pm 1, \pm 2, \cdots \quad \text{(S16-1)}$$

两线偏振光的合矢量始终在同一方向作简谐振动,故合成光仍然是线偏振光。

若

$$\Delta\varphi = (2k+1)\frac{\pi}{2} \quad k = 0, \pm 1, \pm 2, \cdots \quad \text{(S16-2)}$$

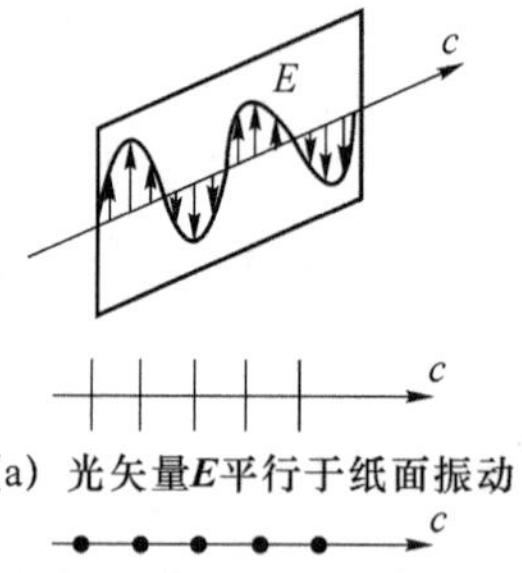

(a) 光矢量 E 平行于纸面振动

(b) 光矢量 E 垂直于纸面振动

图 S16-3

当两线偏振光的振幅不同时,合矢量端点的轨迹是椭圆,其合成光称椭圆偏振光,如图 S16-4 所示;当两线偏振光的振幅相同时,合矢量端点的轨迹是圆,其合成光称圆偏振光,如图 S16-5 所示。

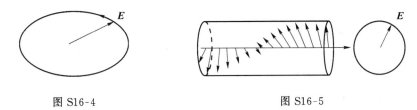

图 S16-4　　　　　　　　　　　　图 S16-5

因此偏振光又分为线偏振光、椭圆偏振光和圆偏振光。反之,线偏振光、椭圆偏振光和圆偏振光都可以分解成两个振动方向互相垂直的具有相同的传播方向和频率以及对应有确定的相位关系的线偏振光。

2. 获得和检验偏振光的常用方法

将自然光变成偏振光的器件称起偏器,用来检验偏振光的器件称检偏器。检偏器可以作起偏器用,起偏器也可以作为检偏器用。下面介绍我们实验中使用的产生偏振光和检验偏振光的方法及有关定律。

(1) 偏振片的起偏与检偏　马吕斯定律

某些物质(如硫酸金鸡钠碱)能吸收某一方向的光振动,而只让与这个方向垂直的光振动通过,这种性质称为二向色性。把具有二向色性的材料涂敷在透明塑料片或玻璃片上便成为偏振片。当自然光照射在偏振片上时,它只让某一个特定方向的光振动通过,这个方向叫做偏振化方向(透光轴),通常用记号"$\updownarrow$"表示,并标示在偏振片上。因此,自然光通过偏振片后,就成为光矢量的振动方向与偏振化方向平行的偏振光,如图 S16-6 所示。但实际上由于吸收不完全,所得的偏振光只能达到一定的偏振程度,其偏振程度的高低要视偏振片的质量而定。

若在偏振片 P_1 后面再放一偏振片 P_2,P_2 就可以检验经 P_1 后的光是否为偏振光,即 P_2 起了检偏器的作用。当起偏器 P_1 和检偏器 P_2 的偏振化方向(透光轴)之间的夹角为 φ,如图 S16-7 所示,则透过检偏器 P_2 的偏振光强度 I 满足马吕斯定律

$$I = I_0 \cos^2 \varphi \tag{S16-3}$$

其中 I_0 为入射到检偏器的光强。

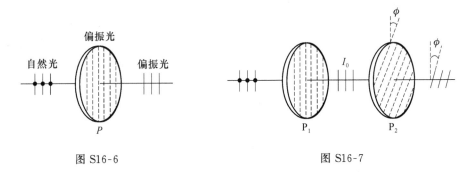

图 S16-6　　　　　　　　　　　　图 S16-7

由式(S16-3)可知,线偏振光通过检偏器 P_2 的透射光强 I 随 ϕ 作周期性变化。如果转动检偏器,透射光强随之变化:当 $\phi = 0°$ 时,透射光强 $I = I_0$ 最大;当 $\phi = 90°$ 时,会出现全暗情形(消光状态),即 $I = 0$;如果自然光照射到检偏器上,则不论怎样转动检偏器,透射光

强都不变化;如果是部分偏振光照到检偏器上,则转动检偏器,透射光强有变化,但不为零(没有全暗)。

(2) 波片和偏振光的偏振态

当一束光射入各向异性的晶体时,会产生双折射现象,分成两束振动方向不同的线偏振光,晶体对这两束光的折射率不同。其中一束遵守折射定律的折射光称为寻常光或 o 光;另一束一束不遵守折射定律的折射光称为非常光或 e 光。参见图 S16-8。研究发现,在双折射晶体材料中还存在一个的特殊方向,当沿着这个特殊的方向传播时不发生双折射,该方向称为晶体的光轴。

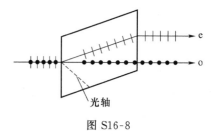

图 S16-8

当振幅为 A,振动方向与光轴的夹角为 θ 的线偏振光垂直入射到厚度为 d、表面平行于自身光轴的各向异性晶体片上 后,分解为振动方向相互垂直的、沿相同方向传播的 e 光和 o 光,如图 S16-9 所示。则 有

$$\begin{cases} A_e = A\cos\theta \\ A_o = A\sin\theta \end{cases} \qquad\text{(S16-4)}$$

折射率不同的 o 光和 e 光 ,传播速度也不相同,经过厚度为 d 的晶体片后,o 光和 e 光之间产生的光程差为

$$\Delta L = (n_o - n_e)d \qquad\text{(S16-5)}$$

相位差为

$$\Delta\varphi = \frac{2\pi}{\lambda}(n_o - n_e)d \qquad\text{(S16-6)}$$

其中,λ 为光在真空中的波长,n_o 和 n_e 分别为晶体对 o 光和 e 光的折射率。

因此,平面偏振光经过晶体片以后,o 光、e 光可视为两个沿着同一方向传播、振幅不同、有一定相位差、振动方向互相垂直的两束偏振光,出射光则为这两束偏振光的合成。入射光的振动方向与光轴的夹角 θ 及晶片的厚度 d 是决定合振动矢量端点轨迹(合振动的偏振态)的重要因素。在偏振技术中,常将这种能使互相垂直的光振动产生一定相位差的晶体片叫做波片。

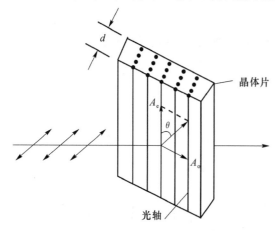

图 S16-9

对于波长为 λ 的单色光,凡是其厚度 能使 o 光和 e 光之间产生 $\Delta\varphi = \pm 2k\pi$,$(k=1,2,3\cdots)$相位差的波片,称为 λ 光的全波片。相应的光程差 $\Delta L = \pm k\lambda$。

波片的厚度能使 o 光和 e 光之间产生 $\Delta\varphi = \pm(2k+1)\pi$ $(k=1,2,3\cdots)$相位差时,该波片称为 λ 光的半波片或 1/2 波片。相应的光程差 $\Delta L = \pm(2k+1)\frac{\lambda}{2}$。

波片的厚度 能使 o 光和 e 光之间产生 $\Delta\varphi=\pm k\pi+\dfrac{\pi}{2}$ $(k=1,2,3\cdots)$ 相位差时,该波片称为 λ 光的 1/4 波片。相应的光程差 $\Delta L=\pm(2k+1)\dfrac{\lambda}{4}$。

当波片的厚度不等于以上各值时,线偏振光垂直通过波片后一般产生椭圆偏振光。

由式(S16-1)可知,线偏振光垂直通过半波片或全波片后,仍为线偏振光。

由式(S16-4)可知,线偏振光通过 1/4 波片后的偏振状态随偏振光的振动方向与波片光轴的夹角 θ 的不同而不同:θ＝0 时,$A_o=0$,$A_e\neq0$,出射光中只有振动方向平行于波片光轴的线偏振光;θ＝±90°时,$A_e=0$,$A_o\neq0$,出射光中只有振动方向垂直于波片光轴的线偏振光;θ＝±45°时,$A_e=A_o$,由式(S16-2)可知,产生圆偏振光;θ 为其他值时,产生椭圆偏振光。反之,椭圆偏振光垂直通过 1/4 波片后,可能仍然是椭圆偏振光,但是,当椭圆的长轴(或短轴)与 1/4 波片的光轴垂直或平行时,则变为线偏振光;而圆偏振光垂直通过 1/4 波片后,将变成线偏振光。由此可见,波片的作用可以使光的偏振态发生改变。

自然光和部分偏振光的两个正交分量之间的相位差是无规则的,因而自然光或部分偏振光通过波片后仍为自然光或部分偏振光。

(3) 偏振光的光强

用检偏器检验偏振光时,由式(S16-3)马吕斯定律可知,透射光的强度随检偏器的偏振化方向(透光轴)而变。

在两个偏振片 P_1 和 P_2 之间插入 1/4 波片,且三元件的平面彼此平行,如图 S16-10 所示,单色自然光垂直通过起偏器 P_1 变成光强为 I_1 的线偏振光 。当 1/4 波片的 光轴(e 轴)与起偏器 P_1 的透光轴间的夹角为 θ、与检偏器 P_2 的透光轴间的夹角为 φ 时,若不计各器件的光能损失,则透过偏振片 P_2 后光强为

$$I_2=I_1(\cos^2\theta\cos^2\phi+\sin^2\theta\sin^2\phi) \tag{S16-7}$$

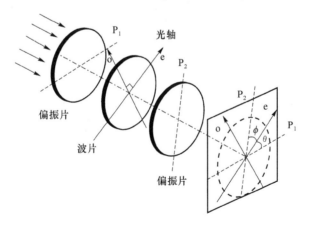

图 S16-10

θ＝0 时,透过偏振片 P_2 后光强为

$$I_2=I_1\cos^2\phi \tag{S16-8}$$

说明通过 1/4 波片后照射到偏振片 P_2 的是线偏振光,由此式得相对光强分布为

$$\frac{I_2}{I_1}=\frac{1}{2}+\frac{1}{2}\cos(2\phi) \tag{S16-9}$$

$\theta=45°$时,透过偏振片 P_2 后光强为

$$I_2=\frac{1}{2}I_1 \tag{S16-10}$$

说明通过 1/4 波片后照射到偏振片 P_2 的是圆偏振光,相对光强

$$\frac{I_2}{I_1}=\frac{1}{2} \tag{S16-11}$$

$\theta=60°$时,透过偏振片 P_2 后光强为

$$I_2=I_1\left(\frac{1}{4}+\frac{1}{2}\sin^2\phi\right) \tag{S16-12}$$

则照射到偏振片 P_2 的是椭圆偏振光,由此式可得出相对光强分布

$$\frac{I_2}{I_1}=\frac{1}{2}-\frac{1}{4}\cos(2\phi) \tag{S16-13}$$

极坐标的相对光强分布曲线如图 S16-11 所示。

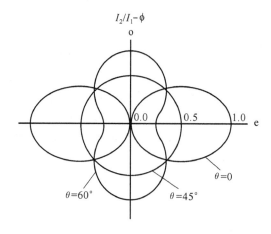

图 S16-11

（4）旋光现象

线偏振光的光矢量方向和光的传播方向构成的平面叫偏振面。线偏振光通过某些物质时,偏振面发生旋转的现象称为旋光现象;使线偏振光的偏振面产生旋转的物质称为旋光性物质;偏振面转过的角度与通过的物质的旋光性及厚度有关。

【实验仪器】

光学导轨及光具座、半导体激光器、功率指示计、光探头、偏振片、1/4 波片、1/2 波片、旋光晶体、观察屏。

【实验内容】

（1）观测半导体激光的光强变化规律。

① 定性观察:参考图 S16-6 所示光路,用观察屏接收半导体激光通过一偏振片的透射

光。以光线方向为轴转动偏振片 360°,观察光强变化规律。

② 定量记录:用光探头代替观察屏,在消光位置将功率指示计调为零,透光最亮时确定光功率计量程,通过功率指示计定量地测出偏振片转动的角度与光强的变化关系(填入表 S16-1),记录光强的各极大值和各极小值及其相对应的偏振片角度(其角度可能不是表中所列数值,而介于表格中某两个相邻数值之间,需仔细测定)。

(2) 观测线偏振光的光强变化规律,验证马吕斯定律。

① 定性观察:参考图 S16-7 所示的光路,以半导体激光器作光源,固定起偏振片 P_1 的方位,将检偏振片 P_2 转动 360°,用观察屏观察通过检偏振片 P_2 的光强变化情况。

② 定量记录:用光探头代替观察屏,通过功率指示计定量地得出 P_2 转过的角度 α 与光强 I 的变化规律。当功率指示计读数为零时,即 P_1、P_2 的偏振化方向垂直,此时 $\alpha=90°$,再将 α 从 90° 到 0° 每转动 10° 记录一次功率计显示的数值 I(填入表 S16-2)。

(3) 观测不同偏振态的偏振光的光强分布规律。

① 定性观察

a. 仍参考图 S16-7 所示光路,以半导体激光器作光源,用观察屏接收通过检偏振片 P_2 的光束。转动检偏振片 P_2,当偏振片 P_1、P_2 的偏振化方向相互正交时观察到屏上出现消光现象。

b. 在保持偏振片 P_1、P_2 的偏振化方向相互正交的状态下,将 1/4 波片置于两个偏振片 P_1、P_2 之间,如图 S16-10 所示。以光线方向为轴将 1/4 波片转动 360°,观察光强变化情况并对观察到的现象进行解释。

c. 在保持偏振片 P_1、P_2 的偏振化方向相互正交的状态下,转动 1/4 波片,使观察屏上出现消光现象。

d. 在上述③的基础上保持起偏振片 P_1 和 1/4 波片的方位不变,将检偏振片 P_2 转动 360°,观察光强变化情况。

e. 在上述 c 的基础上保持起偏振片 P_1 不变,将 1/4 波片从消光位置转过 20° 后,将检偏振片 P_2 转动 360°,观察光强变化情况。

f. 在上述基础上,将 1/4 波片再转过 25°(即波片从消光位置转过 45°),将检偏振片 P_2 转动 360°,观察光强变化情况。

将上述 b、d、e、f 步骤中定性观察到的现象填入表 S16-3。

② 定量记录

用光探头代替观察屏对准 P_2 射出的光束,重复上述定性观察的步骤,但用光功率计测量 P_2 转过的角度 α 及对应的光强 I。从 0~350° 每转 10° 记录一次光强的数值(填入表 S16-4)。

(4) 以 1/2 波片替换 1/4 波片重复步骤 3,观测线偏振光通过 1/2 波片后的偏振态。并对观察到的现象进行分析说明。

(5) 将波片换成旋光晶体,观察旋光现象。

【注意事项】

(1) 切勿迎着激光束看激光,以免损伤眼睛。

（2）偏振片离光源不能太近，以免温度过高损坏偏振片。

（3）光学仪器应轻拿轻放，禁止用手直接接触光学表面。

（4）激光束应沿着轨道平面，对准光探头。

【数据表格】

（1）测量半导体激光通过偏振片（检偏器）的透射光强，并测得光强极大值和极小值所相对应的偏振片的角度。

表 S16-1　激光通过偏振片的透射光强

$\alpha/(°)$	0	10	20	30	40	50	60	70	80	90	100	110
光强 I												
$\alpha/(°)$	120	130	140	150	160	170	180	190	200	210	220	230
光强 I												
$\alpha/(°)$	240	250	260	270	280	290	300	310	320	330	340	350
光强 I												

光强最大处(I,α) _____。

光强最小处(I,α) _____。

（2）验证马吕斯定律：测量起偏器与检偏器夹角为 α 时的光强（功率计读数）I（消光处 $\alpha = 90°$）。

表 S16-2　起偏器与检偏器夹角为 α 时的光强

$\alpha/(°)$	90	80	70	60	50	40	30	20	10	0
$\cos^2\alpha$										
光强 I										

（3）用观察屏观察偏振光的光强变化情况：分别观察并记录 1/4 波片和检偏器转动一周的光强大小变化及消光次数。

表 S16-3　1/4 波片和检偏器转动一周的光强大小变化及消光次数

2 个偏振片偏振化方向垂直	波片转动一周观察到的现象
波片从消光位置转过的角度	检偏器转动一周观察到的现象
0°	
20°	
45°	

（4）测量偏振光光强分布规律

表 S16-4　偏振光光强分布规律

光强读数 波片 偏振片	1/4 波片从消光位置转过的角度 θ			光强读数 波片 偏振片	1/4 波片从消光位置转过的角度 θ		
	0°	20°	45°		0°	20°	45°
0°				180°			
10°				190°			
20°				200°			
30°				210°			
40°				220°			
50°				230°			
60°				240°			
70°				250°			
80°				260°			
90°				270°			
100°				280°			
110°				290°			
120°				300°			
130°				310°			
140°				320°			
150°				330°			
160°				340°			
170°				350°			

（左侧第一列标题：检偏器旋转的角度 α；右侧对应列标题：检偏器旋转的角度 α）

【数据处理要求】

（1）根据表 S16-2 中的数据，在直角坐标系中以光强 I 为纵坐标、以 $\cos^2\alpha$ 为横坐标，作 $I-\cos^2\alpha$ 曲线，验证马吕斯定律。

（2）用极坐标作不同偏振状态的偏振光的相对光强分布图，建议使用作图软件。

【思考与讨论】

（1）根据实验现象说明线偏振光通过波片后的偏振状态。

（2）如何用实验的方法来区分自然光、部分偏振光、线偏振光、椭圆偏振光和圆偏振光？

实验 17　迈克尔逊干涉仪的调整与使用

迈克尔逊干涉仪是 1883 年美国物理学家迈克尔逊和莫雷合作并研究"以太"漂移而设计的精密光学仪器，不仅对物理学的发展起过重要的作用，而且现代许多干涉仪都是在迈克尔逊干涉仪的基础上发展起来的。这些精密仪器用于测量光波波长、微小长度、光源的相干长度、折射率,并用于研究温度、压力等对光传播的影响,在近代物理学和计量技术中得到广泛的应用。

【实验目的】

(1) 了解迈克尔逊干涉仪的结构,学习调节和使用方法。
(2) 观察不同定域状态的干涉条纹。
(3) 测量单色光的波长。
(4) 观察光源的光谱分布对干涉条纹的影响。

【实验原理】

1. 光干涉加强和减弱的极值条件

频率相同、振动方向相同、相位相同或相位差恒定的光波,在相遇区域内形成稳定分布的明暗条纹的现象,称为光的干涉。

能够产生干涉现象的光称为相干光。

两光干涉加强和减弱的极值条件:

$$\Delta L=\begin{cases} k\lambda & \text{明纹} \\ (2k+1)\dfrac{\lambda}{2} & \text{暗纹} \end{cases} \tag{S17-1}$$

其中,ΔL 为光程差,λ 为光的波长,k 为条纹级次。

2. 迈克尔逊涉仪的光路原理

迈克尔逊干涉仪是一种利用分振幅法产生双光束以实现干涉的精密光学仪器。迈克尔逊干涉仪的光路如图 S17-1 所示。图中 M_1、M_2 是两块平面反射镜,G_1、G_2 是两块等厚的平板玻璃,分别与 M_1、M_2 成 45°角。光源 S 上一点发出的光线射到玻璃平板 G_1 的半反射层 K 上被分为强度相等的两部分:反射光线"1"和透射光线"2"。故通常把 G_1 称为分光板。光线"1"射到 M_1 上被反射回来后,透过 G_1 到达 E 处。光线"2"透过 G_2 射到 M_2,被 M_2 反射回来后再透过 G_2 射到 K 上,再被 K 反射而到达 E 处。这两条光线是由一条光线分出来的,所以它们是相干光。如果没有 G_2,到达 E 的光线"1"通过玻璃平板 G_1 三次,光线"2"通过玻璃平板 G_1 仅一次,这样两束光到达 E 时会存在较大的光程差。放上玻璃平板 G_2 后,使光线"2"又通过玻璃平板 G_2 两次,这样就补偿了光线"2"到达 E 时光路中所缺少的光程。所以,通常将 G_2 称为补偿板。光线"2"也可看作是从半反射层中看到的 M_2 的虚像 M_2' 反射来的。M_1、M_2 所引起的干涉和 M_1、M_2' 所引起的干涉是等效的。因 M_2' 不是实物,故可方便地通过改变 M_1 的位置改变 M_1 和 M_2' 之间的距离,甚至可以使 M_1 和 M_2' 重叠和相交。

迈克尔逊干涉仪使两个相互垂直的平面镜形成一等效的空气薄膜,并可提供多种不同类型的干涉用于观测。

3. 干涉条纹的形成

(1) 点光源产生非定域干涉条纹

两个相干的单色点光源所发出的球面波在相遇的空间处处皆可产生干涉现象,因此这种干涉称为非定域干涉。

激光经扩束镜(短焦距凸透镜)会聚后的光束,可视为一个线度小、强度足够大的点光源。如图 S17-2 所示,点光源 S 发出的光束经 M_1、M_2' 反射后相当于由两个虚光源 S_1、S_2 发出的相干光束,但 S_1 和 S_2 间的距离为 M_1 和 M_2' 间距 d 的两倍,即 $S_1 S_2 = 2d$。虚光源 S_1、S_2 发出的球面波在它们相遇的空间处处相干。若用毛玻璃屏观察干涉图样,当观察屏 E 垂直于 $S_1 S_2$ 连线时,屏上出现的干涉条纹是一组同心圆,圆心在 $S_1 S_2$ 延长线和屏的交点 O 上。将观察屏 E 沿 $S_1 S_2$ 方向移动到任何位置都可以看到干涉条纹,因而是非定域的干涉。

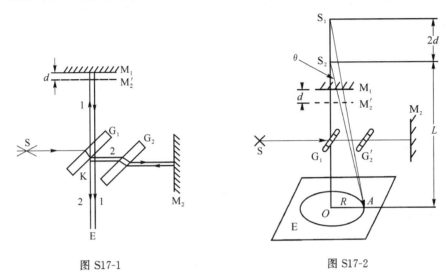

图 S17-1   图 S17-2

设 S_2 到 O 点的距离为 L,S_1 和 S_2 到屏上任一点 A 的光程差为

$$\Delta L = \overline{S_1 A} - \overline{S_2 A} = \sqrt{(L+2d)^2 + R} - \sqrt{L^2 + R^2}$$

由于 $L \gg d$,进行二项式展开,略去二阶无穷小项,可得到

$$\Delta L = \frac{2dL}{\sqrt{L^2 + R^2}} = 2d\cos\theta$$

则由式(S17-1)可知

$$\Delta L = 2d\cos\theta = \begin{cases} k\lambda & 明纹 \\ (2k+1)\dfrac{\lambda}{2} & 暗纹 \end{cases} \tag{S17-2}$$

其中,k 为干涉条纹的级次,λ 为光的波长。

由式(S17-2)可知:

① d、λ 一定时,若 $\theta = 0$,光程差 $\Delta L = 2d$ 最大,即圆心所对应的干涉级次最高,从圆心向外的干涉级次依次降低。

② k、λ 一定时,若 d 增大,θ 随之增大,则条纹的半径也增大。可以看到,当 d 增大时,圆环一个个从中心"吐出"后向外扩张,干涉圆环的间隔变小,看上去条纹变细变密;当 d 减小时,圆环逐渐缩小,最后"吞进"在中心处,干涉条纹变粗变疏。

③ 对 $\theta = 0$ 的明条纹,有

$$\Delta L = 2d = k\lambda \tag{S17-3}$$

可见,每"吐出"或"吞进"一个圆环,相当于光程差改变了一个波长 λ。

当 d 变化了 Δd 时,相应地"吐出"(或"吞进")的环数为 Δk,则

$$\Delta d = \Delta k \frac{\lambda}{2} \qquad\qquad (\text{S}17\text{-}4)$$

从迈克尔逊干涉仪的读数系统上测出 M_1 移动的距离 Δd 并数出相应的"吞吐"环数 Δk，就可以求出光的波长 λ。

（2）面光源产生定域干涉条纹

用迈克尔逊干涉仪还可以观测扩展的面光源产生的定域干涉条纹。面光源中每一点发出的光各自在干涉场中产生一组干涉条纹，各组干涉条纹之间都有一定的位移。无数组干

涉条纹非相干叠加的结果，使得干涉场中的部分区域光强均匀分布，干涉条纹消失；而在另一部分区域，光强仍保持着一定的分布，干涉条纹依然存在。这种由面光源产生的在特定区域内存在着的干涉现象，称为定域干涉。定域干涉条纹的形状和定域的位置取决于 M_1、M_2' 的位置和取向，可分为等倾干涉和等厚干涉。

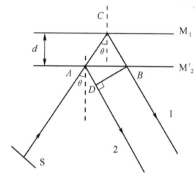

图 S17-3

① 等倾干涉

如图 S17-3 所示，当 M_1、M_2' 相互平行时，面光源上某点发出的入射角为 θ 的单色光经 M_1、M_2' 反射成为相互平行的"1"和"2"两光束，两光束的光程差

$$\Delta L = AC + BC - AD = \frac{2d}{\cos\theta} - 2d\tan\theta\sin\theta = 2d\cos\theta \qquad (\text{S}17\text{-}5)$$

干涉条纹是一系列与不同倾角 θ 相对应的明暗相间的同心圆环形条纹，称为等倾干涉条纹。与点光源产生的非定域干涉圆条纹相同：等倾干涉的条纹中，圆心处干涉条纹的级次为最高。当 d 增加时，圆环从中心"吐出"，条纹变细变密，当 d 减小时，圆环在中心被"吞进"，条纹变粗变疏。对圆心 $\theta = 0$ 处，式（S17-3）和式（S17-4）仍适用。由于"1"和"2"两光线相交于无穷远，因此，面光源产生的等倾干涉条纹定域于无穷远。观察时，必须使眼睛聚焦于无穷远处，也可以使用望远镜观察。

② 等厚干涉

当 M_1、M_2' 有一个很小的角度时，M_1 和 M_2' 之间形成楔形空气薄层，就会出现等厚干涉条纹，如图 S17-4 所示。由面光源上某点发出的单色光经 M_1、M_2' 反射后形成的"1"和"2"两光束在镜面附近 P 处相交，产生干涉。把眼睛聚焦在镜面附近，可以观察到等厚干涉条纹，即面光源产生的等厚干涉条纹是定域在薄膜表面附近。

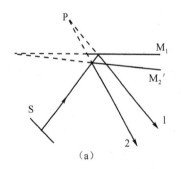

（a）

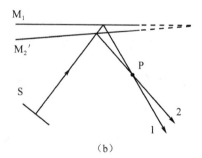

（b）

图 S17-4

当 M_1 和 M_2' 之间的夹角很小时,光线"1"和"2"的光程差仍然可以近似地用式(S17-5)表示,其中 d 是观察点处空气层的厚度,θ 仍为入射角。

当入射角 θ 不大时,$\cos\theta\approx1$,光程差

$$\Delta L = 2d \tag{S17-6}$$

光程差 ΔL 的变化主要决定于厚度 d 的变化。在楔形上厚度相同的地方光程差相同,在 M_1 和 M_2' 交线附近 d 很小,出现的是一组平行于 M_1 和 M_2' 交线的明暗相间的直条纹,因而这种干涉条纹称为等厚干涉条纹。

【实验仪器】

迈克尔逊干涉仪,扩束透镜,半导体激光器和钠光灯。

迈克尔逊干涉仪的结构如图 S17-5 所示。M_1 与 M_2 是两块互相垂直放置的反射镜,M_2 固定在仪器上,M_1 安装在导轨的拖板上。G_1 和 G_2 是厚度均匀且相等、材料相同的抛光玻璃平板。它们的镜面与轨道中心线成 45°角。G_1 背面镀有半反射层 K,可使入射光分成强度相等的反射光和透射光,故称分光板。G_2 称为补偿板。

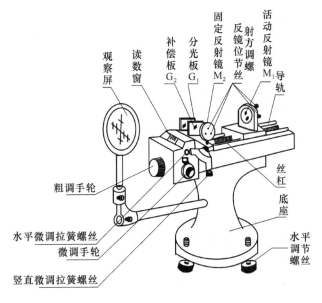

图 S17-5

反射镜 M_1、M_2 的镜架背后各有两个调节螺丝,可用来调 M_1、M_2 的方位。为使 M_2 镜方位更精细地调节,把 M_2 装在一个与仪器固定的悬臂杆的一端,杆端装有两个相互垂直的拉簧,调节水平拉簧螺丝和竖直拉簧螺丝,可极精细地调节 M_2 镜的方位。

M_1 镜所在的导轨拖板由精密丝杠带动可沿导轨前后移动。M_1 镜的位置由三个读数尺所读出的数值来确定。主尺是一个毫米尺,在导轨的侧面,其数值由导轨拖板上的标志线指示;毫米以下的读数由两个螺旋测微装置读出:第一个装在丝杠的一端,由粗调手轮控制,圆刻度盘上均匀刻有 100 个刻度,丝杠螺距为 1 mm,每转动粗调手轮一个刻度时,M_1 镜移动 0.01 mm,转动一周移动 1 mm,其数值可以从读数窗口看到;第二个装在读数窗口的右侧,由微调手轮控制,其圆周上刻有 100 个刻度,微调手轮每转一周,M_1 移动 0.01 mm,即

每转一个刻度时,M_1 只移动 0.000 1 mm。M_1 的位置就是由这三个读数之和表示。这套读数系统可把 M_1 位置读到万分之一毫米,并可在万分之一毫米以下再估读一位。

仪器底座上有三个水平调节螺丝,用来调节整个仪器的水平。

【实验内容】

1. 调整迈克尔逊干涉仪

(1) 对照图 S17-5 了解迈克尔孙干涉仪的结构原理、各部分的作用及仪器的使用方法。

(2) 调节迈克尔逊干涉仪底座的三个调平螺丝,使干涉仪水平。

(3) 转动粗调手轮,使反射镜 M_1 位于 45~50 mm。把两个反射镜 M_1、M_2 背后的螺丝尽量放松,将两个拉簧调节螺丝旋至调节范围中间(不是很松又不是很紧)。

(4) 将激光器放在干涉仪左侧,调节激光管垂直于导轨,激光束射向分光板 G_1 的中心部位,从观察屏的位置可以看到两排光点,每排四个光点,中间两个较亮,旁边两个较暗。

(5) 调节 M_1、M_2 镜背后的两个螺丝,使两排光点一一重合(注意:M_1、M_2 镜背后的两个螺丝不宜调得使压片变形过大,若出现此情况应重新调节),此时两个反射镜 M_1 和 M_2 大致互相垂直。

(6) 校准零点。首先将微调手轮沿某一方向转至零刻线,然后以同方向转动粗调手轮对齐读数窗口中的某一刻度线。测量时,只能沿调零时的同一方向转动微调手轮,以避免螺旋空转。

2. 观察点光源产生的非定域干涉条纹

(1) 将扩束透镜 L 放在激光器与干涉仪之间,使激光束通过透镜后能均匀照到分光板 G_1 上。装上毛玻璃观察屏,这时在毛玻璃观察屏上就会出现非定域干涉条纹。

(2) 在观察屏上出现干涉条纹的基础上,再仔细调节平面镜拉簧螺丝,直到能看到位置适中、清晰的圆环状的干涉条纹。

(3) 转动粗调手轮和微调手轮,可看到干涉圆环"内缩"与"外扩"。根据条纹的"吞进"和"吐出",判别 M_1 和 M_2' 之间的距离 d 是变大还是缩小,观察条纹粗细、疏密和距离 d 的关系。

3. 利用非定域干涉圆条纹测半导体激光的波长

(1) 调好零点后,将微调手轮按调整零点的方向转动,当干涉圆环均匀吞吐后,再沿同一方向转动微调手轮开始进行单向测量:每吞(或吐)50 环记录一次数据,连续测量,共记录 12 个数据。

(2) 列表采用逐差法处理数据,并根据式(S17-4)求出激光的波长 λ,计算出激光波长的不确定度 $u(\lambda)$。其中 $\Delta k/k$ 的误差可以取 2%,即每 100 环可能出现的错环数为 2;$\Delta_仪 = 0.000\ 05$ mm。

4. 观察等倾干涉与等厚干涉现象

(1) 取下观察屏(毛玻璃),将其放在扩束透镜 L 和分光板 G 之间,使点光源发出的球面波经毛玻璃散射成为面光源。

(2) 用眼睛作接收器,这时迎着平面镜 M,可以看到圆条纹。

(3) 进一步调节 M_2 的拉簧螺丝,使眼睛上下、左右移动时各干涉圆的大小不变,圆心没有条纹"吞吐",而仅仅是圆心随着眼睛的移动而移动。这时,我们看到的就是严格的等倾干涉条纹了。

（4）转动粗调手轮，使等倾干涉圆环条纹由细变粗、由密变疏，当视场中出现很少几条圆条纹时（四五条），表示 M_1 与 M_2' 距离很近。此时，稍微调节一下 M_2 的水平拉簧螺丝，使 M_1 与 M_2' 有一微小夹角，这时会观察到几条直条纹，即为等厚干涉条纹。

【注意事项】

（1）不要让没有扩束的激光直接射入眼内，否则会使视网膜受到永久性伤害。

（2）迈克尔逊干涉仪是精密光学仪器，使用过程中切勿用手触摸光学玻璃表面，不要冲着仪器说话、咳嗽。

（3）操作时要轻拿慢拧，绝不允许强扭硬扳。

（4）在改变 M_1 镜位置的过程中，不得将拖板调至两个尽头，以免损坏仪器。

（5）在调节反射镜的两个螺钉和两个微调弹簧时，不可旋得过紧，以防镜面变形。实验完毕后，要把螺钉和弹簧恢复到松弛状态。

（6）为使测量结果正确，避免螺旋空转引入误差，测量前必须对读数系统调整零点，测量时应按调整零点的同一方向转动微调手轮，不可反转。

【数据表格】

测量氦氖激光的波长：每吞（或吐）50 环记录一次数据（记入表 S17-1），连续测量。

为避免螺旋空转引入误差，请先进行调零并在环吞吐均匀后，再开始计数。

表 S17-1　测量氦氖激光的波长

k_i	0	50	100	150	200	250
d_i（　）						
k_{i+6}	300	350	400	450	500	550
d_{i+6}（　）						
$\Delta d = d_{i+6} - d$						

$\Delta k = k_{i+6} - k = 300$　　　$\overline{\Delta d} =$ _____

激光波长 $\lambda = 2\dfrac{\overline{\Delta d}}{\Delta k}$

【数据处理要求】

计算波长的不确定度 $u(\lambda)$：其中 $u(\Delta d) = \sqrt{u_a^2(\Delta d) + u_b^2(\Delta d)}$，$\Delta_仪 = 0.000\,05$ mm；$\dfrac{\Delta k}{k} = 2\%$。并正确表示测量结果。

【思考与讨论】

（1）如果不加补偿板 G_1 会发生什么现象？

（2）什么是定域干涉条纹和非定域干涉条纹？它们产生的条件有何不同？

（3）总结迈克尔逊干涉仪调整要点和规律。

实验 18　液晶的电光效应

1888 年,奥地利植物学家莱尼茨尔(F. Reinitzer)合成了一种奇怪的有机化合物,它有两个熔点。把它的固态晶体加热到 145℃时,便熔成液体,只不过是浑浊的,如果继续加热到 175℃时,它似乎再次熔化,变成清澈透明的液体。后来,德国物理学家列曼把处于"中间地带"的浑浊液体叫做液晶。它好比是既不像马又不像驴的骡子,所以有人将之称为"有机界的骡子"。经过科学家们长期的辛勤研究,特别是 1968 年美国无线电公司的海迈尔(G. H. Heilmeier)发现液晶具有电光效应后,人们对液晶的结构、特性和应用的认识得到了飞跃发展。所谓电光效应就是在电场作用下,液晶的光学特性(如散射、衍射、旋光、吸收等)发生变化的现象。

【实验目的】

(1) 了解液晶的结构特点和物理性质。
(2) 观测液晶的旋光色散和液晶光栅的衍射。

【实验原理】

液晶(Liquid Crystal,LC)是一种高分子材料。液晶种类很多,目前已合成了 1 万多种液晶材料,其中常用的液晶显示材料有上千种,主要有联苯液晶、苯基环己烷液晶及酯类液晶等。液晶的分子有盘状、碗状等形状,但多为细长棒状。根据分子排列的方式,液晶可分为近晶相、向列相和胆甾相。

液晶是一种具有特定分子结构的有机化合物凝聚体,既有液体的流动性,又有晶体的有序性。液晶与各向同性液体的主要区别在于它在结构上具有一定程度的有序性。由于液晶分子一般呈细长棒状,分子长轴的有序排列将使液晶具有各向异性。分子长轴的方向相当于液晶的光轴,与普通晶体材料的光轴类似。同时液晶具有液体的流动性,其分子的排列方向易受外界条件的影响,即液晶的光轴可以随外界条件改变,使得液晶与一般晶体相比,具有更多特殊的电光特性。例如液晶在正常情况下,其分子排列很有秩序,显得清澈透明,一旦加上直流电场后,分子的排列被打乱,折射率发生变化,一部分液晶变得不透明,颜色加深。根据这种电光效应,利用液晶能制成显示器显示数字和图像。液晶显示材料具有明显的优点:驱动电压低、功耗微小、可靠性高、显示信息量大、可彩色显示、无闪烁、对人体无危害、生产过程自动化、成本低廉。

(a) 平行表面排列　　　　(b) 垂直表面排列　　　　(c) 扭曲排列

图 S18-1

因为液晶具有流动性,通常把液晶材料封装在两片涂有透明导电薄膜的玻璃盒中,这种装置称为液晶盒。当液晶盒很薄时,其分子的排列可以通过对玻璃表面进行适当处理(如摩擦、化学清洗等)加以控制。图 S18-1 显示了液晶沿经过特殊处理的表面,按照一定规律排列的典型情况。

本实验中主要观测以下 3 种电光效应。

1. 旋光色散

扭曲排列液晶由于具有螺旋结构,因而具有很强的旋光特性,其旋光本领与波长有关。

如图 S18-2 所示,以线偏振的白光垂直入射到液晶盒上,旋转检片器,可以发现从液晶盒透射出的光呈现出不同的色彩。若在起偏器前插入不同的滤色片,可以看到,线偏振光经过液晶后,仍然是线偏振光,且旋转了一定的角度,而且不同颜色光所转的角度也不同,这种色散现象称为旋光色散。

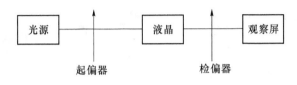

图 S18-2

在外电场的作用下,液晶分子将改变其排列方式,从而导致液晶折射率的改变。当电场足够强时,会导致液晶折射率的改变,有的液晶分子将平行于电场方向排列,称为正性液晶;有的则会垂直于电场方向排列,称为负性液晶。扭曲向列相液晶的旋光特性来源于它的螺旋结构,如图 S18-3(a)所示,其旋光本领可由式(S18-1)给出

$$\frac{\mathrm{d}\psi}{\mathrm{d}x_3} = -\frac{2\pi}{p_0} \frac{\alpha^2}{8\left(\frac{\lambda^2}{p_0^2}\right)\left(1-\frac{\lambda^2}{p_0^2\varepsilon_0}\right)} \tag{S18-1}$$

其中,$\mathrm{d}\psi/\mathrm{d}x_3$ 为旋光本领;α 为与材料有关的参数,$\alpha>0$ 是正性液晶,$\alpha<0$ 是负性液晶;p_0 为液晶的螺距;λ 为光在真空中的波长;ε_0 为液晶的平均介电常数。在可见光范围内,$(1-\lambda^2/p_0^2\varepsilon_0)$ 的变化很小,因此可以认为液晶的旋光度正比于 λ^{-2}。

给液晶加上垂直于表面的电压,逐步增加电压,刚开始时液晶无变化,当电压加到 U_C 以上时,扭曲排列液晶原有的旋光特性突然消失,透射光不再出现彩色,而且它的偏振方向与入射光相同。如图 S18-3(b)所示,这是由于液晶分子的排列受外电场的控制,几乎全部垂直于表面排列,因而光垂直于表面通过液晶时表现为各向同性,不再出现色散现象。上述现象称为弗雷德里克兹转变。

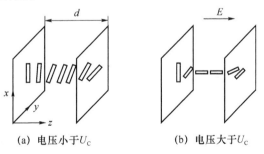

(a) 电压小于 U_C (b) 电压大于 U_C

图 S18-3

2. 光开关

若我们在加电压前调节图 S18-2 中的起偏器和检偏器使透射光强处于消光状态,当电压超过 U_C 时,消光将变为通光。利用液晶的这种特性,可做成光开关,也可用于显示技术。

3. 液晶光栅

以激光为光源时会发现,当缓慢增加电压至 U_B(最小开启电压)时,液晶将形成液晶光栅(如图 S18-4 所示),产生光栅衍射。若迅速增加电压,可发现液晶会首先形成二维衍射图案,但这种图案并不稳定,经过一段时间以后(几分钟),液晶最终会形成稳定的衍射图案,如图 S18-5 所示,这是由于液晶光栅的排列并不是绝对规则的。由于液晶本身杂质和缺陷,以及外界条件不稳定的影响,使得液晶的生长不能绝对沿某一方向,而是在一定范围内都可以形成,相当于有多个沿不同方向排列的光栅,因此形成如图 S18-5 的衍射图案。液晶生长条件控制得越好,其方向性越好,衍射图案越接近光栅。

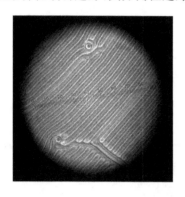

图 S18-4　显微镜下看到的液晶光栅

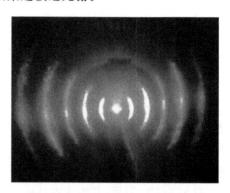

图 S18-5　液晶光栅衍射图案

【实验仪器】

光学导轨及光具座,液晶盒及驱动电源,白屏,偏振片 2 个,光源 7 个:波长为 650 nm 的半导体激光器和不同颜色的发光二极管。

7 个光源的光谱特性如表 S18-1 所示。

表 S18-1　7 个光源的光谱特性

光源	发光二极管						半导体激光器
颜色	白	紫	蓝	绿	黄	橙	红
波长/nm		450	496	514	565	594	650

【实验内容】

1. 观测液晶的旋光色散现象

(1)实验光路如图 S18-2 所示,液晶盒电源的"连续/间歇"按钮选择"连续",用白色发光二极管作光源,观察液晶的色散现象并进行解释。

(2)将白色光源换成不同波长的发光二极管和半导体激光器,测量液晶对不同波长的可见光的旋转角度,填写表 S18-2。

2. 观测形成液晶光栅的最小电压和最大电压,计算液晶光栅的光栅常数

(1)将图 S18-2 所示的光路中的偏振器去掉,以半导体激光器为光源,测量形成液晶光栅所需要的最小电压 U_B 和最大电压 U_C,当电压达 3 V 以上时,每增加 0.2 V 需等待 1 分

钟,使液晶稳定后再增加电压。

(2) 根据光栅方程,测量液晶光栅的光栅常数(可参考实验 15 的相关内容)。

【注意事项】

不要直视激光。

【数据表格】

表 S18-2 旋光色散现象实验数据

光源	发光二极管					半导体激光器
颜色	紫	蓝	绿	黄	橙	红
旋转角度/(°)						

最大电压_____;   最小电压_____。

【数据处理要求】

在直角坐标系中作出液晶旋光色散角度与波长的关系曲线。

【思考与讨论】

(1) 请观察和分析生活中数字显示屏上的数字是如何利用液晶的电光效应显示的?

(2) 请自己查阅资料,了解液晶还有哪些特殊的物理效应及应用?

实验 19 用非线性电路研究混沌现象

非线性科学和复杂系统的研究是 21 世纪科学研究的一个重要方向。最近 20 多年,混沌作为非线性科学中的主要研究对象之一,在许多领域都得到证实和应用。混沌作为一门新学科,填补了自然科学中决定论和概率论的鸿沟。它与相对论以及量子力学同被列为 20 世纪最伟大的发现和科学传世之作。量子力学质疑微观世界的物理因果律,而混沌理论则紧接着否定了包括巨观世界拉普拉斯(Laplace)式的决定型因果律。非线性科学的研究对了解生物、物理、化学、气象等学科都有重要意义。

研究混沌的目的就是要揭示貌似随机的现象背后所隐藏的规律。混沌现象与系统的非线性紧密相关,例如在非线性振荡电路中,往往伴随着混沌现象的出现。本实验通过一个简单的电路产生混沌,讨论倍周期分叉产生混沌的过程,同时了解非线性电阻对产生混沌的作用,了解混沌现象的一些基本特征。

【实验目的】

(1) 通过对非线性电路的分析,了解产生混沌的基本条件;

(2) 通过调整 Chua 电路的参数,学习倍周期分叉走向混沌的过程;

(3) 在示波器上观察混沌的各种相图:单吸引子和双吸引子;

(4) 测量电路中非线性电阻的 I-U 特性。

【实验原理】

1. 混沌理论的基本概念

在混沌理论提出前,经典动力学的传统观点认为:系统的长期行为对初始条件是不敏感的,即初始条件的微小变化对未来状态所造成的差别也是很微小的。20 世纪 70 年代法国气象学家 Edward I·orenz 在利用计算机预测天气时发现,天气的长期行为对初始条件非常敏感,即初始条件的微小变化对未来天气所造成的差别也是不可思议的,一只蝴蝶在巴西扇动翅膀,有可能会在美国的德克萨斯州引起一场龙卷风。这就是混沌学中著名的"蝴蝶效应"。

混沌的原意是指无序和混乱的状态(混沌译自英文 Chaos)。目前,混沌理论的研究表明混沌运动最主要的特征是具有初值敏感性和长时间发展趋势的不可预见性。一个完全确定的系统,即使非常简单,由于系统内部的非线性作用,同样具有内在的随机性,可以产生随机性的非周期运动——混沌。在许多非线性动力学系统中,既有周期运动,又有混沌运动。混沌运动不是由外噪声引起的,是非线性方程所特有的一种解;混沌吸引子是由确定性方程中非线性因数直接得到的具有随机性运动的一种状态。产生的必要条件是系统具有非线性因素。

牛顿确定性理论能够充分处理多维线性系统,而线性系统大多是由非线性系统简化来的。在现实生活和实际工程技术问题中,混沌是无处不在的;袅绕上升的香菸烟束、爆裂成狂乱的烟涡、风中来回摆动的旗帜、水龙头由稳定的滴漏变成零乱等。混沌也出现在天气变化、高速公路上车群的拥塞、地下油管的传输流动中。这些表面上看起来无规律、不可预测的现象,实际上有它自己的规律,混沌学的任务就是寻求混沌现象的规律,加以处理和应用。20 世纪 60 年代混沌学的研究热悄然兴起,渗透到物理学、化学、生物学、生态学、力学、气象学、经济学以及社会学等诸多领域,成为一门新兴学科。

混沌理论有以下 3 个关键的概念:

(1) 对初始条件的敏感依赖性

这一特征常被称作"蝴蝶效应(Butterfly Effect)",这是一个比喻,它表明混沌系统对其初始条件异常敏感,以至于最初状态的轻微变化能导致不成比例的巨大后果。此特征与不确定性、不可预测性直接相关。因为初始条件是不稳定和不为人知的,故我们不能预测这一不成比例的过程将产生什么效果。同样,对初始条件的敏感依赖性也包含着非线性特征,即系统某一部分中的微小混乱所产生的后果,能导致系统其他部分的巨大变化。故没有任何两种结果是相似的。

(2) 分形(Fractals)

分形是著名数学家曼德尔布诺特(Mandelbrot,1980)创立的分形几何理论的重要概念,意为系统在不同标度下具有自相似性质。而自相似性则是跨尺度的对称性,它意味着递归,即在一个模式内部还有一个模式。由于系统特征具有跨标度的重复性,所以可产生出具有结构和规则的隐蔽的有序模式。由此,分形具有两个普通特征:第一,它们自始至终都是不规则的;第二,在不同的尺度上,不规则程度却是一个常量。

(3) 奇异吸引子(Strange attractors)

吸引子是系统被吸引并最终固定于某一状态的性态。有三种不同的吸引子控制和限制物体的运动程度:点吸引子、极限环吸引子和奇异吸引子(即混沌吸引子或洛仑兹吸引子)。点吸引子与极限环吸引子都起着限制的作用以便系统的性态呈现出静态的、平衡性特征,故它们也叫做收敛性吸引子。而奇异吸引子则与前两者不同,它使系统偏离收敛性吸引子的区域而导向不同的性态。它通过诱发系统的活力,使其变为非预设模式,从而创造了不可预测性。正是一个系统的两个相反行为(收敛性吸引子与奇异吸引子)之间的相互作用与张力触发了一个局部丰富多样的复杂的巨大模式。

2. 实验电路原理

图 S19-1(a)是讨论非线性电路系统的一种最简单的电路——Chua 电路。电路中一共只需要 5 个基本电路元件:4 个线性元件(L、C_1、R_0、C_2)和一个非线性元件 R。电路中电感 L 和电容 C_2 并联构成一个 LC 振荡电路。可变电阻 R_0 的作用是把振荡信号耦合到非线性电阻 R 上。理想的非线性元件 R 是一个分段线性的电阻,它的伏安特性如图 S19-1(b)所示。

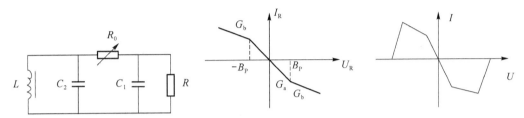

(a) 电路原理图　　(b) 非线性电阻的 I-U 特性曲线　(c) 本实验中非线性元件的 I-U 特性

图 S19-1

根据电路原理,图 S19-1(a)可建立如下方程组:

$$C_1 \frac{\mathrm{d}U_{C_1}}{\mathrm{d}\tau} = \frac{1}{R_0}(U_{C_2} - U_{C_1}) - \hat{f}(U_{C_1}) \tag{S19-1}$$

$$C_2 \frac{\mathrm{d}U_{C_2}}{\mathrm{d}\tau} = \frac{1}{R_0}(U_{C_1} - U_{C_2}) + i_L \tag{S19-2}$$

$$L \frac{\mathrm{d}i_L}{\mathrm{d}\tau} = -U_{C_2} \tag{S19-3}$$

其中 U_{C_1}、U_{C_2} 是电容 C_1、C_2 上的电压,i_L 是电感 L 上的电流,$\hat{f}(U_{C1})$ 是一个分段线性的函数,可由下式表示:

$$i_R = \hat{f}(U_{C_1}) = G_b U_{C_1} + \frac{1}{2}(G_a - G_b)\{|U_{C_1} + B_P| - |U_{C_1} - B_P|\}$$

其中的 G 为电导,$G = 1/R_0$。G_a、G_b 为图 S19-1(b)中特性曲线不同段的斜率。由于 $\hat{f}$ 是非线性变化的,所以上面的三个非线性微分方程组一般没有解析解。为了方便计算机模拟求解上面的方程,作以下变换:

$$x(t) = U_{C_1}(\tau)/B_P, \quad y(t) = U_{C_2}(\tau)/B_P, \quad z(t) = \frac{R_0}{B_P}i_L(\tau),$$

$$t = \frac{\tau}{R_0 C_2}, \quad \alpha = \frac{C_2}{C_1}, \quad \beta = \frac{R_0^2 C_2}{L},$$

$$k = \mathrm{sgn}(RC_2), \quad a = R_0 G_a, \quad b = R_0 G_b$$

可将上面的方程简化写成以下形式:

$$\frac{\mathrm{d}x}{\mathrm{d}t} = k\alpha[y - x - f(x)] \tag{S19-4}$$

$$\frac{\mathrm{d}y}{\mathrm{d}t} = k(x - y + z) \tag{S19-5}$$

$$\frac{\mathrm{d}z}{\mathrm{d}t} = -k\beta y \qquad\qquad \text{(S19-6)}$$

其中 $f(x) = bx + \frac{1}{2}(a-b)\{|x+1| - |x-1|\}$。

计算机模拟方程(S19-4)～(S19-6)的实验结果如图 S19-2 所示,其中 $a = -1\frac{1}{7}$,$b = -\frac{5}{7}$,$\alpha = 9$。图 S19-2(a)～(f)分别对应 $\beta = 25$、18、16、15.6、15.2、14 时方程(S19-4)～(S19-6)的解。可以看出系统从不动点解,通过倍周期分岔走向混沌的过程。事实上,在这个过程中还有许多有趣丰富的现象,例如周期 3 解、阵发混沌、两带混沌等。在计算机模拟中通过仔细调整系统参数和初始条件就可以得到。

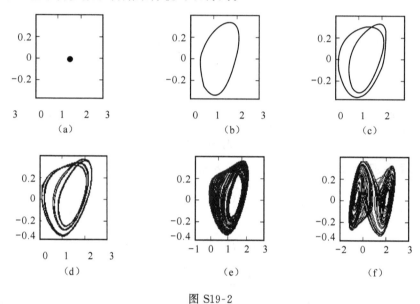

图 S19-2

除了计算机数值模拟方法外,更直接的方法是用示波器来观察混沌现象。本实验采用的 Chua 电路如图 S19-3 所示。

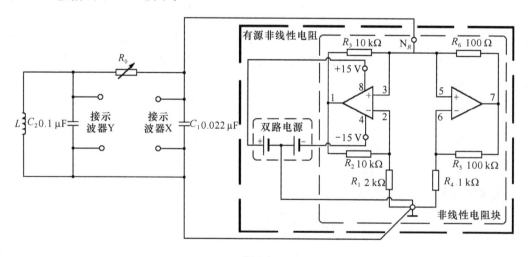

图 S19-3

非线性电阻由 1 个双运算放大器和 6 个电阻(图中的虚线部分)来实现。这是一个有源电路,运算放大器在两个大小相等、极性相反的电源 ±V 下工作。L 与 C_2 组成振荡器,R_0 和 C_1 组成移相器。双运放器件的前级和后级的正、负反馈同时存在,正反馈的强弱与比值 R_3/R_0、R_6/R_0 有关,负反馈的强弱与比值 R_2/R_1、R_5/R_4 有关。当正反馈大于负反馈时,LC 电路才能产生并维持振荡。调节 R_0,正反馈强度的变化可以改变 LC 振荡器的振荡情况,出现周期振荡、倍周期分叉和混沌等现象。由于双运放器件的非线性作用,使得双运放器件与 6 个电阻的组合等效于一个非线性电阻,它的伏安特性大致如图 S19-1(c)所示,所以说 Chua 电路实际上是一个可调的特殊振荡器。

实验中,将电容 C_1 和 C_2 上的电压信号输入示波器,在示波器上显示 LC 振荡器产生的波形信号 U_{C_1} 和通过 RC 移相器将振荡信号移相输出的波形信号 U_{C_2},及二者合成的相图(李萨如图形)。通过改变 R_0 的阻值,观测振动周期发生的分岔及混沌现象。

3. 实验中显示的混沌现象

按混沌理论对系统来说,线性关系是互不相干的独立贡献,而非线性则是相互作用,正是这种相互作用,使得整体不再是简单地等于部分之和,而可能出现不同于"线性叠加"的增益或亏损。线性关系保持讯号的频率成分不变,而非线性则使频率结构发生变化。只要存在非线性,哪怕是任意小的非线性,就会出现和频、差频、倍频等成分。非线性是引起行为突变的原因,对线性的微小偏离,一般并不引起行为突变。但当非线性大到一定程度时,系统行为就可能发生突变,每次突变都伴随着某种新的频率成分,系统最终进入混沌状态。

该实验中保持 C_1、C_2、L 不变,随着 R 的变化,示波器将出现以下一系列现象。最初仪器刚打开时,电路中有一个短暂的稳态响应现象,称作系统的吸引子。这意味着系统的响应部分虽然初始条件各异,但仍会变化到一个稳态。在本实验中对于初始电路中的微小正、负扰动,各对应于一个正、负的稳态。当电导继续平滑增大到达某一值时,就会发现响应部分的电压和电流开始周期性地回到同一个值,产生了振荡,将观察到一个单周期吸引子。它的频率决定于电感与非线性电阻组成的回路的特性。

电导继续增加时,将出现一系列非线性现象,如图 S19-2 所示。先是电路中产生了一个不连续的变化:电流各电压的振荡周期变成了原来的两倍,也称分岔。继续增加电导,还会发现二周期倍增到四周期,四周期倍增到八周期。如果精度足够,连续地、越来越小地调节时就会发现一系列永无止境地周期倍增,最终在有限的范围内会成为无穷周期的循环,从而显示出混沌吸引的性质。

实验中,很容易观察到倍周期和四周期现象。再有一点变化,就会导致一个单漩涡状的混沌吸引子。较明显的是二周期窗口。观察到这些窗口表明了得到的是混沌的解,而不是噪声。调节到最后,将看到吸引子突然充满了原本两个吸引子所占据的空间,形成了双旋涡混沌吸引子。示波器显示的情况与计算机模拟结果是相同的。

【实验仪器】

(1) 集成非线性电路块,其中的元件及参数为:集成运放 TL082;6 个电阻($R_1 = 2$ kΩ,$R_2 = R_3 = 10$ kΩ,$R_4 = 1$ kΩ,$R_5 = R_6 = 100$ Ω)。

(2) 双路直流稳定电源 1 台,为集成运放提供大小相等、极性相反的 ±15 V 电源。

(3) 振荡及移相器的元件及参数为:2 个电容($C_1 = 22$ nF,$C_2 = 100$ nF);1 000 匝电感

线圈 L；电阻 R_0 由 2 个可调电位器串联组成。

　　（4）示波器 1 台。

　　（5）数字万用表 2 块。

　　（6）插件方板及导线若干。

【实验内容】

1. 连接电路

　　（1）在插件方板上将非线性电阻块、电容器 C_1 和 C_2、电感线圈 L 及可调电阻 R_0 按照电路图 S19-3 连接（调节电阻 R_0 是由 2 个电位器组成的，以便于进行粗调和细调）。

　　双路直流稳压电源的输出与集成非线性电路块上的插孔对应相接。由于该电源作为运算放大器的电源使用（见第 3 章第 2 节中的"直流稳定电源"），将右路 CH1 输出负端和左路 CH2 输出正端用一导线连接时，其电压值为 0 V。当右路 CH1 输出正端为 ＋15 V、左路 CH2 输出负端为 −15 V 时，电源输出电压为 −15 V～0 V～ ＋15 V。

　　（2）确认连线无误后打开电源，先将双路电压调节至 15 V 后，再按 output 键打开输出开关。

2. 倍期现象、周期窗口、单吸引子和双吸引子的观察、记录和描述

　　（1）将电容 C_1 和 C_2 上的电压信号（B、D 输出端和 A、D 输出端）输入到示波器的 X、Y 轴，示波器上一般可观察到不稳定的曲线，略微调节 R_0，即能迅速稳定。调节 R_0，可见曲线作倍周期变化，曲线由一周期倍增至二周期，由二周期倍增至四周期，……

　　（2）继续调节 R_0，通过多次倍周期分叉，会出现一个难以计数的闭合的环状曲线，这是一个单涡旋吸引子集。再细微调节 R_0，单吸引子突然变成双吸引子，而且两个吸引子基本上是对称的。双吸引子的相图在混沌研究的文献中又称为"蝴蝶"现象，这也是一种奇怪吸引子，它们的特点是整体上的稳定性和局域上的不稳定性同时存在。如果在某一时刻加上一个小的噪声或其他微小变化，它的运动轨迹与原来不加干扰的轨迹相比会发生很大的变化，其差异随时间的增加是按指数规律变化的。这就是混沌现象的初值敏感性特征。由于混沌是系统中多个周期轨道的不稳定而产生的，如果仔细调整 R_0，还可观察三周期轨道和阵发混沌现象。阵发混沌是混沌与周期无规律地交替出现的现象。

　　（3）用坐标纸按 1∶1 的比例画出各种周期的曲线，并记录以上现象的特点。

【思考与讨论】

　　（1）混沌现象的产生条件是什么？

　　（2）通过本实验阐述倍周期分岔、混沌、奇异吸引子等概念的物理意义。

　　（3）如何理解"混沌是确定系统的随机行为"？在实验中如何观察混沌的初值敏感性的特点？

实验 20　弗兰克—赫兹实验

　　众所周知，近代物理的标志是量子理论的建立，而量子理论的实验基础是原子光谱和各

类碰撞的研究。原子光谱中的每条谱线都是原子从某个较高能级向较低能级跃迁时的辐射形成的,它证明了原子能级的存在。1914 年,即玻尔理论发表后的第二年,弗兰克(J. Franck)和赫兹(G. Hertz)采用慢中子轰击稀薄气体原子的方法研究电子与原子碰撞前后电子能量改变的情况,测定了汞原子的第一激发电位,令人信服地证明了原子内部量子化能级的存在,给玻尔理论提供了独立于光谱研究方法的直接的实验证据。后来他们又在实验中观测了被激发的原子回到正常态时所辐射的光,测出的辐射光的频率很好地满足了玻尔假设中的频率定则。为此,他们获得了 1925 年度诺贝尔物理学奖。

弗兰克—赫兹实验至今仍是探索原子结构的重要手段之一。

【实验目的】

(1) 了解弗兰克—赫兹实验的原理和方法。
(2) 测定氩原子的第二激发电位,证明原子能级的存在。
(3) 分析温度、灯丝电流等因素对弗兰克—赫兹实验曲线的影响。

【实验原理】

1. 玻尔理论的两个基本假设

(1) 原子中的电子可以在一些特定的圆轨道上运动,此时原子既不发射能量也不吸收能量,处于稳定状态,简称"定态",各定态的能量是彼此分隔的。原子的能量不论通过什么方式发生改变,只能使原子从一个定态跃迁到另一个定态。

(2) 原子可以从一个定态跃迁到另一个定态。从高能态向低能态跃迁时放出光子,从低能态向高能态跃迁时吸收光子,吸收或放出光子的能量等于两个定态的能量之差。如果用 E_m 和 E_n 分别代表两定态的能量,辐射的频率 ν 决定于如下关系:

$$h\nu = E_m - E_n \tag{S20-1}$$

其中,h 为普朗克常量。

2. 弗兰克—赫兹实验的设计思想

原子从高能级向低能级跃迁并释放能量一般是自发进行的,而原子从低能级向高能级跃迁则需要外界提供能量。原子在没有受到外界干扰时,一般处于能量最低的基态,与基态能量差最小的激发态称为第一激发态,此能量差称为临界能量 ΔE。

$$\Delta E = E_2 - E_1 \tag{S20-2}$$

其中,E_1 为基态能量;E_2 为第一激发态能量。

为了使原子从低能级向高能级跃迁,可以通过具有一定动能的电子与原子相碰撞进行能量交换的办法来实现。

本实验中,通过电场对电子加速使电子获得动能,并可以通过改变电位的方法调节电子动能的大小。初速为零的电子位于加速电场中,若加速电压为 U,则获得的动能为 eU。如果电子具有的动能恰好等于原子的第一激发态能量与基态能量之差,即

$$eU = E_2 - E_1 \tag{S20-3}$$

则此时的加速电位 U 称为原子的第一激发电位,记为 U_g,若测出 U_g 就可以由式(S20-3)求

出稀薄原子气体的基态和第一激发态之间的能量差。若继续增加电位差 U 时，电子的能量就逐渐上升到足以使原子跃迁到更高的激发态（第二，第三……），最后电位差达到某一值 U_i 时，电子的能量刚好足以使原子电离，U_i 就称为电离电位。

一般情况下，原子在激发态所处的时间不会太长，短时间后会回到基态，并以电磁辐射的形式释放出所获得的能量。

3. 弗兰克—赫兹实验的实验规律

弗兰克—赫兹实验装置如图 S20-1 所示。在弗兰克—赫兹实验中，电子与原子的碰撞是在密封的玻璃管中进行的。管子在密封前被抽成真空，然后充入稀薄气体原子（1914 年弗兰克和赫兹所充的是汞，我们实验中充的是氩）。它是一个具有双栅极结构的柱面四极管，称为弗兰克—赫兹管（简称 F—H 管）。

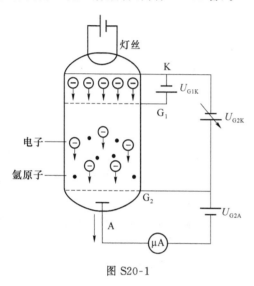

图 S20-1

灯丝通电后，阴极 K 受热而发射慢电子。第一栅极 G_1 和阴极 K 之间的电位差由电源 U_{G1K} 提供，U_{G1K} 是一个小的正向电压，其主要作用是驱散附在热阴极上的电子云，消除空间电荷对阴极电子发射的影响。在 K 与第二栅极 G_2 之间加电场使电子加速，加速电压为 U_{G2K}。G_1 与 G_2 之间的距离较大，为电子与气体原子提供了较大的碰撞空间，从而保证足够高的碰撞概率。

在 G_2 与接收电子的板极 A 之间加有反向拒斥电压 U_{G2A}。当电子通过 KG_2 空间，进入 G_2A 空间时，如果仍有较大能量，就能冲过反向拒斥电场而到达板极 A，成为通过电流计的电流 I_A，进而被检测出来. 如果电子在 KG_2 空间与原子碰撞，把自己一部分能量给了原子，使后者被激发，电子本身所剩下的能量就可能很小，以致通过栅极后不足以克服拒斥电场，那就达不到板极 A，因而不通过电流计。如果这样的电子很多，电流计中的电流就要显著地降低。因此电流的数值反映了单位时间内从阴极到板极的电子数。

F—H 管内空间电压分布如图 S20-2 所示。

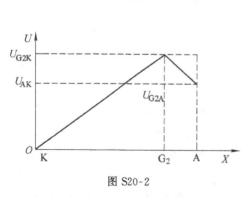

图 S20-2

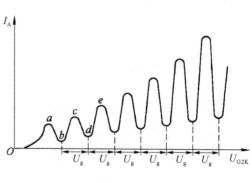

图 S20-3

在保持 U_{G2A} 不变的情况下,改变加速电压 U_{G2K} 的大小,测出相应的板极电流 I_A,将得到如图 S20-3 所示的 I_A-U_{G2K} 特性曲线。此曲线给出了如下规律:

① 板极电流 I_A 不是随着 U_{G2K} 单调地上升,曲线多次出现峰值与谷值,总趋势呈上升状。

② 相邻的两峰值之间对应的加速电位差均为 U_g 但第一峰值的电位不是 U_g。

4. 弗兰克—赫兹实验规律的理论解释

(1) 当 KG_2 间电压 U_{G2K} 逐渐增加时,电子在 KG_2 空间被加速而取得越来越多的能量。在起始阶段,由于电压 U_{G2K} 较低电子取得的能量较小,与汞原子碰撞不足以影响汞原子的内部能量,板极电流 I_A 将随第二栅极电压 U_{G2K} 的增加而增大。

(2) 当 U_{G2K} 达到汞原子的第一激发电位 U_g 时(设管子间不存在接触电势差),电子在第二栅极附近与汞原子碰撞,将自己的能量传递给原子,使汞原子从基态被激发到第一激发态。而电子失去几乎全部动能,这些电子将不能克服拒斥电场而到达板极 A,板极电流 I_A 开始下降(图 S20-3 中的 ab 段)。

(3) 继续升高加速电压 U_{G2K},电子获得的动能亦有所增加,这时电子即使在 KG_2 空间与汞原子相碰撞损失大部分能量,仍留有足够能量可以克服拒斥电场而达到板极 A,因而板极电流 I_A 又开始回升(图 S20-3 中的 bc 段)。当 KG_2 间电压是二倍的汞原子激发电位时,电子在 KG_2 空间有可能经过两次碰撞而失去能量,因此又造成板极电流 I_A 下降(图 S20-3 中的 cd 段)。同理,凡在

$$U_{G2K} = nU_g \quad (n=1,2,3,\cdots) \tag{S20-4}$$

的情况下板极电流都会相应下降,形成规则的起伏变化的 I_A-U_{G2K} 曲线。式中相邻两 U_{G2K} 的差值,即是汞原子的第一激发电位 U_g。

(4) 实际的 F—H 管的阴极和栅极往往是用不同的金属材料制作的,因此会产生接触电位差。接触电位差的存在,使真正加到电子上的加速电压不等于 U_{G2K},而是 U_{G2K} 与接触电位差的代数和。因而影响 F—H 实验曲线第一个峰的位置,使整个曲线左移或右移。

(5) 开始时,阴极 K 附近积聚较多电子,这些空间电荷使 K 发出的电子受到阻滞而不能全部参与导电。随着 U_{G2K} 的增大,空间电荷逐渐被驱散,参与导电的电子逐渐增多,所以 I_A-U_{G2K} 曲线的总趋势呈上升状。

进行 F—H 实验通常使用的碰撞管是充汞的。这是因为:汞是单原子分子,能级较为简单,常温下是液态,饱和蒸汽压很低,加热就可改变它的饱和蒸汽压。汞的原子量较大,和电子作弹性碰撞时几乎不损失动能。汞的第一激发能级较低,为 4.9 eV,因此只需几十伏电压就能观察到多个峰值。当然除充汞蒸汽外,还常充以惰性气体如氖、氩等。用这些碰撞管作实验时,温度对气压影响不大,在常温下就可以进行实验。

本实验主要介绍利用充氩的 F—H 管测量氩原子的第一激发电位。其实验原理、物理过程和充汞的 F—H 管相同,氩原子的第一激发电位为 11.39 eV。

【实验仪器】

弗兰克—赫兹实验仪(图 S20-4)和示波器。

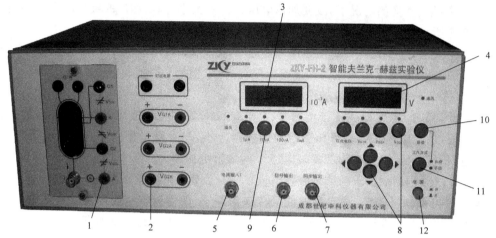

1—弗兰克—赫兹管各输入电压连线插孔和极板电流输出插座；2—弗兰克—赫兹管所需激励电压输出连线插孔；

3—测试电流指示区；4—测试电压指示区；5—电流输入；6—测试信号输出；7—同步输出；

8—设置电压按键；9—设置电流量程区；10—启动；11—工作方式；12—电源开关

图 S20-4

【实验内容】

1. 手动测试 I_A-U_{G2K} 曲线，并计算出氩原子的第一激发电位

（1）按 F—H 实验仪面板上的图连接导线，反复检查是否连接正确，确认无误后方可开机。

（2）设定电压源的电压值。需设定的电压源有：灯丝电压 U_F、第一栅极与阴极的电位差 U_{G1K}、第二栅极与板极间的反向拒斥电压 U_{G2A}。

由于 F—H 管的离散性以及使用中的衰老过程不同，每一支 F—H 管的最佳工作状态是不一样的。具体的 F—H 管的相关参数已经在机体上标出，读者应以此为据设置相应的电压值。由于 F—H 管很容易因电压设置不合适而遭到损坏，所以电压设定时一定要按照规定的参数和步骤进行。

（3）测试操作与数据记录。用手动方法改变 U_{G2K}，在 0～80 V 范围内，每隔 0.5 V 记录一次相应板极电流 I 数值，填写表 S20-1。在操作中应注意，如果 U_{G2K} 的电压值升至 10 V 时，极板电流值仍没有变化，应立即关闭电源，重新检查连线。在改变 U_{G2K} 的过程中，电压值必须单调增加，中途不能减小。U_{G2K} 的最小变化值是 0.5 V，改变调整"位"的按钮，再调整电压值，可以得到每步大于 0.5 V 的调整速度。待实验完成后，根据实验数据作 I_A-U_{G2K} 图，并根据 4～5 个峰的峰值位置计算氩原子的第一激发电位。

2. 启动自动测试，在示波器上观察 I_A-U_{G2K} 曲线

（1）自动测试状态设置。进行自动测试时，F—H 实验仪将 U_{G2K} 从 0 V 开始自动扫描到设定的 U_{G2K} 的终止电压，同时将 I_A 输出到示波器或记录仪上。实验时保持 F—H 管的连线不变，将转换开关设置为自动测试状态，重新设定 U_F、U_{G1K}、U_{G2A} 各电压值，操作过程与手动测试一样。然后设定 U_{G2K} 的扫描终止电压，U_{G2K} 的终止电压值为 80 V（勿超过 80 V）。

在启动自动测试过程前应检查 U_F、U_{G1K}、U_{G2A}、U_{G2K} 的电压设定值是否正确，电流量程选择是否合适,自动测试指示灯是否正确指示,然后按下面板上的"启动"键,自动测试开始。

注意:切换"手动"与"自动"时可能会将已设置的参数清零,则需重新设置参数。

(2) 示波器显示输出。测试电流也可以通过示波器进行显示观测。将 F—H 实验仪的"信号输出"和"同步输出"分别连接到示波器的信号通道和外同步通道,调节好示波器的同步状态和显示幅度。这样,在自动测试同时,可在示波器上直接观察极板电流 I_A 随 U_{2A} 的变化曲线。

(3) 利用示波器的测量功能键,求出氩原子的平均第一激发电位,并且和参考值 $U_g =$ 11.39 V 比较。自动扫描的电压间隔为 0.2 V,小于手动的电压间隔,因此可以得到更准确的测量。

(4) 改变灯丝电压和 U_{2A} 电压,观察并解释其对 I_A-U_{2K} 曲线所产生的影响。

注意:在本实验内容中,每次扫描完成后必须等待至少 10 分钟,待灯丝温度降低后再进行下一次扫描,读者可利用此时间在坐标纸上描图;实验过程中示波器的电压分度值应保持不变。

① 将灯丝电压在原来给定值基础上降低 0.2 V,其他电压值按给定值进行设置,再次利用自动测试功能(示波器设置保持不变)得到第 2 条 I_A-U_{2K} 曲线,将 2 条曲线画在坐标纸上的同一坐标系。

② 将 U_{2A} 分别设为 0 V 和 4 V,其他电压值按给定值进行设置,利用自动测试功能依次得到 2 条 I_A-U_{2K} 曲线(示波器设置保持一致),在坐标纸上将 2 条曲线画在同一坐标系下。

【注意事项】

(1) 弗兰克—赫兹管各电极的电压源一定不要相互接错。

(2) 各台仪器的各个电极电压值见仪器面板的标签,各电极电压必须按照给定值进行设置(如果所得到的曲线不够理想,应请指导教师对电压值进行适当的调整,不能自行进行调整)。

(3) 打开电源,仪器预热 10 分钟。

(4) 手动测试过程当中,电压值必须单调增加(最大值为 80 V),不能中途减小电压值。

(5) 手动操作完毕后,需将 U_{2K} 的电压立即降为零,否则会缩短弗兰克—赫兹管的寿命。

【数据表格】

根据仪器标签确定:

灯丝电源电压_____ V, U_{1K} _____ V,

U_{2A} _____ V, $U_{2K} \leqslant 80$ V。

(1) 手动测试 I_A-U_{2K} 曲线

将实验数据记入表 S20-1。

表 S20-1　手动测试 I_A-U_{G2K} 曲线

U_{G2K}/V	0.5	1.0	1.5	2.0	2.5	3.0	3.5	4.0	4.5	5.0
I_A/ (10^{-7}A)										
U_{G2K}/V	5.5	6.0	6.5	7.0	7.5	8.0	8.5	9.0	9.5	10.0
I_A/ (10^{-7}A)										
U_{G2K}/V	10.5	11.0	11.5	12.0	12.5	13.0	13.5	14.0	14.5	15.0
I_A/ (10^{-7}A)										
U_{G2K}/V	15.5	16.0	16.5	17.0	17.5	18.0	18.5	19.0	19.5	20.0
I_A/ (10^{-7}A)										
U_{G2K}/V	20.5	21.0	21.5	22.0	22.5	23.0	23.5	24.0	24.5	25.0
I_A/ (10^{-7}A)										
U_{G2K}/ (V)	25.5	26.0	26.5	27.0	27.5	28.0	28.5	29.0	29.5	30.0
I_A/ (10^{-7}A)										
U_{G2K}/V	30.5	31.0	31.5	32.0	32.5	33.0	33.5	34.0	34.5	35.0
I_A/ (10^{-7}A)										
U_{G2K}/V	35.5	36.0	36.5	37.0	37.5	38.0	38.5	39.0	39.5	40.0
I_A/ (10^{-7}A)										
U_{G2K}/V	40.5	41.0	41.5	42.0	42.5	43.0	43.5	44.0	44.5	45.0
I_A/ (10^{-7}A)										
U_{G2K}/V	45.5	46.0	46.5	47.0	47.5	48.0	48.5	49.0	49.5	50.0
I_A/ (10^{-7}A)										
U_{G2K}/V	50.5	51.0	51.5	52.0	52.5	53.0	53.5	54.0	54.5	55.0
I_A/ (10^{-7}A)										
U_{G2K}/V	55.5	56.0	56.5	57.0	57.5	58.0	58.5	59.0	59.5	60.0
I_A/ (10^{-7}A)										
U_{G2K}/V	60.5	61.0	61.5	62.0	62.5	63.0	63.5	64.0	64.5	65.0
I_A/ (10^{-7}A)										
U_{G2K}/V	65.5	66.0	66.5	67.0	67.5	68.0	68.5	69.0	69.5	70.0
I_A/ (10^{-7}A)										
U_{G2K}/V	70.5	71.0	71.5	72.0	72.5	73.0	73.5	74.0	74.5	75.0
I_A/ (10^{-7}A)										
U_{G2K}/V	75.5	76.0	76.5	77.0	77.5	78.0	78.5	79.0	79.5	80.0
I_A/ (10^{-7}A)										

(2) 利用示波器的自动测试功能，观测 I_A-U_{G2K} 曲线，调节示波器使曲线尽可能充满屏幕。利用示波器的测量功能从自动测试功能测出：

总的扫描时间 $T_总$ =＿＿＿＿＿；

第 6 个峰与第 2 个峰之间的时间间隔 T =＿＿＿＿＿；

(2) 利用示波器自动测试功能测得的数据计算氩原子的平均第一激发电位，并与参考

值 $U_g = 11.39$ V 比较。

氩原子的平均第一激发电位 $\overline{U}_g = $ _____。

（3）利用示波器的自动测试功能测出不同灯丝电压的两条实验曲线，并将两条曲线在坐标纸的同一坐标系中画出。

（4）利用示波器的自动测试功能测出不同 U_{G2A} 的两条实验曲线，并将两条曲线在坐标纸的同一坐标系中画出。

【数据处理】

（1）根据手动测试数据在坐标纸上作 I_A-U_{G2K} 曲线，标出峰值，取第 2 个峰 U_2 和第 6 个峰 U_6，利用 $\overline{U}_g = \dfrac{(U_6 - U_2)}{4}/4$ 计算氩原子的平均第一激发电位，并与参考值 $U_g = 11.39$ V 比较。

（2）利用示波器自动测试功能测得的数据计算氩原子的平均第一激发电位，并与参考值 $U_g = 11.39$ V 比较。

氩原子的平均第一激发电位 $\quad \overline{U}_g = \dfrac{T}{T_{总} \cdot 4} 80 \text{ V} = $ _____ V

计算相对误差 $\quad \dfrac{\overline{U}_g - U_g}{U_g} = $ _____

（3）分析叙述灯丝电压对实验曲线的影响并给出合理解释。

（4）分析 U_{G2A} 对实验曲线的影响并给出合理解释。

【思考与讨论】

（1）为什么 I_A-U_{G2K} 曲线中第一个峰到电压零点的距离不等于第一激发电位？

（2）I_A-U_{G2K} 曲线中峰值点的纵坐标为什么呈增大趋势？

（3）实验中板极电流的下降并不是完全突然的，其峰总是有一定的宽度，为什么？

（4）I_A-U_{G2K} 曲线中板极电流为什么不会降到零？

第6章　研究与设计性实验

　　研究与设计性实验要求学生在实验原理、实验条件及其对实验结果的影响因素等方面，进行系统而深入的研究，并提出解决问题的方法或设计测量的方案，从而培养学生综合分析问题的能力及探索精神，激发学生的创造性，提高学生的综合素质。

　　设计性(研究性)实验的基本思路：

　　(1) 实验前根据实验任务，查阅资料，了解研究对象的性质、特点及相关知识，然后对这些信息进行分析，着重分析比较各种实验原理及其所依据公式的适用条件、优缺点和局限性，了解相关实验仪器的结构与使用，为制定实验方案作准备。

　　(2) 根据实验条件和实验要求，选择适当的测量工具或测量条件，合理配套实验仪器，设计最佳的测量方案和测量线路。

　　(3) 根据测量方案，获取实验数据。

　　(4) 完成实验报告。对实验数据和实验结果进行综合分析、评估，作出客观的判断和解释，总结设计实验的体会，提出一些有助于完善实验的新思路。

实验 21　多量程电表的设计

【实验要求】

　　(1) 设计测量给定的微安表头内阻的简单线路。

　　(2) 将微安表改装成有两个量程(1 mA 和 10 mA)电流表。

　　(3) 在 1 mA 电流表的基础上，设计有两个量程(2 V 和 5 V)的电压表。

　　(4) 在 1 mA 电流表的基础上，设计并组装成一个电动势为 E，量程为 ×1 的欧姆表。

　　(5) 设计一个简单的多量程电表，要求直流电流挡为 1 mA 和 10 mA，直流电压挡为 2 V 和 5 V，直流电阻挡为 ×1。

　　(6) 对设计的电表进行校正。

【实验室可提供的器材】

量程为 $200\,\mu A$ 的表头一个、标准毫安表、标准电压表、电阻箱、滑线变阻器、导线、开关、1号电池、直流稳压电源。

【设计提示】

多量程电表的基本结构包括微安表头、转换开关和测量电路 3 部分。

1. 表头内阻的测定

微安表头是一种比较精密的仪器，它允许通过的电流很小，不能用万用表欧姆挡直接测量。测定表头内阻的方法很多，常见的有替代法、半偏法、电桥法等。如图 S21-1 所示为半偏法测电阻。图中，P 为微安表头，R 为电阻箱，R_1 为滑线变阻器。实验开始时 $R=0$，调节 R_1 使表头达到满偏，并记下此时毫伏表的电压值。然后在保证电压不变的情况下，调节 R 使表头刚好为满刻度的一半。设满刻度时的电流为 I_g，偏转一半时电流为 $I_g/2$，由于前后电压相等，则有

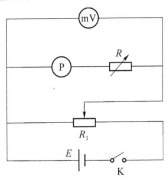

图 S21-1

$$I_g R_g = \frac{1}{2} I_g (R_g + R) \tag{S21-1}$$

可以解出表头内阻

$$R_g = R \tag{S21-2}$$

2. 电流表改装

若设计量程为 I 的电流表，如图 S21-2 所示，并联分流电阻为 R_P，则

$$U_g = I_g R_g$$
$$= (I - I_g) R_P$$
$$R_P = \frac{I_g}{I - I_g} R_g = \frac{1}{\frac{I}{I_g} - 1} R_g = \frac{1}{n_I - 1} R_g \tag{S21-3}$$

其中，$n_I = \dfrac{I}{I_g}$ 为电流表量程的扩大倍数。式（S21-3）表明，对于电流量程为 I_g、内阻为 R_g 的表头，要改装为量程为 I 的电流表，需要并联电阻 R_P。

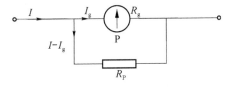

图 S21-2

若设计的电流表需要 2 个量程（或多量程）。可采用闭路抽头的方式连接，如图 S21-3 中虚线框内所示为两量程电流表部分。由图可知，在 I_2 挡时，$R_P = R_2 + R_1$，等效表头内阻为 $R'_{g2} = R_g$；而在 I_1 挡时，$R'_P = R_1$，等效表头内阻为 $R'_{g1} = R_g + R_2$。其 R_1、R_2 的数值，按要

求可由式(S21-3)得出。

3. 电压表的设计

若设计电压表量程为 U,需串联分压电阻为 R_s,如图 S21-4 所示。因

$$U = I_g(R_g + R_s)$$

$$R_s = \frac{U}{I_g} - R_g = \frac{UR_g}{I_gR_g} - R_g$$

$$= \left(\frac{U}{U_g} - 1\right)R_g = (n_U - 1)R_g \tag{S21-4}$$

其中,$n_U = \frac{U}{U_g}$ 为电压表量程扩大倍数。式(S21-4)表明,对于电压量程为 U_g($U_g = I_gR_g$)的表头,要改装为量程为 U 的电压表,需串联电阻 R_s。

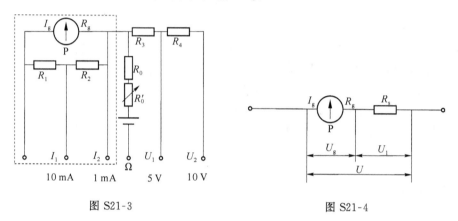

图 S21-3   图 S21-4

设计时应注意,因本实验中多用表的各挡共用一个表头,如图 S21-3 所示,故应以改装后的电流表(虚线框部分)为等效表头来进行设计。等效表头内阻

$$R_g' = \frac{R_1 + R_2}{R_1 + R_2 + R_g}R_g$$

等效表头的电流量程

$$I_g' = 1 \text{ mA}$$

等效表头的电压量程

$$U_g' = I_g'R_g'$$

图 S21-3 中 R_3 是量程为 U_1 时需串联的分压电阻,$R_3 + R_4$ 是量程为 U_2 时需串联的分压电阻。

4. 欧姆表的设计

欧姆表的设计实际上就是电阻测量回路的设计。欧姆表的原理如图 S21-5 所示,也应以等效表头为依据进行设计。它的基本原理是在保持电源电压一定时,使通过被测电阻的电流大小唯一地取决于电阻本身的数值,电流表直接指示被测电阻的大小。图 S21-5 中 E 为内接电源的电压,R_0 为限流电阻,R_0' 为调"零"电位器,R_x 为被测电阻,R_g' 和 I_g' 分别为等效表头内阻和电流量程,$R_g' = \frac{R_1 + R_2}{R_1 + R_2 + R_g}R_g$,$I_g' = 1 \text{ mA}$。这样,流过被测电阻的电流

$$I = \frac{E}{R'_g + R_0 + R'_0 + R_x} \qquad \text{(S21-5)}$$

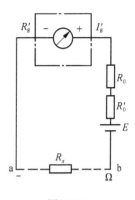

显然,当 R'_g、R_0、R'_0、E 为常量时,I 就唯一地取决于 R_x 的数值。

欧姆表在测量上有如下特点:

(1) 需要调零,即将 a、b 两端短路(相当于 $R_x = 0$),调节 R'_0,使表头指针刚好偏转到满刻度。这时回路中的电流即为等效表头的量程 I'_g。

由欧姆定律得

$$I'_g = \frac{E}{R'_g + R_0 + R'_0}$$

图 S21-5

可见,欧姆表的零点是在表头刻度尺的满刻度处,与电流表和电压表的零点位置正好相反。这也就是在测量电阻前欧姆表需要调零的原理。

(2) a、b 断路时(相当于 $R_x \to \infty$),$I_x \to 0$。指针几乎不偏转,所以欧姆表的最大量程在表头 $I = 0$ 位置上,且各量程挡的最大值都是"∞"。

(3) 当被测电阻 R_x 等于欧姆表的总内阻时,$I = \dfrac{I'_g}{2}$,指针将指在表盘的中心位置,这个总内阻称为欧姆表的中值电阻,它是欧姆表量程的标志。用欧姆表测量电阻时,被测电阻在中值电阻附近,测量误差最小。在图 S21-5 中,欧姆表的总内阻为 $R'_g + R_0 + R'$,该值称为欧姆挡的中值电阻。

(4) 在 a、b 端接入待测电阻 R_x 后,回路中的电流如式(S21-5)所示。

可见,当电池端电压 E 保持不变时,待测电阻 R_x 与电流值有一一对应的关系,但不是线性关系。所以欧姆表的刻度是不均匀的,使用欧姆表时,一般用其中间刻度,即中值电阻附近。因为 R_x 越大,I 越小。所以欧姆表的刻度尺为反向刻度,且刻度是不均匀的,电阻 R_x 越大,刻度线间隔越小。

(5) 欧姆表在使用过程中电池的端电压会变化,故要求 $R_0 + R'_0$ 也跟着改变,以满足调"零"的要求。为防止只用一个电位器调得过小而烧坏电表,采用固定电阻 R_0 和可变电阻 R'_0 两个电阻串联的方式,用固定电阻 R_0 来限制电流,如图 S21-3、图 S21-5 所示。限流电阻一般取 $R_0 = R_{\text{中}} - R'_g$。

5. 校准线路

改装后的电表必须经过校准以确定其准确度等级后方可使用,校准电流表电路可参考图 S21-6,校准电压表电路可参考图 S21-7,图中毫安表(mA)、电压表(V)为标准表。

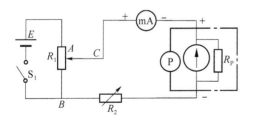

图 S21-6

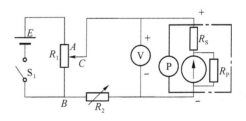

图 S21-7

电表的校准通常采用比较法,即用标准表和待校表同时测量同一物理量,将标准表读数和待校表读数进行比较。一般地,校准表的级别至少要比待校表高一个等级。校表时,必须先校准量程,再校准刻度。校正量程时若发现改装表和标准表不能同时达到改装量程值,可调节分流电阻或分压电阻,使两只表同时达到改装表量程值,记下此时分流电阻或分压电阻实际值。在校准刻度时,在待校表零至量程范围内均匀地取一些点,取得一组标准表和待校表的读数,计算出待校表读数与标准表读数之差,以差值为纵坐标、待校表读数为横坐标作校准曲线(用折线连接各点,不能画成光滑曲线)。以后在使用这个电表时,可以根据校正曲线对测量值作修正。

【实验内容】

(1) 按实验要求画出设计的电路图,确定电路元件,给出所用公式和电路参数。

(2) 详细描述测量过程。

(3) 对 1 mA 量程的电流表选择 5 个等分点进行校准,并给出该表的准确度等级,对其他表只要求进行满刻度量程的校准。

(4) 欧姆表使用的电池 E 为 1 号电池,实验前应首先对 E 的大小进行确认,再据此进行设计,组装后应对欧姆表的中值电阻和零欧姆刻度进行校准。

【思考与讨论】

(1) 如何确定等效表头的量程和内阻?

(2) 电表的校正曲线应如何使用?

(3) 实验中用半偏法测表头内阻,若用替代法测表头内阻如何进行?

实验 22　RLC 电路稳态特性的研究

交流电和直流电有着本质的区别,交流电的电压和电流是随时间变化的。在基础性实验中,我们讨论了直流电路的伏安特性,在交流电路中不仅有电阻还有电容和电感等交流元件。若在由电阻 R、电感 L 和电容 C 组成的电路中接入一个正弦稳态交流电源,电路中的电流和各元件上的电压将随电源频率的改变而改变,它们的函数关系称为幅频特性;电流和电源电压间、各元件上的电压和电源电压间的位相差也将随电源频率的变化而变化,它们的函数关系称为相频特性。电子技术中广泛应用的滤波电路和相移电路就是依据这一特性而设计的。下面分别对 RC、RL 和 RLC 3 种串联电路的稳态特性进行研究。

【实验要求】

(1) 考察和研究 RC、RL、RLC 电路的稳态过程。

(2) 测量 RC、RL、RLC 串联电路的幅频特性和相频特性曲线。

【实验可提供的器材】

信号发生器、双踪示波器、电阻箱、标准电容箱、电感箱、数字万用表和导线等。

【实验原理提示】

1. RC 串联电路

电路如图 S22-1 所示,令 ω 表示电源的角频率,U、I、U_R、U_C 分别表示电源电压、电路中的总电流、电阻 R 上电压和电容 C 上电压的有效值,φ 表示电流 I 和电源电压 U 之间的相位差,则

$$I = \frac{U}{\sqrt{R^2 + \left(\dfrac{1}{\omega C}\right)^2}} \qquad (S22-1)$$

$$U_R = IR \qquad (S22-2)$$

$$U_C = \frac{I}{\omega C} \qquad (S22-3)$$

$$\varphi = \arctan\left(\frac{1}{\omega CR}\right) \qquad (S22-4)$$

由式(S22-1)、式(S22-2)、式(S22-3)可知,当电源的频率增加时,电流 I 的幅值和电阻上的电压幅值 U_R 均增加,而电容上电压的幅值 U_C 则减小。利用这样的幅频特性可以将电源中不同频率的信号分开,从而构成各种滤波器。

从式(S22-4)可知道 RC 串联电路的相频特性:

当电源的频率很低时,$\varphi \rightarrow -\dfrac{\pi}{2}$,说明电源电压比回路电流相位落后 $\pi/2$;

当频率很高时,$\varphi \rightarrow 0$,说明电流和电压同相位。

通常以角频率 ω 的对数为横坐标、φ 为纵坐标,可得到如图 S22-2 所示典型的相频特性曲线。根据 RC 串联电路的相频特性,可以构成各种相移电路。

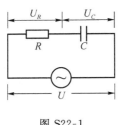

图 S22-1

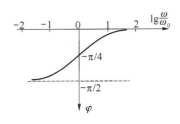

图 S22-2

2. RL 串联电路

电路如图 S22-3 所示,类似于 RC 串联电路,同样令 ω 表示电源的角频率,U、I、U_R、U_L 分别表示电源电压、电路中的总电流、电阻 R 上电压和电感 L 上电压的有效值,φ 表示电流 I 和电源电压 U 之间的相位差,则有

$$I = \frac{U}{\sqrt{R^2 + (\omega L)^2}} \qquad (S22-5)$$

$$U_R = IR \qquad (S22-6)$$

$$U_L = \omega LI \qquad (S22-7)$$

$$\varphi = \arctan\left(\frac{\omega L}{R}\right) \qquad (S22-8)$$

由式(S22-5)、式(S22-6)、式(S22-7)可知,RL 串联电路的幅频特性正好与 RC 串联电路相反。当电源的频率增加时,电流 I 的幅值和电阻上的电压幅值 U_R 均减小,而电感上电压的幅值 U_L 则增加。利用这样的幅频特性同样可以将电源中不同频率的信号分开,从而构成各种滤波器。

式(S22-8)表示的是 RL 串联电路的相频特性:

当电源的频率很低时,$\varphi \to 0$,说明电流和电压同相位;

当频率很高时,$\varphi \to -\dfrac{\pi}{2}$,说明电源电压比回路电流相位落后 $\pi/2$。

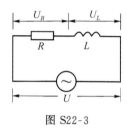

图 S22-3

同样以角频率 ω 的对数为横坐标,φ 为纵坐标,可得到如图 S22-4 所示典型的相频特性曲线。根据 RC 串联电路的相频特性,也可以构成各种相移电路。

3. RLC 串联电路

电路如图 S22-5 所示。

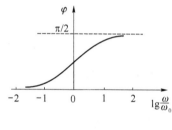

图 S22-4

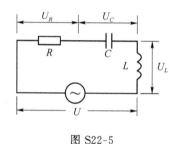

图 S22-5

RLC 串联电路的复阻抗为

$$Z = Z_R + Z_L + Z_C = R + j\left(\omega L + \frac{1}{\omega C}\right) \tag{S22-9}$$

复阻抗的模为

$$Z = \sqrt{R^2 + \left(\omega L - \frac{1}{\omega C}\right)^2} \tag{S22-10}$$

复阻抗的幅角为

$$\varphi = \arctan \frac{\omega L - \dfrac{1}{\omega C}}{R} \tag{S22-11}$$

其中,φ 为电路中电流滞后于总电压的相位差。

回路中的电流为

$$I = \frac{U}{\sqrt{R^2 + \left(\omega L - \dfrac{1}{\omega C}\right)^2}} \tag{S22-12}$$

任意时刻电阻 R 上的电压均与回路电流成正比,且两者的相位相同。所以 R 两端电压幅值的表达式为 $U_R = IR$。

由式(S22-12)可知,当改变电源的信号频率时,I 发生变化,R 两端的电压幅值也随之变化,实验中可测量 U_R 的值来了解 I 的变化情况。

由以上三式可得出 RLC 串联电路相频特性的结论如下:

(1) 当 $\omega L = \dfrac{1}{\omega C}$ 时,$\varphi = 0$,回路电流的幅值达到极大值 $I_{\max}$,回路中阻抗则为极小值,电流与电源电压同相位,犹如电路中只有纯电阻一样,此时电路达到谐振。将此角频率称为谐振角频率,用 ω_0 表示,即

$$\omega_0 = \frac{1}{\sqrt{LC}} \tag{S22-13}$$

(2) 当 $\omega L > \dfrac{1}{\omega C}$,即 $\omega > \omega_0$ 时,$\varphi > 0$,电流的相位落后于电源电压,整个电路呈电感性。随着 ω 的增大,$\varphi \to \dfrac{\pi}{2}$。

(3) 当 $\omega L < \dfrac{1}{\omega C}$,即 $\omega < \omega_0$ 时,$\varphi < 0$,电流的相位超前于电源电压,整个电路呈电容性。随着 ω 的减小,$\varphi \to -\dfrac{\pi}{2}$。

φ 随 ω 的变化曲线如图 S22-6 所示。

4. 用示波器测量相位差

设待测量的两正弦信号为

$$u_A = U_A \sin \omega t \tag{S22-14}$$
$$u_B = U_B \sin(\omega t - \varphi) \tag{S22-15}$$

u_B 落后于 u_A,其相位差为 φ。

用双踪示波器测量 φ 的方法:将 u_A 和 u_B 分别输入到双踪示波器的两个通道,两通道接地端是公共的,且与信号源的接地端相连接,"触发源"开关必须置于连接超前信号的通道,此时,在示波器荧光屏上可显示出两个完整波形如图 S22-7 所示。由图可知,t' 是 u_A 和 u_B 两信号到达同一相位的时间差,T 为周期,只要测量出 t' 和 T,则两信号的相位差为

$$\varphi = 2\pi \frac{t'}{T} \tag{S22-16}$$

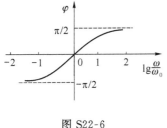

图 S22-6

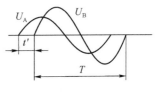

图 S22-7

【实验内容】

1. 观察、测量 RC 串联电路的幅频特性和相频特性

(1) 按图 S22-1 所示的电路连线。信号发生器作为交流电源,其输出电压幅度取 $1 \sim 2$ V。R 用电阻箱,C 用标准电容箱,取 $0.5\ \mu\text{F}$。

（2）将 U 和 U_R 分别输入至双踪示波器的两通道。注意：两通道的接地端是公共的，且应与信号发生器的接地端相连通。

（3）调节示波器，使两个通道的信号波形都出现在荧光屏上且大小和位置合适，波形稳定。

（4）改变信号发生器输出信号的频率 f，从 500 Hz～10 kHz，取 5 个测量点（500 Hz、1 kHz、2 kHz、5 kHz、10 kHz），用示波器或数字万用表测出对应的 U_R，由示波器所显示的波形测出相位差 φ（自己拟定记录数据的表格）。

（5）对测量结果进行处理与定性分析，并画出相应的曲线。

2. 观察、测量 RL 串联电路的幅频特性和相频特性

按图 S22-3 所示的电路连线，L 取 0.1 H。其实验内容同"1"，即将 U 和 U_R 分别输入至双踪示波器的两通道，调节示波器，使两个信号波形在屏上的大小和位置合适且稳定。电源信号的频率从 500 Hz～10 kHz，取 5 个测量点，用示波器或数字万用表测出对应的 U_R 值，由示波器显示的波形测出相位差 φ（自己拟定记录数据的表格）。对测量结果进行处理与分析，并画出相应的曲线。

3. 观察、测量 RLC 串联电路的相频特性

（1）按图 S22-5 所示电路连线。适当选取 R、L、C 的数值和电源输出电压的幅度。

（2）根据所选 L 和 C 的数值，计算相应的谐振频率，并通过实验进行测定（自己拟定记录数据的表格）。

（3）测量 RLC 串联电路的相频特性曲线（自己拟定记录数据的表格）。

注意：在改变频率时，要保持信号发生器输出电压的幅度不变。

【思考与讨论】

（1）什么叫幅频特性？什么叫相频特性？

（2）怎样利用双踪示波器测量电源电压与电流的位相差？试以 RLC 串联电路详细说明之。

（3）怎样利用 RC 电路构成最简单的低通滤波器和高通滤波器？

（4）怎样利用 R 和 C 构成输出电压比输入电压位相超前或落后的相移电路？画出电路图并写出相位差计算公式。

（5）为什么在改变频率时，要保持信号发生器输出电压的幅度不变？

实验 23　RLC 电路暂态特性的研究

RC、RL、RLC 电路在接通和断开电源的短暂时间内，电路将从一个平衡态转向另一个平衡态，这个转变过程成为暂态过程。这个过程的规律被广泛地应用在电子技术的线路中。实验中利用示波器研究暂态过程中电流和元件上电压的变化规律。

【实验要求】

（1）观察和研究 RC、RL、RLC 电路的暂态过程。

（2）测量 RC、RL、RLC 电路中的时间常数。

【实验室可提供的器材】

电阻、电感、电容、信号发生器(作电源用)、示波器、开关和导线等。

【实验原理提示】

1. RC 串联电路的暂态过程

如图 S23-1 所示为 RC 串联电路,当开关 S 置"1"位置时,直流电压 E 通过 R 对电容 C 充电。充电完毕($U_C = E$),再将 S 由"1"置于"2",电容将通过电阻 R 放电。充电和放电过程均为暂态过程。暂态过程中电容和电阻上的电压 U_C、U_R 随时间的变化规律为:

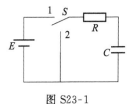

图 S23-1

充电过程
$$U_C = E(1 - \mathrm{e}^{-\frac{t}{\tau}}) \qquad\qquad (S23\text{-}1)$$

$$U_R = E\mathrm{e}^{-\frac{t}{\tau}} \qquad\qquad (S23\text{-}2)$$

$$i = \frac{E}{R}\mathrm{e}^{-\frac{t}{\tau}} \qquad\qquad (S23\text{-}3)$$

放电过程
$$U_C = E\mathrm{e}^{-\frac{t}{\tau}} \qquad\qquad (S23\text{-}4)$$

$$U_R = -E\mathrm{e}^{-\frac{t}{\tau}} \qquad\qquad (S23\text{-}5)$$

$$i = -\frac{E}{R}\mathrm{e}^{-\frac{t}{\tau}} \qquad\qquad (S23\text{-}6)$$

其中,$\tau = RC$,称为该电路的时间常数,它决定了以指数规律充放电过程的快慢。时间常数 τ 越大充放电越慢,暂态过程持续时间越长。由式(S23-3)和式(S23-6)可知充电电流与放电电流方向相反。充放电过程的 U_C-t 曲线如图 S23-2 所示。

在 RC 串联电路的充电过程中,电容 C 上的电压 $U_C(t)$ 由 0 上升到 $E/2$(或在放电过程中由 E 下降到 $E/2$)所需的时间为半衰期,用 $T_{1/2}$ 表示,它与时间常数的关系是

$$T_{1/2} = 0.693\,1\,\tau = 0.693\,1\,RC \qquad\qquad (S23\text{-}7)$$

若能测出半衰期,由式(S23-7)可求出电路的时间常数 τ。

2. RL 串联电路的暂态过程

如图 S23-3 所示为 RL 串联电路,当开关 S 置"1"位置时,电源接通,但由于电感中电流不能突变,电路中的电流将逐渐增大,同时电感中储存的磁场能量也不断增加,直到暂态过程结束,电路达到稳态为止。再将 S 由"1"置于"2",电感中储存的磁场能量将通过电阻 R 释放。电路中的电流将逐渐减小,直到其能量全部被电阻 R 消耗完为止。这两个过程均为暂态过程。暂态过程中电感和电阻上的电压 U_L、U_R 随时间的变化规律为

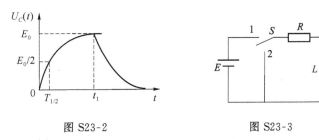

图 S23-2   图 S23-3

电流增大过程中,有

$$U_R = E(1 - e^{-\frac{t}{\tau}}) \tag{S23-8}$$

$$U_L = E e^{-\frac{t}{\tau}} \tag{S23-9}$$

$$i = \frac{E}{R}(-e^{-\frac{t}{\tau}}) \tag{S23-10}$$

电流减小过程中有

$$U_R = E e^{-\frac{t}{\tau}} \tag{S23-11}$$

$$U_L = -E e^{-\frac{1}{\tau}} \tag{S23-12}$$

$$i = \frac{E}{R} e^{-\frac{t}{\tau}} \tag{S23-13}$$

其中,$\tau = L/R$,称为该电路的时间常数(或弛豫时间),它同样决定了以指数规律暂态过程的快慢。时间常数 τ 越大暂态过程持续时间越长(由上述的式子也可画出相应的 U_L-t 曲线)。

在 RL 串联电路中,电感 L 上的电流由零上升到稳定值的一半(或在消失过程中由稳定值下降至一半)所需的时间为半衰期,用 $T_{1/2}$ 表示,它与时间常数的关系是

$$T_{1/2} = 0.693\ 1\ \tau = 0.693\ 1\ L/R \tag{S23-14}$$

若能测出半衰期,由式(S23-14)可求出电路的时间常数 τ。

3. RLC 串联电路的暂态过程

如图 S23-4 所示为 RLC 串联电路,当开关 S 置"1"位置时,电源接通,直流电压 E 通过 R、L 对电容 C 充电。充电完毕($U_C = E$),再将 S 由"1"置于"2",电容将通过 RLC 闭合回路放电。充电和放电过程均为暂态过程。

但由于电感中电流不能突变,电路中的电流增大时,电感中储存的磁场能量也不断增加,直到暂态过程结束,电路达到稳态为止。电路中的电流逐渐衰减时,电感中储存的磁场能量将通过电阻 R 释放,直到其能量全部被电阻 R 消耗完为止。充放电过程的电路方程为

$$LC\frac{d^2 U_C}{dt^2} + RC\frac{dU_C}{dt} + U_C = \begin{cases} E & (充电) \\ 0 & (放电) \end{cases} \tag{S23-15}$$

对放电过程,设初始条件 $t = 0$,$U_C = E$,$\dfrac{dU}{dt} = 0$,随电路参数 R、L 和 C 数值选取的不同,上述方程有三种不同的解。

(1) $R^2 < \dfrac{4L}{C}$,方程的解为

$$U_C = E e^{-\frac{t}{\tau}} \cos(\omega t + \varphi) \tag{S23-16}$$

其中,时间常数

$$\tau = \frac{2L}{R} \tag{S23-17}$$

角频率

$$\omega = \frac{1}{\sqrt{LC}}\sqrt{1 - \frac{R^2 C}{4L}} \tag{S23-18}$$

由于此时为阻尼振荡状态,故 ω 为阻尼振荡的角频率。

振荡的频率

$$f = \frac{\omega}{2\pi} = \frac{1}{2\pi}\frac{1}{\sqrt{LC}}\sqrt{1 - \frac{R^2 C}{4L}} \tag{S23-19}$$

U_C 随时间变化的规律如图 S23-5 中所示的曲线 I,它的振荡幅值随时间 t 的增加按指

数规律衰减。τ 的大小决定了振幅衰减的快慢，τ 越小，振幅衰减越迅速。

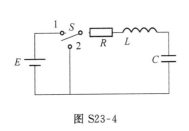

图 S23-4

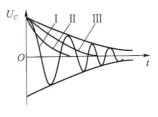

图 S23-5

如果 $R^2 \ll \dfrac{4L}{C}$，通常是 R 很小的情况，振幅的衰减会很缓慢，又从式(S23-18)可知

$$\omega = \frac{1}{\sqrt{LC}} = \omega_0$$

即复归为 LC 的自由振动，ω_0 为自由振荡的角频率。

(2) $R^2 > \dfrac{4L}{C}$ 对应过阻尼状态，此时式(S23-15)的解为

$$U_C = E\mathrm{e}^{-\frac{t}{\tau}} \mathrm{ch}(\omega t + \varphi) \tag{S23-20}$$

其中，τ 仍等于 $\dfrac{2L}{R}$，而

$$\omega = \frac{1}{\sqrt{LC}} \sqrt{\frac{R^2 C}{4L} - 1}$$

虽然式(S23-16)和式(S23-20)这两个解形式上看很相似，但双曲线 ch 和余弦函数 cos 具有完全不同的特点，因而式(S23-20)中的 τ 和 ω 不能再理解为"时间常数"和"角频率"。由式(S23-20)作出的 U_C 随时间变化的规律如图 S23-5 中的曲线Ⅲ所示，它是以缓慢的方式回到零。这时电路不再产生震荡，即电容放电后不会反向充电了。R 越大放电电流越小，则放电越慢。

(3) $R^2 = \dfrac{4L}{C}$ 对应于临界状态，式(S23-15)的解为

$$U_C = E\left(1 + \frac{t}{\tau}\right)\mathrm{e}^{-\frac{t}{\tau}} \tag{S23-21}$$

其中，τ 仍等于 $\dfrac{2L}{R}$，U_C 随时间变化的规律如图 S23-5 中的曲线Ⅱ所示电路正好不振荡，此状态就是临界阻尼状态。U_C 将很快衰减到平衡位置并稳定下来。

充电过程类似于放电过程，只是 $U_C(t)$ 的起始值和最后趋向平衡位置不同，电路方程的解也可分三种情况，其曲线如图 S23-6 所示。

在以上所述的原理中我们是在电路图上配置了直流电源 E、开关 S 来获取 RC、RL 及 RLC 串联电路的暂态过程的。通常在实验上并不这样做，而是用如图 S23-7 所示的方波信号代替原理图中的开关 S 和电源 E 来控制 RC、RL 及 RLC 串联电路。设方波信号的周期为 T_0，在前半周期 $0 \sim T_0/2$ 时间内输出电压的幅度为 E，这相当于开关 S 接通；在后半周期 $T_0/2 \sim T_0$ 时间内输出为零，这相当于开关 S 断开，如此不断重复。将方波信号接入 RC、RL 及 RLC 串联电路之中，就可以用示波器观测它们的暂态过程。对于常数 τ 很小的电路，由

于它们的暂态过程都是快速过程,所以必须用示波器才能进行观测。

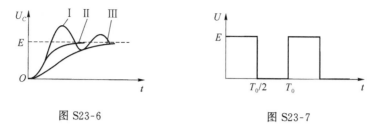

图 S23-6　　　　　　　　　　　图 S23-7

【实验内容】

参考以下步骤,自己拟定所需记录的数据及相应的表格。

1. 观察方波波形

将方波信号输入到示波器 Y_1 或 Y_2 通道,调节 V/div 及 t/div,观察波形,测量方波的频率、周期、幅度,记录相应数据。注意要将示波器初始状态调整到"校准信号"位置后再进行观察。

2. 观察 RC 串联电路的暂态过程

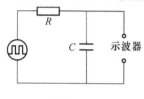

图 S23-8

按图 S23-8 所示的电路连线,选取 $C=0.01\ \mu\mathrm{F}$,固定方波信号的频率 $f=500\ \mathrm{Hz}$,调节电阻 R 分别为 1 kΩ、20 kΩ 和 90 MΩ,观察描绘示波器显示的波形。试从理论上分析这些波形的成因,确定应选择哪个波形来测量该电路的半衰期并测定之。由所测得的半衰期 $T_{1/2}$ 计算时间常数 τ,并与由 R、C 的标称参数计算的 τ_0 进行分析比较。

在图 S23-8 中取 $C=0.01\ \mu\mathrm{F}$,固定 $R=10\ \mathrm{k\Omega}$,调节方波信号的频率 f 分别为 200 Hz、1 000 Hz、2 000 Hz,观察并描绘示波器上显示的波形。试从理论上分析这些波形的成因,确定应选择哪个波形来测量该电路的半衰期并测定之。由所测得的半衰期 $T_{1/2}$ 计算电路的时间常数 τ,并与由 R、C 的标称值计算的 τ_0 进行分析比较。

3. 观察 RL 串联电路的暂态过程

按图 S23-9 连线,选取 $L=400\ \mathrm{mH}$,固定方波信号频率为 $f=500\ \mathrm{Hz}$,调节电阻 R 分别为 40 Ω、1 000 Ω 和 10 kΩ,观察并描绘示波器屏上显示的波形,试从理论上分析这些波形的成因,确定应选择哪个波形来测量该电路的半衰期并测定之。由测得的半衰期 $T_{1/2}$ 计算电路的时间常数 τ,并与由 R、L 的标称值计算的 τ_0 值进行分析比较。

4. 观察 RLC 串联电路的暂态过程

按图 S23-10 连线。选取适当的 L、C 的值,固定方波信号频率 f,改变 R,描绘示波器荧屏上所显示的波形,试从理论上分析这些波形的成因;固定 R,改变方波信号频率 f,描绘示波器荧屏上所显示的波形,试从理论上分析这些波形的成因。

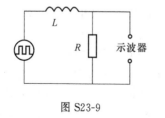

图 S23-9

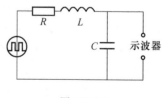

图 S23-10

(1) 为什么说时间常数 τ 是 RC 串联电路充放电速度的标志？

(2) 能否用一个万用表区分两个电容器中哪一个电容大,哪一个电容小？如果能,试说明原理及具体的方法。

实验 24 用交流电桥测电容和电感

在基础性实验中我们曾利用直流电桥(惠斯登电桥)测电阻,在实验中,直流单臂电桥由测量臂、比较臂和比例臂 4 个桥臂构成回路,用检流计检测电桥是否平衡,用直流电源作为供电装置(见实验 4)。本次实验的交流桥路与直流桥路很相似,但不同的是用交流电源和交流毫伏计代替直流桥路中的直流电源和检流计,其 4 个桥臂中不仅有电阻,还可以有电容、电感等元件。

交流电桥比直流电桥有更多的功能,它不仅可用于测量电阻、电容、电感、磁性材料的磁导率、电容的介质损耗,还可以利用交流电桥平衡条件与频率的相关性来测量频率等。

【实验要求】

(1) 设计用交流电桥测电容和电感的方法。

(2) 掌握交流电路的特点和平衡的调节方法。

【实验室可提供的器材】

信号发生器(作交流电源用)、数字万用表(作零指示器用)、标准电阻箱、标准电容箱、待测电容(标称值为 1 μF)、待测电感(标称值为 33 mH)、开关和导线等。

【设计提示】

本实验主要测量阻抗元件的电容和电感。测量条件不同,测量的阻抗数值也不同。例如,过大的电压或电流,将使阻抗表现出非线性;不同的温度或湿度会使阻抗变化;不同的频率下,阻抗的电阻分量和电抗分量都会有变化。因此,最好能在接近实际工作的条件下进行阻抗测量。

1. 交流桥路及平衡条件

交流桥路如图 S24-1 所示,图中 $\tilde{Z}_1$、$\tilde{Z}_2$、$\tilde{Z}_3$、$\tilde{Z}_4$ 分别为 4 个桥臂的复阻抗。A、B 间接入数字万用表,其毫伏挡作为毫伏表使用,当电桥平衡时毫伏表显示读数为零,因此也起到零指示器作用。

运用交流欧姆定律,考虑到平衡时,没有电流流过零示器,亦即 A、B 两点在任一瞬间电位都相等,可以列出方程如下：

$$I_1 \cdot \tilde{Z}_1 = I_3 \cdot \tilde{Z}_3$$
$$I_2 \cdot \tilde{Z}_2 = I_4 \cdot \tilde{Z}_4$$
$$I_1 = I_2$$
$$I_3 = I_4$$

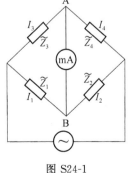

图 S24-1

解方程组可得

$$\frac{\tilde{Z}_1}{\tilde{Z}_2} = \frac{\tilde{Z}_3}{\tilde{Z}_4} \tag{S24-1}$$

即

$$\tilde{Z}_1 \tilde{Z}_4 = \tilde{Z}_2 \tilde{Z}_3 \tag{S24-2}$$

其中,I_1、I_2、I_3、I_4 均为复数电流,式(S24-1)或式(S24-2)称为交流电桥的平衡条件。

如果把复阻抗用指数式表示,式(S24-1)可写成

$$\frac{Z_1 \mathrm{e}^{\mathrm{j}\varphi_1}}{Z_2 \mathrm{e}^{\mathrm{j}\varphi_2}} = \frac{Z_3 \mathrm{e}^{\mathrm{j}\varphi_3}}{Z_4 \mathrm{e}^{\mathrm{j}\varphi_4}}$$

这时,相当于下列两个条件同时成立,即

$$\frac{Z_1}{Z_2} = \frac{Z_3}{Z_4} \tag{S24-3}$$

$$\Phi_1 - \Phi_2 = \Phi_3 - \Phi_4 \tag{S24-4}$$

由此可见交流电桥平衡时,除了阻抗大小成正比例,即满足式(S24-3)外还必须满足式(S24-4)相角条件,这是它和直流电桥不同之处。对于给定的桥路利用上述两式可以判断电桥有没有可能达到平衡。

2. 测量理想电容的桥路

设待测电容 C_x 及标准电容 C_0 均为理想电容,桥路可布置如图 S24-2 所示,考察其平衡条件:

因 $\qquad \Phi_1 = \Phi_2 = 0, \qquad \Phi_3 = \Phi_4 = -\dfrac{\pi}{2}$

所以这样布置的电桥就能满足相同条件式(S24-4)。

又 $\qquad Z_1 = R_1, \qquad Z_2 = R_2$

$$Z_3 = -\mathrm{j}\frac{1}{\omega C_x}, \qquad Z_4 = \mathrm{j}\frac{1}{\omega C_0}$$

若 C_0、R_1、R_2 已知,即可求出 C_x,以此类推,可以设计测量理想电感的桥路。

3. 测量实际电容、实际电感的桥路

由于实际电容中的介质并不是理想介质,在回路中要消耗一定的能量。所以,实际电容器在电路中可看作一个理想电容 C 和一损耗电阻 r_c 所构成,在本实验中可看作是二者串联,如图 S24-3(a)所示。

为了满足相角条件,测量电路应改成如图 S24-3(b)所示,此时

$$Z_1 = R_1, \qquad Z_2 = R_2$$

$$\tilde{Z}_3 = r_c - \mathrm{j}\frac{1}{\omega C_x}, \quad \tilde{Z}_4 = R_0 - \mathrm{j}\frac{1}{\omega C_0}$$

代入式(S24-2)得

$$R_1\left(R_0 - \mathrm{j}\frac{1}{\omega C_0}\right) = R_2\left(r_c - \mathrm{j}\frac{1}{\omega C_x}\right)$$

令等式两边的实部与实部相等、虚部与虚部相等,求得平衡条件分别为

$$r_c = \frac{R_1}{R_2} R_0 \tag{S24-5}$$

$$C_x = \frac{R_2}{R_1} C_0 \tag{S24-6}$$

因此,根据平衡时的 C_0、R_0、R_1、R_2 可求得待测电容 C_x 及损耗电阻 r_c。

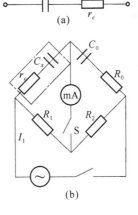

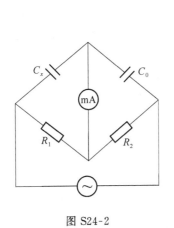

图 S24-2　　　　　　　　　　　　图 S24-3

同样,实际电感也可看作是理想电感 L 和一损耗电阻 r_L 构成,如图 S24-4(a)所示。
测量实际电感的桥路如图 S24-4(b)所示,用同样的方法,可推导出平衡条件为

$$r_L=(R_0+r_{L0})\frac{R_1}{R_2} \tag{S24-7}$$

$$L_x=L_0\frac{R_1}{R_2} \tag{S24-8}$$

其中,r_{L0} 为标准的电感损耗电阻,根据平衡时的 L_0、r_{L0}、R_0、R_1、R_2,可求出待测电感 L_x,及
损耗电阻 r_L。

4. 交流电桥平衡的调节

　　由于交流电桥总有两个平衡条件需要同时满足,因此,在各臂的参量中至少要有两个是可以调节的。只有这两个被调节的参量同时达到平衡的数值,零示器才指在 0 点。然而实际调节交流电桥时,我们总是先固定一个参量,调另一个参量,在这样的调节过程中,每次我们只能使通过零示器的电流达到最小值。而后我们就将第一个参量固定在此数值来调节另一个参量,如果被固定的第一个参量的数值不是平衡值,调节第二个参量时也不能使电桥达到完全的平衡,而只能使零示器达到新的最小值。为了将电桥调到完全平衡,必须反复调节这两个参量,逐次逼近平衡。可见交流电桥的调节要比单

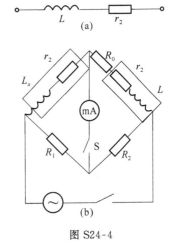

图 S24-4

臂电桥的调节复杂得多。但只要照以下几点去做,是能够顺利调到平衡的。

　　(1) 事先设法知道待测元件的大概数值,根据平衡公式选定调节参量的数值,使电桥从开始起就不远离平衡。

　　(2) 分步调、反复调,在每一步中抓住主要矛盾。例如测量电容 C_x 时,由于一般电容器的损耗电阻几乎为零,所以一开始可取 $R_0=0$,这时,式(S24-5)虽然不满足,但偏离也不大,而式(S24-6)不满足是达到平衡条件的主要矛盾。因此,这一步的重点便是调节 R_1、R_2、C_0

的值,使得尽可能满足式(S24-6)。当零示器的电流已达到一个极小值时,调 R_1、R_2、C_0 的值已无法更进一步接近平衡时,这时式(S24-5)的不满足,便转化为电桥平衡的主要矛盾了。因此,下一步应该调节 R_0 以尽可能满足式(S24-5),使进一步接近平衡,使零示器中的电流更小。如此反复调节下去,使电桥更接近平衡。测电感时调平衡的步骤与上述相同。

【实验内容及步骤】

(1)画出测量电容的交流电路图,自拟实验步骤和数据记录表格算出电容及损耗电阻的数值。

(2)画出测量电感的交流电路图,自拟实验步骤和数据记录表格算出电感及损耗电阻的数值。

【注意事项】

(1)调节电阻 R_1、R_2 时,应时刻注意其阻值不能过小(几欧姆甚至是零),以免烧坏电阻箱或电源。

(2)用毫伏挡作零示器时,开始应先放在量程最大处,随着电桥趋向平衡,逐步减小量程,以免仪表超载。本实验在最终平衡时的不平衡电压可小于 3 mV。

【思考与讨论】

(1)比较交流电桥在平衡原理、所用仪器及调节方法等方面与直流电桥的异同。
(2)电容的损耗电阻是否可以看作与电容并联?

实验 25 薄透镜焦距的测定

透镜是光学仪器最基本的元件,显微镜、望远镜和照相机等多种光学仪器都是采用多种透镜组成透镜组来满足要求的。透镜最主要的参数就是焦距和像差。厚透镜和透镜组的参数比较复杂,本实验通过对薄透镜焦距的测量,掌握薄透镜成像规律,学会光路调节技术。

【实验要求】

(1)根据薄透镜的成像规律设计测量薄透镜焦距的几种方法。
(2)自拟测量薄透镜焦距的步骤。
(3)对测量数据进行误差分析。

【实验室可提供的器材】

光具座、薄透镜、光源、狭缝、平面反射镜和观察屏等。

【设计提示】

1. 薄透镜成像公式

透镜是由两个折射面组成的简单共轴球面系统,其间是构成透镜的媒质(如光学玻璃),折射面通常是凸球面、凹球面或平面。所谓薄透镜,是指它的厚度远比两折射面的曲率半径和焦距小得多的透镜。

在薄透镜和近轴光线(入射光线与主光轴夹角很小)的条件下,物距 u、像距 v 和焦距 f 之间的关系为

$$\frac{1}{u}+\frac{1}{v}=\frac{1}{f} \tag{S25-1}$$

式(S25-1)是薄透镜成像的高斯公式。规定 u 恒取正值。当物和像在透镜异侧时,v 为正值;在透镜同侧时,v 为负值。对凸透镜,f 为正值;对凹透镜,f 为负值。

凸透镜可以使光线折射而会聚,也称会聚透镜,凹透镜可以使光线折射而发散,也称发散透镜。

2. 凸透镜焦距的测量

测量凸透镜焦距的方法有以下几种。

(1)自准法(平面镜法)

如图 S25-1 所示,若物 AB 正好位于透镜 L 的前焦平面上,则物上任一点发出的光束经 L 后成为平行光,由平面镜 M 反射后仍为平行光,再经透镜 L 仍会聚于前焦平面上,得到与原物等大的倒立实像 A′B′,此时,物距就等于透镜的焦距。此法常用于粗测凸透镜的焦距。

(2)物距像距法

根据薄透镜成像的高斯公式,当 $u > f$ 时就可以得到一个倒立实像。在光具座上分别测出物体、透镜的位置,就可以得到 u、v,从而求出 f。为消除透镜的光心位置不准带来的误差,可以将透镜转 180°再进行测量,取两次测量的平均值。

(3)共轭法(贝塞尔法)

物像共轭法就是透镜成像的位置是一一对应的,而且当物像位置互换时,其物像间距不变,仅像的大小变化。

如图 S25-2 所示,固定物与像屏之间的距离为 $s > 4f$,当凸透镜在其间移动时可以成两次像。

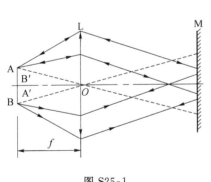

图 S25-1

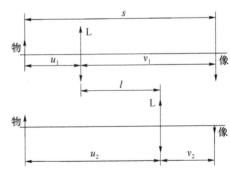

图 S25-2

根据

$$\frac{1}{u}+\frac{1}{v}=\frac{1}{f}$$

和

$$u+v=s$$

可解得

$$u=\frac{s \pm \sqrt{s(s-4f)}}{2} \tag{S25-2}$$

显然,当 $s>4f$ 时,u、v 均有有实解。设两次成像时透镜的位移为 l,由图 S25-2 及共轭关系知

$$u_1=v_2, \quad u_2=v_1$$
$$s-l=u_1+v_2=2u_1$$
$$v_1=s-u_1=\frac{s+l}{2}$$

则

$$f=\frac{s^2-l^2}{4s} \tag{S25-3}$$

这种方法避免了物距像距法估计光心位置不准带来的误差,也不需要将透镜转动 180° 测量。

3. 凹透镜焦距的测量

凹透镜无法成实像,因而无法直接测量其焦距,通常采用一凸透镜作为辅助透镜来测量。

(1) 物距像距法

如图 S25-3 所示,物体 A 经一凸透镜 L_1 成 A′ 像,放入凹透镜 L_2 后,A′ 对 L_2 而言是虚物,它又成 A″像,分别求出凹透镜 L_2 的物距 $u=|x_1-x_2|$,像距 $v=-|x_3-x_2|$,就可由式 (S25-1) 求得 f。

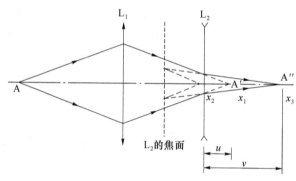

图 S25-3

(2) 自准法

如图 S25-4 所示,M 为平面反射镜,调节凹透镜 L_2 的相对位置,直到物屏上出现和物大小相等的倒立实像,记下 L_2 的位置 x_2。在不移动 L_1 和物的条件下,拿掉 L_2 和平面镜 M,则在某点处成实像,记下这一点的位置 x_3,则 $f=|x_3-x_2|$。

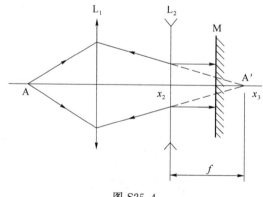

图 S25-4

4. 光学系统的共轴调节

对所有光学元件构成的光学系统进行共轴调节,是光学测量的先决条件,也是确保实验误差小的重要步骤。调节分两步进行:

(1)粗调。将安放在光具座上的所有光学元件沿导轨靠拢在一起,用眼睛观察,使镜面、屏面等相互平行、中心等高,且与导轨垂直,这样各光学元件的光轴也大致重合。

(2)细调。对单个透镜可以利用采用共轭法进行调节,将透镜放在如图 S25-2 所示的物和屏中间,在成像的两个位置处把透镜转 $180°$,若像的位置不变,说明其光轴与导轨平行。对于多个透镜组成的光学系统,则应先调节好与一个透镜的共轴,不再变动,再逐个加入其余透镜进行调节,这样调节后系统的光轴将与最初调好的系统光轴一致。

【实验内容】

(1)光学系统的共轴调节。
(2)利用不同的方法测凸透镜焦距,自拟所需的数据记录表格,并对实验结果进行比较。
(3)利用不同的方法测凹透镜焦距,自拟所需的数据记录表格,并对实验结果进行比较。
(4)分析实验误差。

【思考与讨论】

(1)什么是透镜的光轴?为什么要对光学系统进行共轴调节?调节的步骤如何?
(2)用物距像距法测凸透镜焦距时,如何计算相对误差?如何使测量的相对误差最小?

实验 26　望远镜的设计

望远镜是一种最常用的助视光学仪器,为适合不同用途和性能的要求,望远镜的种类很多,构造也有差别,但它们的基本光学系统都由物镜和目镜组成,望远镜有时又是其他一些光学仪器的重要组件。因此,了解并掌握其构造原理和方法,有助于理解透镜成像规律,也有助于加强对光学仪器的调整和使用训练。

【实验要求】

(1)了解望远镜的构造原理,设计组装简单望远镜。
(2)了解测量望远镜视角放大率的方法。
(3)掌握望远镜的调节使用方法。

【实验室可提供的器材】

光具座全套、透镜数个、米尺等。

【设计提示】

1. 望远镜的构造原理

望远镜通常由两个共轴光学系统组成,我们把它简化为两个会聚透镜如图 S26-1 所示,其中靠近物体的透镜 L_1 称为物镜,靠近人眼的透镜 L_2 称为目镜。物镜的作用是将无穷远物体发出的光会聚后在其像方焦平面上生成一倒立实像 Y′,然后经目镜把实像放大,因该实像同时位于目镜的物方焦平面上,这时眼睛看到远处有一清晰的虚像 Y″。由图 S26-1 可见,对于物镜 L_1 而言,像距(v_1)等于焦距(f_1);对于目镜 L_2 而言,物距(u_2)等于焦距(f_2),则望远镜的筒长

$$L = v_1 + u_2 = f_1 + f_2 \tag{S26-1}$$

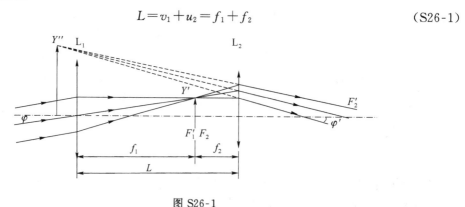

图 S26-1

若物体的位置比较远,但不是无限远,它的像的位置在物镜像方焦平面以内,虽然距焦平面很近,但像距并不等于焦距。物距变化时,像距也有所变化。因此,用望远镜观察不同位置上的物体时,需要对镜筒长度加以调节,调节物镜和目镜的相对位置,使中间实像落在目镜物方焦平面上。

实际望远镜的结构如图 S26-2 所示,其镜筒有内、外两个,二者可相对移动。为了测量方便,在目镜物一方的焦平面上还附有叉丝或标尺分划格。在使用望远镜观察远物时,首先相对于内筒移动目镜镜筒,以改变叉丝到目镜的距离,直到能清晰地看到叉丝为止,这表明叉丝已经处在目镜的焦深范围之内。然后将望远镜对准远方物体,相对外筒移动内筒以改变目镜和叉丝的整体到物镜的距离,直到清晰地看到物体的实像为止,这表明望远镜的物镜已将远方物体发出的光聚焦在叉丝平面上,即望远镜的调焦完毕。只有正确聚焦后,才能通过目镜看到物体清晰的像。

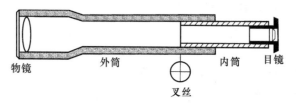

物镜　　　　　外筒　　　　　　内筒　目镜

叉丝

图 S26-2

2. 望远镜的视角放大率

由图 S26-2 可知,物镜 L_1 的焦距 f_1 较长,远处物体经透镜生成一个中间实像,此实像虽然比原物小,但却靠近眼睛,它所张的视角要比原物所张的视角大。目镜 L_2 的焦距 f_2 较短,使中间实像通过目镜后得到放大,所以目镜起放大镜的作用,望远镜的视角放大率是表示望远镜性能的一个重要物理量。

目视光学仪器的视角放大率定义式为

$$M = \frac{\tan \varphi'}{\tan \varphi} \tag{S26-2}$$

其中,φ为直接用眼睛观察时物体对人眼所张的视角,φ'为用光学仪器时虚像对人眼所张的视角。

对物镜而言,根据无穷远像高的计算公式有

$$y'_物 = -f_1 \tan \varphi$$

对目镜而言

$$y_目 = f_2 \tan \varphi'$$

将以上两式代入式(S26-2),并考虑到物镜的像高等于目镜的物高的关系,即$y'_物 = y_目$,则有

$$M = -\frac{f_1}{f_2} \tag{S26-3}$$

式中的负号表示为倒像。若要使M的绝对值大于1,一般应有$f_1 > f_2$。

由于光的圆孔衍射效应,制造望远镜时,还必须满足

$$M = \frac{D}{d} \tag{S26-4}$$

其中,D为物镜的孔径;d为目镜的孔径。若式(S26-4)不满足,则视角虽放大,但不能分辨物体的细节。

【实验内容】

(1) 选透镜:利用实验室提供的仪器和设备,分别测出两个单透镜的焦距,并确定一个作物镜,另一个作目镜。

(2) 组装和观察:利用一束平行光(考虑如何产生)当作远处的发光物体,然后将物镜放在光具座上,记下位置,这时远处物体通过物镜产生一实像,来回移动光屏,使屏上得到一清晰的像,记下成像的位置、大小和倒正情况。

(3) 聚焦:取走光屏,放上目镜,调节物镜和目镜共轴,再移动目镜直到清晰地看到像,记下目镜位置及观察到的像的情况,算出望远镜的筒长L,并与$f_1 + f_2$比较。

(4) 数据处理:根据实测的目镜和物镜的焦距数据,画出光路图,计算系统视角放大率。

【思考与讨论】

(1) 使用望远镜时为什么要进行调焦?

(2) 用同一台望远镜观察不同距离物体时,其视角放大率是否会变?

(3) 本实验中的望远镜由两个凸透镜组成,这种目镜和物镜均为会聚透镜的望远镜称开普勒望远镜。如果把目镜更换成一个凹透镜,即为伽利略望远镜,试说明此望远镜的成像原理,并画出光路图。

实验 27　光栅对斜入射光线衍射的研究

【实验要求】

自行设计一个用光栅测量斜入射光线波长的实验。

（1）推导出入射光线与光栅法线成60°角时的光栅方程。

（2）详细叙述测量原理,导出测量计算公式。

（3）拟定实验操作步骤,说明操作过程中光栅法线与斜入射光线成60°角的调节方法。

（4）画出测量光路示意图。

（5）列出测量表格,记录测量数据、计算光波的波长及测量误差。

【实验室可提供的器材】

分光计一台、低压汞灯光源一个、透射式平面光栅(300 条/mm、600 条/mm)两个。

【设计提示】

参阅实验15光栅衍射中有关内容。

实验必须满足夫琅和费衍射条件,即入射光与衍射光都必须为平行光。

当入射光垂直照射在光栅上,光栅方程为

$$(a+b)\sin \varphi = \pm k\lambda$$

其中,$(a+b)$为光栅常数,λ 为入射光波长。

当入射光不是垂直照射在光栅上,而是与光栅的法线成 θ 角时,画出光路图,并对原有光栅方程进行修正。

测定低压汞灯经光栅衍射后第一级和第二级的绿光衍射角,计算出绿光波长。汞灯绿光的波长标准值为 $\lambda_{标} = 546.1$ nm,求出百分误差,写出测量结果的标准形式。比较哪一个光栅测量的误差小。

由此可见,光栅是一个重要的光学元件,利用光栅可研究复色光谱的组成,进行光谱分析,还可以通过光栅获得特定波长的单色光。

【思考与讨论】

（1）实验中对入射光和折射光有什么要求？如何调节？

（2）实验中如何观察、区分入射光和衍射光在光栅法线同侧、异侧的衍射现象,用实验装置简图表示出你观察到的同侧、异侧衍射光线的具体位置。

实验 28　用迈克尔逊干涉仪测固体折射率

【实验要求】

测一块各向同性、透明均匀、平行平面薄片的折射率。

（1）设计用迈克尔逊干涉仪测量折射率的方法。

（2）画出光路图,详细叙述测量原理,导出测量公式。

（3）拟定操作步骤,说明操作过程中的注意事项。

【实验室可提供的器材】

迈克尔逊干涉仪一台、白光光源一个、各向同性、透明均匀、待测的平行平面薄片一块。

【设计提示】

参阅实验 17 迈克尔逊干涉仪中的有关内容。

如图 S28-1 所示,用迈克尔逊干涉仪可以测量各向同性、透明均匀平行平面薄片的折射率。以白光为光源,调出等厚干涉条纹并使零级干涉条纹出现在视场中央,读出 M_1 的位置。然后在光路中插入待测薄片,这时光线(1)的光程大于光线(2)的光程。因白光的相干长度很短,故白光的干涉条纹消失。移动 M_1 减小光线(1)的光程,使白光干涉再次出现,且零级干涉条纹出现在视场中央,读出 M_1 的位置。这时 M_1 移动所减少的光程正好等于薄片插入所增加的光程。

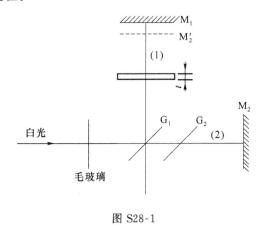

图 S28-1

设薄片的厚度为 t,折射率为 n, M_1 移动的距离为 ΔL,推导计算薄片折射率 n 的公式,并自己确定需测量的数据。

光的波长不同,折射率不同,M_1 移动的距离 ΔL 不同。厚度 t 越小,ΔL 的差别越小;t 越大,ΔL 的差别越大。若 t 过大,可使白光的零级干涉条纹不再出现,因此只能用较薄的介质薄片,且白光是复色光故测出的折射率是白光平均波长的折射率。

【思考与讨论】

(1)总结迈克尔逊干涉仪调整要点及规律。

(2)根据自己的学到的知识设想迈克尔逊干涉仪还可有哪些其他用途?

附　　录

附表1　基本物理常数

名　　称	符　号	数值和单位
真空中的光速	c	$2.997\ 924\ 58\times10^{8}$ m·s^{-1}
真空磁导率	μ_0	$4\pi\times10^{-7}=12.566\ 370\ 614\cdots\times10^{-7}$ H·m^{-1}
真空介电常量	ε_0	$8.854\ 187\ 817\cdots\times10^{-12}$ F·m^{-1}
电子的电荷	e	$1.602\ 176\ 462(63)\times10^{-19}$ C
普朗克常量	h	$6.626\ 068\ 76(52)\times10^{-34}$ J·s
阿伏伽德罗常量	N_0	$6.022\ 141\ 99(47)\times10^{23}$ mol^{-1}
原子质量单位	U	$1.660\ 538\ 73(13)\times10^{-27}$ kg
电子的静止质量	m_e	$9.109\ 381\ 88(72)\times10^{-31}$ kg
电子的荷质比	e/m_e	$1.758\ 820\ 174\times10^{11}$ C·kg^{-1}
法拉第常量	F	$9.648\ 534\ 15(39)\times10^{4}$ C·mol^{-1}
里德伯常量	R_∞	$1.097\ 373\ 156\ 854\ 9(83)\times10^{7}$ m^{-1}
摩尔气体常量	R	$8.314\ 472(15)$ J·mol^{-1}·k^{-1}
玻尔兹曼常量	k	$1.380\ 650\ 3(24)\times10^{-23}$ J·K^{-1}
万有引力常量	G	$6.673(10)\times10^{-11}$ m^3·kg^{-1}·s^{-2}
标准大气压	P_0	$101\ 325$ P$_a$
冰点的绝对温度	T_0	237.15 K
干燥空气的密度(标准状态下)	$\rho_{空气}$	1.293 kg·m^{-3}
理想气体的摩尔体积(标准状态下)	V_m	$22.413\ 996\times10^{-3}$ m^3·mol^{-1}
光谱中红线的波长(15℃,101 325 Pa)	λ_{cd}	$643.846\ 96\times10^{-9}$ m

注:表中基本物理常数为科学技术数据委员会(CODATA)1998年国际推荐值。

附表2　在20℃时金属的弹性模量

金属	弹性模量 E/($\times10^{11}$ N·m^{-2})	金属	弹性模量 E/($\times10^{11}$ N·m^{-2})
铝	0.69~0.70	镍	2.03
钨	4.07	铬	2.35~2.45
铁	1.86~2.06	合金钢	2.06~2.16
铜	1.03~1.27	碳钢	1.96~2.06
金	0.77	康钢	1.60
银	0.69~0.80	铸钢	1.72
锌	0.78	硬铝合金	0.71

注:弹性模量值与材料的结构、化学成分及其加工方法关系密切。实际材料的弹性模量可能与表中所列数值不尽相同。

附表3　不同温度对于干燥空气的声速　　　　　　　　　　单位:m·s⁻¹

温度/℃	0	1	2	3	4	5	6	7	8	9
40	354.89	355.46	356.02	356.58	357 15	357 71	358.27	358.83	359.39	359.95
30	349.18	349.75	350.33	350.90	351.47	352.04	352.62	353.19	353.75	354.32
20	343.37	343.95	344.54	345.12	345.70	346.29	346.87	347.44	348.02	348.60
10	337 46	338.06	338.65	339.25	339.84	340.43	341.02	341.61	342.20	342.58
0	331.45	332.06	332.66	333.27	333.87	334.47	335.07	335.67	336.27	336.87
−10	325.33	324.71	324.09	323.47	322.84	322.22	321.60	320.97	320.34	319.52
−20	319.09	318.45	317.82	317.19	316.55	315.92	315.28	314.64	314.00	313.36

附表4　常用光源的谱线波长　　　　　　　　　　单位:nm

H(氢)		402.62　紫		Hg(汞)	
656.28　红		388.87　紫		623.44　橙	
486.13　蓝绿		Ne(氖)		579.07　黄₂	
434.05　紫		650.65　红		567.96　黄₁	
410.17　紫		640.23　橙		546.07　绿	
397.01　紫		638.30　橙		491.60　蓝绿	
He(氦)		626.65　橙		435.83　紫₂	
706.52　红		621.73　橙		404.66　紫	
667.82　红		614.31　橙		He-Ne 激光	
587.56(D₃)　黄		588.19　黄		632.8　橙	
501.57　绿		585.25　黄		Cd(镉)	
492.19　蓝绿		Na(钠)		643.847　红	
471.31　蓝		589.529(D₁)　黄		508.582　绿	
447 15　紫		588.994(D₂)　黄			

附表5　用于构成十进倍数和分数单位的词头

所表示的因数	词头名称	词头符号	所表示的因数	词头名称	词头符号
10^{24}	尧[它]	Y	10^{-1}	分	d
10^{21}	泽[它]	Z	10^{-2}	厘	c
10^{18}	艾[可萨]	E	10^{-3}	毫	m
10^{15}	拍[它]	P	10^{-6}	微	μ
10^{12}	太[拉]	T	10^{-9}	纳[诺]	n
10^{9}	吉[咖]	G	10^{-12}	皮[可]	p
10^{6}	兆	M	10^{-15}	飞[母托]	f
10^{3}	千	k	10^{-18}	阿[托]	a
10^{2}	百	h	10^{-21}	仄[普托]	z
10^{1}	十	da	10^{-24}	幺[科托]	y